高等职业学校"十四五"规划土建类工学结合系列教材

工程招投标与合同管理
（第二版）

主　编　刘冬学
副主编　杨　帆　　王英春　　王　琦
主　审　丁春静

华中科技大学出版社
中国·武汉

图书在版编目(CIP)数据

工程招投标与合同管理/刘冬学主编.—2版.—武汉:华中科技大学出版社,2022.1
ISBN 978-7-5680-7434-6

Ⅰ.①工… Ⅱ.①刘… Ⅲ.①建筑工程-招标 ②建筑工程-投标 ③建筑工程-经济合同-管理 Ⅳ.①TU723

中国版本图书馆 CIP 数据核字(2021)第 213353 号

工程招投标与合同管理(第二版)
GONGCHENG ZHAOTOUBIAO YU HETONG GUANLI(Di-er Ban)

刘冬学　主编

策划编辑:金　紫
责任编辑:陈　骏
封面设计:原色设计
责任监印:朱　玢
出版发行:华中科技大学出版社(中国·武汉)　　电话:(027)81321913
　　　　　武汉市东湖新技术开发区华工科技园　　邮编:430223
录　　排:武汉楚海文化传播有限公司
印　　刷:武汉开心印印刷有限公司
开　　本:787mm×1092mm　1/16
印　　张:16.5
字　　数:412千字
版　　次:2022年1月第2版第1次印刷
定　　价:49.80元

内 容 简 介

　　本书以《中华人民共和国建筑法》、《中华人民共和国招标投标法》、《中华人民共和国政府采购法》、《中华人民共和国招标投标法实施条例》、《中华人民共和国政府采购法实施条例》、《电子招标投标办法》、《建设工程工程量清单计价规范》(GB 50500—2013)、《建设工程施工合同(示范文本)》(GF-2017-0201)、发展改革委等九部委发布的《关于废止和修改部分招标投标规章和规范性文件的决定》等最新的建设工程法律、法规、标准、规范为依据,结合工程招投标与合同管理的实际操作程序和真实案例编写教材内容,包括建设工程招标,建设工程投标,建设工程开标、评标与定标,建设工程施工合同管理,建设工程监理合同五个教学情境。

　　本书以真实项目案例为主线,采取项目导向、任务驱动的教学模式,将五个教学情境有机结合在一起。案例贯穿项目的立项、报建、招标、投标、开标、评标、定标、合同签订、工程变更、现场签证和索赔管理全过程,大大提高了教材的系统性和实用性。再通过教材所附的具有针对性的思考题和任务训练,提高学生的实践能力,从而实现使学生独立完成招投标与合同管理过程中的各项工作任务的目的。

　　本书为高等职业学校建筑工程技术、工程监理、工程管理、工程造价等专业教材,也可作为建筑类其他专业、成人教育、相关岗位培训教材以及有关的工程技术人员的参考书或自学用书。

前　言

本书根据 21 世纪我国高等职业教育规划土建类、工程管理类教材的编写要求,以培养学生的职业岗位能力为出发点,编写的目的是使学生基本具备招标、投标及合同管理的工作能力,能运用所学的知识和技能,独立地完成招标、投标各环节的工作。

本书以招投标与合同管理的职业活动为导向,以真实的工程项目为载体,以具体的工作任务训练为手段,通过实际工作过程和案例来组织教材内容。本书吸收了招投标与合同管理领域多年的实践成果,采用最新的法律、法规、规范、标准施工招标文件和示范文本,并广泛征求招投标管理部门、招标代理机构和施工企业相关专业人士的意见和建议,力求与当前工程实践相结合,本书内容新颖,可通过任务训练来实现课程要求的能力目标。

本书由辽宁建筑职业学院刘冬学副教授(高级工程师、注册造价师、一级建造师、辽宁省评标专家、辽阳市政府投资项目咨询评估专家)任主编,辽宁建筑职业学院丁春静教授担任主审。

本书教学情境 1 由辽宁建筑职业学院刘冬学编写,教学情境 2 由辽宁建筑职业学院杨帆编写,教学情境 3、教学情境 5 由辽宁建筑职业学院王琦编写,教学情境 4 由辽宁建筑职业学院王英春编写。全书由刘冬学统稿、修改并定稿。

在本书编写过程中,辽阳市公共资源交易中心柏文静,辽阳建厦招投标有限公司刘成波对书稿提出了很多宝贵的意见,谨向他们致以诚挚谢意。同时感谢辽宁建筑职业学院、华中科技大学出版社的大力支持。

作者在编写过程中参考了书后所列参考文献中的部分内容,案例中部分内容来源于互联网,谨在此向相关作者致以衷心的感谢。限于编者水平,书中难免有错误和不当之处,敬请读者批评指正。

编　者
2021 年 12 月

目　　录

教学情境 1　建设工程招标

能力目标：能在建筑市场中完成各种建设项目的报建工作；能参与招标公告、投标邀请书、资格预审文件、招标文件、评标办法的编制与审核工作；能协助业主准确、及时履行招标过程中的各种手续；能够运用现行法律、法规保护相关权益。

知识目标：建筑市场的主体、客体、内容三要素；我国建筑市场的准入制度；工程建设招投标交易中心的功能、交易程序；我国现行工程招投标与合同管理的相关法律、法规、部门规章及规范性文件；施工招标应具备的条件；工程建设招标范围、招标方式、招标程序；招标文件的主要内容及编制方法。

工作任务 1　认识建筑市场

一、建筑市场概述

1. 建筑市场的概念

建筑市场是指进行建筑商品或服务交换的市场，是市场体系中的重要组成部分，它以建筑产品的承发包活动为主要内容的市场，是建筑产品和有关服务交换关系的总和。

建筑市场是建筑活动中各种交易关系的总和。这是一种广义的概念，既包括有形市场，如建设工程交易中心；又包括无形市场，如在交易中心之外的各种交易活动及各种关系（包括供求关系、竞争关系、协作关系、经济关系、服务关系、监督关系、法律关系等）的处理。建筑市场是一种产出市场，它是国民经济市场体系中的一个子体系。建筑市场是整个市场系统中的一个相对独立的子系统，它既是有形的（分散的），又是无形的（集中的）。其分类方式有如下几种。

（1）按交易对象不同分为民用工程、工业工程、军事工程，生产性建设项目和非生产性建设项目。

（2）按市场覆盖范围分为国内市场和国际市场。

（3）按有无固定交易场所分为有形市场和无形市场。

（4）按固定资产投资主体不同分为国家预算拨款项目、银行贷款项目、法人投资项目、外资项目等。

2. 建筑市场的特点

建筑市场是国民经济市场体系中的一个相对独立的子系统，其特点如下。

(1)建筑市场交易的复杂性。大型工程建设项目一般分三个阶段进行,即可行性研究阶段、勘察设计阶段、施工阶段。一般项目分两个阶段进行,即勘察设计阶段和施工阶段。

(2)建筑产品交易的长期性。合同签订的时间短,合同履约时间长,一般以年为单位。

(3)建筑市场有着显著的地区性。由于工程建设项目的附着性,工程建设项目的建造地点直接影响工程建设项目(商品)的价格。

(4)建筑市场存在风险。建筑业风险的种类,按责任方可把风险划分为发包人风险、承包人风险以及第三人风险。这三种风险既可能独立存在,也可能共同构成,即混合风险。例如,因发包人支付原因和承包人管理水平因素而导致工期延误等,即为属于混合风险。工程项目所在地的政治、经济、自然、社会等因素的变化都会带来履约的风险。

要素市场包括劳动力市场、材料市场、设备市场等。这些市场价格的变化,特别是资源类商品价格的变动,直接影响着工程承包价格;金融市场因素包括存贷款利率变动、货币贬值等,这些也影响着工程项目的经济效益;资金、材料、设备供应质量不合格或供应不及时等因素,国家政策调整,国家对工资、税种和税率等进行宏观调控,都会给建筑企业带来一定的履约风险。

3. 建筑市场的运行模式

建筑市场的运行模式如下。

运行主体——发包人、承包人、工程咨询服务机构。

运行基地——交易中心(公共资源交易中心)。

调节主体——国家机关(发展改革部门、建设行政主管部门)。

调节对象——交易活动(三公原则,遵循市场经济规律原则,法制统一原则,责权利相一致原则)。

二、建筑市场的主体

建筑市场的主体指参与建筑市场交易活动的主要各方,包括发包人、承包人、工程咨询服务机构、物资供应商和银行等。

1. 发包人

发包人是指具有工程发包主体资格和支付工程价款能力的当事人以及取得该当事人资格的合法继承人。发包人亦称建设单位或业主,指拥有相应的建设资金,完成各种报建手续,在建筑市场中发包工程项目的勘察、设计、施工任务,最终得到建筑产品,并达到其经营使用目的的政府部门、企事业单位或个人。

发包人主要有以下三种形式。

(1)机关、企事业单位。机关、企业、事业单位投资的新建、扩建、改建工程,该企业或单位为项目业主。

(2)联合投资董事会。由不同投资方参股或共同投资的项目,业主是共同投资方组成的董事会或管理委员会。

(3)各类开发公司。开发公司自行融资或由投资方协商组建或委托开发的工程管理公司也可称为业主。

发包人在项目建设中的主要责任包括:①建设项目立项决策;②建设项目的资金筹措与管理;③办理建设项目的有关手续;④建设项目的招标与合同管理;⑤建设项目的施工管理;⑥建设项目竣工验收和试运行;⑦建设项目的统计与文档管理。

2. 承包人

承包人是指被发包人接受的具有工程施工承包主体资格的当事人以及取得该当事人资格的合法继承人。承包人有时也称承包单位、施工企业、施工人。

承包人从事建设生产一般需要具备以下三个条件:

(1)拥有符合国家规定的注册资本;

(2)拥有与其等级相适应且具有注册执业资格的专业技术人员、现场管理人员;

(3)具有从事相应建筑活动所需的技术培训装备。

3. 工程咨询服务机构

工程咨询服务机构是指具有一定注册资金和相应的专业服务能力,持有从事相关业务的资质证书和营业执照,能对工程建设提供估算测量、管理咨询、建设监理等智力型服务或代理,并取得服务费用的咨询服务机构和其他为工程建设服务的专业中介组织。

工程咨询服务机构包括勘察设计单位、项目管理单位、工程造价咨询机构、招标代理机构、工程监理单位等。

4. 各主体组织之间的关系

建设工程承发包是根据协议,作为交易一方的承包人(勘察、设计、监理、施工企业)负责为交易的另一方的发包人(建设单位)完成某一项工程的全部或其中一部分工作,并按一定的价格取得相应报酬的生产经营活动。承包人与发包人之间是平等的合同关系。

建筑市场不同于其他商品市场,建筑市场中的各方存在着既互相对立、又相对统一,既交叉重叠、又互为因果的特殊关系,是一种很复杂的政治、经济、社会、技术关系。

建筑市场的各主体(发包人、承包人、各类中介组织)之间的合同关系可由图 1-1 表示。

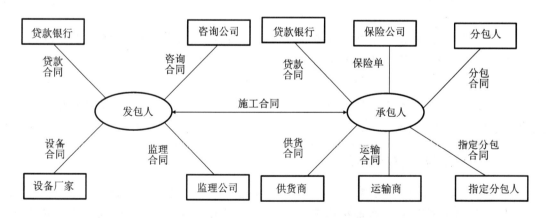

图 1-1 建筑市场各主体之间的合同关系

三、建筑市场的客体

1. 建筑市场的客体

建筑市场的客体一般称作建筑产品,它包括有形的建筑产品(建筑物、构筑物)和无形的建筑产品(设计、咨询、监理等各种智力型服务)。

2. 建筑产品的特点

在商品经济条件下,建筑企业生产的产品大多是为了交换而生产的,建筑产品是一种商品,但它是一种特殊的商品,具有以下与其他商品不同的特点。

(1)建筑产品的固定性及生产过程的流动性。建筑物与土地相连,不可移动,这就要求施工人员和施工机械只能随着建筑物不断流动,从而导致施工管理的多变性和复杂性。

(2)建筑产品的单件性。业主对建筑产品的用途、性能要求不同及建筑地点的差异,决定了多数建筑产品都需要单独进行设计,不能批量生产。

(3)建筑产品的投资大,生产周期和使用周期长。建筑产品工程量巨大,需消耗大量的人力、物力和资金。在长期内,投资可能受到物价涨落、国内国际经济形势的影响,因而投资管理非常重要。

(4)建筑生产的不可逆性。建筑产品一旦进入生产阶段,其产品不能退换,也难以重新生产,否则双方都将承受极大的损失,所以,建筑生产的最终产品质量是由各阶段成果的质量决定的。设计、施工必须按照规范和标准进行,才能保证生产出合格的建筑产品。

(5)建筑产品的整体性和施工生产的专业性。这个特点决定了建筑产品的生产需要采用总包和分包相结合的特殊承包形式。随着经济的发展和建筑技术的进步,施工生产的专业性越来越强。在建筑生产中,由各种专业承包企业承担工程的土建、安装、装饰、劳务分包,有利于施工生产技术和工作效率的提高。

四、建筑市场的准入制度

建筑活动的专业性及技术性都很强,而且建设工程投资大、周期长,一旦发生问题,将给社会和人民生命财产安全造成极大损失。因此,为保证建设工程的质量和安全,对从事建设活动的单位和专业技术人员必须实行从业资格管理。

我国建筑市场中的资质管理包括:从业单位的资质管理与从业人员的执业资格注册管理相结合的市场准入制度。

(一)从业单位的资质管理

在建筑市场中,围绕工程建设活动的主体主要是发包人、承包人、勘察设计单位、招标代理机构、工程监理单位、造价咨询机构等。《中华人民共和国建筑法》规定,对从事建筑活动的施工企业、勘察单位、设计单位、监理单位、招标代理、造价咨询等单位实行资质管理。2020 年 11 月 30 日住房和城乡建设部印发《建设工程企业资质管理制度改革方案的通知》(建市〔2020〕94 号),提出持续优化营商环境,大力精简企业资质类别,归并等级设置,简化资质标准,优化审批方式,进一步放宽建筑市场准入限制,降低制度性交易成本,破除制约企业发展的不合理束缚,持续激发市场主体活力,促进就业创业,加快推动建筑业转型升级,实现高质量发展。

1. 工程勘察设计企业的资质管理

我国《建设工程勘察设计资质管理规定》规定:在中华人民共和国境内申请建设工程勘察、工程设计资质,实施对建设工程勘察、工程设计资质的监督管理。

从事建设工程勘察、工程设计活动的企业,应当按照其拥有的注册资本、专业技术人员、技术装备和勘察设计业绩等条件申请资质,经审查合格,取得建设工程勘察、工程设计资质证书后,方可在资质许可的范围内从事建设工程勘察、工程设计活动。

(1)工程勘察资质。

工程勘察资质分为综合资质和专业资质。

工程勘察综合资质不分等级,专业资质等级设为甲、乙两级。专业资质设为岩土工程、工程测量、勘探测试3类。

取得工程勘察综合资质的企业,可以承接各专业、各等级工程勘察业务;取得工程勘察专业资质的企业,可以承接相应等级相应专业的工程勘察业务。

(2)工程设计资质。

工程设计资质分为综合资质、事务所资质、行业资质和专业资质。

工程设计综合资质、工程设计事务所资质不分等级;工程设计行业资质、工程设计专业资质设为甲、乙两级(部分资质只设甲级)。

取得工程设计综合资质的企业,可以承接各行业、各等级的建设工程设计业务;取得工程设计行业资质的企业,可以承接相应行业相应等级的工程设计业务及本行业范围内同级别的相应专业、专项(设计施工一体化资质除外)工程设计业务;取得工程设计专业资质的企业,可以承接本专业相应等级的专业工程设计业务及同级别的相应专项工程设计业务;取得工程设计事务所资质的企业可以承接相应领域所有等级的各类建筑工程项目方案设计、初步设计及施工图设计中的相应专业的专业设计与技术服务。

2. 施工企业的资质管理

施工企业是指从事土木工程、建筑工程、线路管道设备安装工程、装修工程的新建、扩建、改建等活动的企业。

施工企业资质分为综合资质、施工总承包资质、专业承包资质和专业作业资质四个序列。施工总承包资质设有13个类别,分别是:建筑工程、公路工程、铁路工程、港口与航道工程、水利水电工程、电力工程、矿山工程、冶金工程、石油化工工程、市政公用工程、通信工程、机电工程、民航工程;专业承包资质设有18个类别,分别是:建筑装修装饰工程、建筑机电工程、公路工程、港口与行道工程类、铁路电务电气化工程、水利水电工程、通用专业承包、地基基础工程、起重设备安装工程、预拌混凝土、模板脚手架、防水防腐保温工程、桥梁工程、隧道工程、消防设施工程、古建筑工程、输变电工程、核工程。

《建设工程企业资质管理制度改革方案》将10类施工总承包企业特级资质调整为施工综合资质,可承担各行业、各等级施工总承包业务;综合资质和专业作业资质不分等级;施工总承包资质、专业承包资质等级设为甲、乙两级(部分专业承包资质不分等级),其中,施工总承包甲级资质在本行业内承揽业务规模不受限制。具体见表1-1。

表1-1 施工资质类别及等级

资质类别	序号	施工资质类型	等级
综合资质	1	综合资质	不分等级
施工总承包资质	1	建筑工程施工总承包	甲、乙级
	2	公路工程施工总承包	甲、乙级
	3	铁路工程施工总承包	甲、乙级
	4	港口与航道工程施工总承包	甲、乙级
	5	水利水电工程施工总承包	甲、乙级
	6	市政公用工程施工总承包	甲、乙级
	7	电力工程施工总承包	甲、乙级
	8	矿山工程施工总承包	甲、乙级
	9	冶金工程施工总承包	甲、乙级
	10	石油化工工程施工总承包	甲、乙级
	11	通信工程施工总承包	甲、乙级
	12	机电工程施工总承包	甲、乙级
	13	民航工程施工总承包	甲、乙级
专业承包资质	1	建筑装修装饰工程专业承包	甲、乙级
	2	建筑机电工程专业承包	甲、乙级
	3	公路工程类专业承包	甲、乙级
	4	港口与航道工程类专业承包	甲、乙级
	5	铁路电务电气化工程专业承包	甲、乙级
	6	水利水电工程类专业承包	甲、乙级
	7	通用专业承包	不分等级
	8	地基基础工程专业承包	甲、乙级
	9	起重设备安装工程专业承包	甲、乙级
	10	预拌混凝土专业承包	不分等级
	11	模板脚手架专业承包	不分等级
	12	防水防腐保温工程专业承包	甲、乙级
	13	桥梁工程专业承包	甲、乙级
	14	隧道工程专业承包	甲、乙级
	15	消防设施工程专业承包	甲、乙级
	16	古建筑工程专业承包	甲、乙级
	17	输变电工程专业承包	甲、乙级
	18	核工程专业承包	甲、乙级
专业作业资质	1	专业作业资质	不分等级

施工总承包企业和专业承包企业的资质实行分级审批。具体划分方法如下。

施工综合资质以及涉及公路、水运、水利、通信、铁路、民航等资质的审批权限由住房和城乡建设主管部门会同国务院有关部门根据实际情况决定,其他资质均下放至省级及以下有关主管部门审批。

专业作业资质由审批制改为备案制。

建筑业企业资质证书分为正本和副本,由国务院住房和城乡建设主管部门统一印制,正、副本具备同等法律效力。资质证书有效期为 5 年。

住房和城乡建设部 2021 年《建筑业企业资质标准》(征求意见稿)规定,取得施工企业综合资质的企业可承担各类别各等级工程施工总承包、项目管理业务。我国建筑工程施工总承包企业承包工程范围见表 1-2。

表 1-2　建筑工程施工总承包企业承包工程范围

企业类别	资质等级	承包工程范围
建筑工程施工总承包企业	特级	(1)取得施工总承包特级资质的企业可承担本类别各等级工程施工总承包、设计及开展工程总承包和项目管理业务; (2)取得房屋建筑、公路、铁路、市政公用、港口与航道、水利水电等专业中任意 1 项施工总承包特级资质和其中 2 项施工总承包一级资质,即可承接上述各专业工程的施工总承包、工程总承包和项目管理业务,及开展相应设计主导专业人员齐备的施工图设计业务; (3)取得房屋建筑、矿山、冶炼、石油化工、电力等专业中任意 1 项施工总承包特级资质和其中 2 项施工总承包一级资质,即可承接上述各专业工程的施工总承包、工程总承包和项目管理业务,及开展相应设计主导专业人员齐备的施工图设计业务; (4)特级资质的企业,限承担施工单项合同额 3000 万元以上的房屋建筑工程
	一级	可承担单项合同额 3000 万元以上的下列建筑工程的施工: (1)高度 200 米以下的工业、民用建筑工程; (2)高度 240 米以下的构筑物工程
	二级	可承担下列建筑工程的施工: (1)高度 100 米以下的工业、民用建筑工程; (2)高度 120 米以下的构筑物工程; (3)建筑面积 4 万平方米以下的单体工业、民用建筑工程; (4)单跨跨度 39 米以下的建筑工程
	三级	可承担下列建筑工程的施工: (1)高度 50 米以下的工业、民用建筑工程; (2)高度 70 米以下的构筑物工程; (3)建筑面积 1.2 万平方米以下的单体工业、民用建筑工程; (4)单跨跨度 27 米以下的建筑工程

注:建筑工程是指各类结构形式的民用建筑工程、工业建筑工程、构筑物工程以及相配套的道路、通信、管网管线等设施工程。工程内容包括地基与基础、主体结构、建筑屋面、装修装饰、建筑幕墙、附建人防工程以及给水排水及供暖、通风与空调、电气、消防、防雷等配套工程。单项合同额 3000 万元以下且超出建筑工程施工总承包二级资质承包工程范围的建筑工程的施工,应由建筑工程施工总承包一级资质企业承担。

3.工程咨询单位的资质管理

我国对工程咨询单位也实行了资质管理。目前,已有明确资质等级评定条件的有:工程招标代理机构、工程监理企业、工程造价咨询企业等。

(1)工程招标代理机构。

《中华人民共和国招标投标法实施条例》第十二条规定:招标代理机构应当拥有一定数量的具备编制招标文件、组织评标等相应能力的专业人员。取得招标职业资格的具体办法由国务院人力资源和社会保障部门会同国务院发展改革部门制定。

房屋建筑工程工程类别和项目等级划分见表1-3。

表 1-3 房屋建筑工程工程类别及项目等级

工程类别		项 目 等 级		
		一级	二级	三级
房屋建筑工程	一般公共建筑	28 层以上;36 米跨度以上(轻钢结构除外);单项工程建筑面积 3 万平方米以上	14～28 层;24～36 米跨度(轻钢结构除外);单项工程建筑面积 1 万～3 万平方米	14 层以下;24 米跨度以下(轻钢结构除外);单项工程建筑面积 1 万平方米以下
	高耸构筑物工程	高度 120 米以上	高度 70～120 米	高度 70 米以下
	住宅工程	小区建筑面积 12 万平方米以上;单项工程 28 层以上	建筑面积 6 万～12 万平方米;单项工程 14～28 层	建筑面积 6 万平方米以下;单项工程 14 层以下

(二)专业人士的资格管理

专业人士是指从事工程咨询的专业工程师等。他们在建筑市场运作中起着很重要的作用。尽管有完善的建筑法规,但没有专业人员的知识和技能的支持,政府一般难以对建筑市场进行有效的管理。

在参考发达国家有关制度的基础上,我国从 1995 年起,逐步建立了注册建筑师、监理工程师、结构工程师、造价工程师以及建造师等专业人士注册执业资格管理制度。我国目前执行的是以单位市场准入资质管理制度为主,个人执业制度为辅,通过对企业的管制实现对个人管理的市场准入制度。勘察设计企业、建筑业企业、工程咨询机构的资质管理规定都要求有一定数量的注册执业人员。

五、公共资源交易中心

《中华人民共和国招标投标法实施条例》第五条规定:设区的市级以上地方人民政府可以根据实际需要,建立统一规范的招标投标交易场所,为招标投标活动提供服务。招标投标交易场所不得与行政监督部门存在隶属关系,不得以营利为目的。2014 年各地级市纷纷成立公共资源交易中心,将政府采购、工程建设招投标交易、土地使用权交易、国有产权交易、机关事业资产交易、矿业权交易都集中到市级公共资源交易中心进行。

国家鼓励利用信息网络进行电子招标投标。电子招标投标的具体实施办法和技术规范即将由国家发展和改革委员会会同有关部门制定。电子招标投标不仅可以提高效率、节能减排等,更重要的是可以使信息一体化(行业、地域范围一体化,企业与项目管理全程一体化),是市场一体化以及主体诚信自律的基础。电子招标投标系统由集中三级公共服务平台和开放式项目交易平台构成。

1.公共资源交易中心的性质

公共资源交易中心是由各市公共资源交易管理局下设的全额拨款事业单位。

2.公共资源交易中心的业务范围

公共资源交易中心的业务范围包括:依法必须招标的新建、改建、扩建工程建设项目以及与项目有关的重要设备和材料等的采购;使用财政性奖金的政府采购项目;经营性土地使用权的招标、拍卖、挂牌出让;矿业权转让;机关事业单位、国有及国有控股企业、集体企业产权、股权、经营权转让。

3. 公共资源交易中心的主要职责

(1)负责依法受理各类发包申请,发布交易活动信息;

(2)负责核准进入市公共资源交易中心的交易各方和其他招标代理机构准入资格;

(3)负责组织实施交易活动,负责建立投标人、供应商、招标代理机构和商品价格等信息库;

(4)负责为交易各方提供信息资料、技术咨询及相关服务;

(5)负责代收代退公共资源交易相关的保证金(资信金);

(6)负责办理公共资源交易活动的情况统计、分析及相关材料的存档调阅等工作。

六、招投标监督管理

国务院发展改革部门指导和协调全国招标投标工作,对国家重大建设项目的工程招标投标活动实施监督检查。国务院工业和信息化、住房和城乡建设、交通运输、水利、商务等部门,按照规定的职责分工对有关招标投标活动实施监督。

县级以上地方人民政府发展改革部门指导和协调本行政区域的招标投标工作。县级以上地方人民政府有关部门按照规定的职责分工,对招标投标活动实施监督,依法查处招标投标活动中的违法行为。县级以上地方人民政府对其所属部门有关招标投标活动的监督职责分工另有规定的,从其规定。

财政部门依法对实行招标投标的政府采购工程建设项目的预算执行情况和政府采购政策执行情况实施监督。

监察机关依法对与招标投标活动有关的监察对象实施监察。

公共资源交易管理部门指导和协调各级、各类公共资源交易管理工作;负责建设工程招投标、政府采购、土地出让交易、国有资产产权交易等公共资源交易过程的监督管理;负责受理相关投诉,并协调相关部门做好调查处理工作。

工作任务 2　招投标相关法律、法规的认识

改革开放以来,我国工程建设方面的法律、法规、部门规章及规范性文件经历了一个逐步完善的过程。到目前为止已经颁布的和招投标与合同管理有关的主要法律、法规、规章及规范性文件、示范文本汇总如下。

一、国家法律

1.《中华人民共和国建筑法》

《中华人民共和国建筑法》(以下简称《建筑法》)由中华人民共和国第八届全国人民代表大会常务委员会第二十八次会议于 1997 年 11 月 1 日通过,自 1998 年 3 月 1 日起施行。《建筑法》是建筑业的基本法律,其制定目的是加强对建筑活动的监督管理,维护建筑市场秩序,保证建筑工程的质量和安全,促进建筑业健康发展。目前《建筑法》的有些条款已经不适应市场经济的发展需要,因此还在修订之中。

2.《中华人民共和国招标投标法》

《中华人民共和国招标投标法》(以下简称《招标投标法》)由中华人民共和国第九届全国人民代表大会常务委员会第十一次会议于 1999 年 8 月 30 日通过,自 2000 年 1 月 1 日起施行,并于 2017 年 12 月 27 日修订。该法包括总则、招标、投标、开标、评标、中标及相应的法律责任等。其制定目的在于规范招标投标活动,保护国家利益、社会公共利益和招标投标活动当事人的合法权益,提高经济效益,保证项目质量。在中华人民共和国境内进行的招标投标活动适用本法。

3.《中华人民共和国民法典　合同编》

《中华人民共和国民法典　合同编》于 2020 年 5 月 28 日在十三届全国人大三次会议上表决通过,自 2021 年 1 月 1 日起施行。《中华人民共和国民法典　合同编》共分为通则、典型合同、准合同三部分,《中华人民共和国民法典　合同编》具有中国特色、体现时代精神,能够正确调整因合同产生的民事关系,更好地保护民事主体合法权益,维护社会经济秩序,为实现"两个一百年"奋斗目标、实现中华民族伟大复兴中国梦,提供有力法治保障。

4.《中华人民共和国政府采购法》

《中华人民共和国政府采购法》(以下简称《政府采购法》),由中华人民共和国第九届全国人民代表大会常务委员会第二十八次会议于 2002 年 6 月 29 日通过,自 2003 年 1 月 1 日起施行,于 2014 年 8 月 31 日修订。其制定目的在于规范政府采购行为,提高政府采购资金的使用效益,维护国家利益和社会公共利益,保护政府采购当事人的合法权益,促进廉政建设。在中华人民共和国境内进行的各级国家机关、事业单位和团体组织,使用财政性资金采购依法制定的集中采购目录以内的或者采购限额标准以上的货物、工程和服务的行

为,适用本法。

二、行政法规

1.《中华人民共和国招标投标法实施条例》

《中华人民共和国招标投标法实施条例》(以下简称《招标投标法实施条例》)经 2011 年 11 月 30 日国务院第 183 次常务会议通过,自 2012 年 2 月 1 日起施行,于 2019 年 3 月 2 日修订。其制定目的在于依法完善招标采购制度,规范招标投标行为,提高公共资金采购效率,保证采购标的性能质量,统一规范市场公平竞争秩序,维护社会公共利益和市场主体合法权益,加大惩治腐败行为的力度。

2.《中华人民共和国政府采购法实施条例》

《中华人民共和国政府采购法实施条例》(以下简称《政府采购法实施条例》)经 2014 年 12 月 31 日国务院第 75 次常务会议通过,自 2015 年 3 月 1 日起施行。《政府采购法实施条例》第七条规定:政府采购工程以及与工程建设有关的货物、服务,采用招标方式采购的,适用《中华人民共和国招标投标法》及《招标投标法实施条例》;采用其他方式采购的,适用《中华人民共和国政府采购法》及《政府采购法实施条例》。政府采购工程以及与工程建设有关的货物、服务,应当执行政府采购政策。

3.《建设工程质量管理条例》

《建设工程质量管理条例》(国务院令第 279 号)经 2000 年 1 月 10 日国务院第 25 次常务会议通过,自 2000 年 1 月 30 日起施行。其制定目的在于加强对建设工程质量的管理,保证建设工程质量,保护人民生命和财产安全。凡在中华人民共和国境内从事土木工程、建筑工程、线路管道和设备安装工程及装修工程的新建、扩建、改建等有关活动及实施对建设工程质量监督管理的,必须遵守本条例。

三、地方性法规

1.《辽宁省建筑市场管理条例》

《辽宁省建筑市场管理条例》(2010 年二次修正版)于 2010 年 7 月 30 日经辽宁省第十一届人民代表大会常务委员会第十八次会议通过,自发布之日起施行。其制定目的在于加强建筑市场管理,维护建筑市场秩序,保障建筑经营活动当事人的合法权益。凡在辽宁省行政区域内从事土木建筑、建筑业范围内的线路管道和设备安装、建筑装饰装修(以下统称建设工程)的勘察、设计、施工、检测及中介服务和建筑构配件的生产经营活动的单位和个人,必须遵守本条例。

2.《辽宁省建设工程质量条例》

《辽宁省建设工程质量条例》(2020 年 11 月修正版)于 2020 年 11 月 24 日由辽宁省第十三届人民代表大会常务委员会第二十三次会议《关于修改〈辽宁省城镇房地产交易管理条

例〉等 12 件地方性法规的决定》修正,自发布之日起施行。其制定目的在于加强建设工程质量监督管理,明确工程质量责任,保护从事建设工程活动各方及使用者的合法权益。

四、部委规章

为落实《国务院办公厅转发发展改革委、法制办、监察部关于做好招标投标法实施条例贯彻实施工作意见的通知》(国办发〔2012〕21 号)关于全面清理与招投标有关规定的要求,国家发展和改革委会同工业和信息化部、财政部、住房和城乡建设部、交通运输部、铁道部、水利部、国家广播电影电视总局,中国民用航空局共九个部委,根据《招标投标法实施条例》,在广泛征求意见的基础上,对《招标投标法》实施以来国家发展和改革委员会牵头制定的规章和规范性文件进行了全面清理,以联合部门规章的形式签署了《关于废止和修改部分招标投标规章和规范性文件的决定》(以下简称九部委第 23 号令),该令内容包括对 1 件规范性文件即《关于抓紧做好标准施工招标资格预审文件和标准施工招标文件试点工作的通知》(发改法规〔2008〕938 号)予以废止和对《招标公告发布暂行办法》等 11 件规章、1 件规范性文件的部分条款予以修改,该令自 2013 年 5 月 1 日起施行。

九部委第 23 号令对以下 11 件规章、1 件规范性文件的部分条款进行了修改:

(1)对《招标公告发布暂行办法》(国家发展计划委员会令第 4 号)作出修改。

(2)对《工程建设项目自行招标试行办法》(国家发展计划委员会令第 5 号)作出修改。

(3)对《工程建设项目可行性研究报告增加招标内容和核准招标事项暂行规定》(国家发展计划委员会令第 9 号)作出修改。

(4)对《评标委员会和评标方法暂行规定》(国家发展计划委员会、国家经济贸易委员会、建设部、铁道部、交通部、信息产业部、水利部令第 12 号)作出修改。

(5)对《国家重大建设项目招标投标监督暂行办法》(国家发展计划委员会令第 18 号)作出修改。

(6)对《评标专家和评标专家库管理暂行办法》(国家发展计划委员会令第 29 号)作出修改。

(7)对《工程建设项目勘察设计招标投标办法》(国家发展和改革委员会、建设部、铁道部、交通部、信息产业部、水利部、民航总局、广电总局令第 2 号)作出修改。

(8)对《工程建设项目施工招标投标办法》(国家发展计划委员会、建设部、铁道部、交通部、信息产业部、水利部、民航总局令第 30 号)作出修改。

(9)对《工程建设项目招标投标活动投诉处理办法》(国家发展和改革委员会、建设部、铁道部、交通部、信息产业部、水利部、民航总局令第 11 号)作出修改。

(10)对《工程建设项目货物招标投标办法》(国家发展和改革委员会、建设部、铁道部、交通部、信息产业部、水利部、民航总局令第 27 号)作出修改。

(11)对《〈标准施工招标资格预审文件〉和〈标准施工招标文件〉试行规定》(国家发展和改革委员会、财政部、建设部、铁道部交通部、信息产业部、水利部、民航总局、广电总局令第

56 号)作出修改。

(12)对《国家发展计划委员会关于指定发布依法必须招标项目招标公告的媒介的通知》(计政策〔2000〕868 号)作出修改。

九部委第 23 号令采用了对相关政府部门名称的修改、相关规章条文内容的删除、相关引用法律法规条文序号的修改、相关法律法规条文具体内容的修改、相关规章条文内容的增加、相关规范性文件内容的修改、部门规章名称的修改、规范性文件名称的修改 8 种修改方式,共修改条文 237 条次。

1.《电子招标投标办法》

为了规范电子招标投标活动,促进电子招标投标健康发展,国家发展和改革委员会、工业和信息化部、监察部、住房和城乡建设部、交通运输部、铁道部、水利部、商务部根据《招标投标法》《招标投标法实施条例》联合制定了《电子招标投标办法》(以下简称发改委令第 20 号)及相关附件,自 2013 年 5 月 1 日起施行。

2.《房屋建筑和市政基础设施工程施工招标投标管理办法》

《房屋建筑和市政基础设施工程施工招标投标管理办法》已于 2001 年 5 月 31 日经第四十三次部常务会议讨论通过,并于 2018 年 9 月 19 日第 4 次住建部常务会议审议通过《住房城乡建设部关于修改〈房屋建筑和市政基础设施工程施工招标投标管理办法〉的决定》,根据 2019 年 3 月 13 日中华人民共和国住房和城乡建设部令第 47 号《住房和城乡建设部关于修改部分部门规章的决定》进行了第二次修正。本办法依据《建筑法》《招标投标法》等法律、行政法规制定,其目的在于规范房屋建筑和市政基础设施工程施工招标投标活动,维护招标投标当事人的合法权益。凡在中华人民共和国境内从事房屋建筑和市政基础设施工程施工招标投标活动,实施对房屋建筑和市政基础设施工程施工招标投标活动的监督管理,均应遵守本办法。

3.《工程建设项目施工招标投标办法》

2003 年 3 月 8 日,国家计委、建设部、铁道部、交通部、信息产业部、水利部、中国民用航空总局审议通过了《工程建设项目施工招标投标办法》,2013 年 3 月 11 日,经九部委 23 号令修正,自 2013 年 5 月 1 日起实施。本办法根据《招标投标法》《招标投标法实施条例》制定。其制定目的在于规范工程建设项目施工招标投标活动。凡在中华人民共和国境内进行的工程施工招标投标活动,均适用本办法。

4.《房屋建筑和市政基础设施工程施工分包管理办法》

2003 年 11 月 8 日建设部第 21 次常务会议讨论通过《房屋建筑和市政基础设施工程施工分包管理办法》,2004 年 2 月 3 日发布,自 2004 年 4 月 1 日起施行,2019 年 3 月 13 日进行第二次修正。本办法根据《建筑法》《招标投标法》《建设工程质量管理条例》等有关法律、法规制定,其目的在于规范房屋建筑和市政基础设施工程施工分包活动,维护建筑市场秩序,保证工程质量和施工安全。凡在中华人民共和国境内从事房屋建筑和市政基础设施工程施工分包活动,实施对房屋建筑和市政基础设施工程施工分包活动的监督管理,适用本办法。

5.《必须招标的工程项目规定》

《必须招标的工程项目规定》于 2018 年 3 月 8 日经国务院批准,自 2018 年 6 月 1 日起施行。本规定目的是确定必须招标的工程项目,规范招标投标活动,提高工作效率,降低企业成本,预防腐败。

6.《评标委员会和评标方法暂行规定》

为了规范评标委员会的组成和评标活动,国家计委、国家经贸委、建设部、铁道部、交通部、信息产业部、水利部联合制定了《评标委员会和评标方法暂行规定》,经九部委 23 号令修正,自 2013 年 5 月 1 日起实施。本办法依照《招标投标法》《招标投标法实施条例》制定。其目的在于规范评标活动,保证评标的公平、公正,维护招标投标活动当事人的合法权益。依法必须招标项目的评标活动适用本规定。

7.《评标专家和评标专家库管理暂行办法》

《评标专家和评标专家库管理暂行办法》经九部委 23 号令修正,自 2013 年 5 月 1 日起实施。本办法依照《招标投标法》《招标投标法实施条例》制定。其目的在于加强对评标专家的监督管理,健全评标专家库制度,保证评标活动的公平、公正,提高评标质量。本办法适用于评标专家的资格认定、入库及评标专家库的组建、使用、管理活动。

8.《工程建设项目招标投标活动投诉处理办法》

国家发展和改革委员会、建设部、铁道部、交通部、信息产业部、水利部、民航总局联合发布《工程建设项目招标投标活动投诉处理办法》,经九部委 23 号令修正,自 2013 年 5 月 1 日起实施。本办法根据《招标投标法》《招标投标法实施条例》制定,其目的在于保护国家利益、社会公共利益和招标投标当事人的合法权益,建立公平、高效的工程建设项目招标投标活动投诉处理机制。本办法适用于工程建设项目招标投标活动的投诉及其处理活动。

9.《工程建设项目勘察设计招标投标办法》

国家发展和改革委员会、建设部、铁道部、交通部、信息产业部、水利部、民航总局、广电总局联合发布《工程建设项目勘察设计招标投标办法》,经九部委 23 号令修正,自 2013 年 5 月 1 日起实施。本办法依照《招标投标法》《招标投标法实施条例》制定。其目的在于规范工程建设项目勘察设计招标投标活动,提高投资效益,保证工程质量。在中华人民共和国境内进行的工程建设项目勘察设计招标投标活动,适用本办法。

10.《工程建设项目货物招标投标办法》

国家发展改革委、建设部、铁道部、交通部、信息产业部、水利部、民航总局审议通过了《工程建设项目货物招标投标办法》,经九部委 23 号令修正,自 2013 年 5 月 1 日起实施。本办法根据《招标投标法》《招标投标法实施条例》和国务院有关部门的职责分工制定,其目的在于规范工程建设项目的货物招标投标活动,保护国家利益、社会公共利益和招标投标活动当事人的合法权益,保证工程质量,提高投资效益。本办法适用于在中华人民共和国境内依法必须进行招标的工程建设项目货物招标投标活动。

11.《招标公告和公示信息发布管理办法》

《招标公告和公示信息发布管理办法》(中华人民共和国国家发展和改革委员会令第 10

号)自 2018 年 1 月 1 日起实施。本办法根据《招标投标法》《招标投标法实施条例》等有关法律法规制定,其目的在于规范招标公告和公示信息发布活动,保证各类市场主体和社会公众平等、便捷、准确地获取招标信息。

12.《工程建设项目自行招标试行办法》

《工程建设项目自行招标试行办法》经九部委 23 号令修正,自 2013 年 5 月 1 日起实施。本办法根据《招标投标法》《招标投标法实施条例》和《国务院办公厅印发国务院有关部门实施招标投标活动行政监督的职责分工意见的通知》(国办发[2000]34 号)制定,其目的在于规范工程建设项目招标人自行招标行为,加强对招标投标活动的监督。本办法适用于经国家发展改革委审批、核准(含经国家发展改革委初审后报国务院审批)依法必须进行招标的工程建设项目的自行招标活动。

13.《〈标准施工招标资格预审文件〉和〈标准施工招标文件〉暂行规定》

为了规范施工招标资格预审文件、招标文件编制活动,促进招标投标活动的公开、公平和公正,国家发展和改革委员会、财政部、建设部、铁道部、交通部、信息产业部、水利部、民航总局、广电总局联合制定了《〈标准施工招标资格预审文件〉和〈标准施工招标文件〉暂行规定》及相关附件,经九部委 23 号令修正,自 2013 年 5 月 1 日起实施。本标准文件适用于依法必须招标的工程建设项目。

五、国家部委规范性文件

1.《国务院办公厅印发国务院有关部门实施招标投标活动行政监督的职责分工意见的通知》(国办发〔2000〕34 号)

此文件是国务院办公厅根据《招标投标法》和国务院有关部门"三定"规定,就国务院有关部门实施招标投标行政监督的职责分工,于 2000 年 5 月 3 日以文件形式做出了进一步的明确。

2.《招标投标违法行为记录公告暂行办法》

为促进招标投标信用体系建设,健全招标投标失信惩戒机制,规范招标投标当事人行为,招标投标部际协调机制各成员单位决定建立招标投标违法行为记录公告制度,由发展改革委、工业和信息化部、监察部、财政部、住房和城乡建设部、交通运输部、铁道部、水利部、商务部、法制办共同制定《招标投标违法行为记录公告暂行办法》(发改法规[2008]1531 号,以下简称《暂行办法》),自 2009 年 1 月 1 日起施行。本办法根据《招标投标法》等相关法律规定制定,适用于对招标投标活动当事人的招标投标违法行为记录进行公告。

3.《房屋建筑和市政工程标准施工招标资格预审文件》和《房屋建筑和市政工程标准施工招标文件》

为了规范房屋建筑和市政工程施工招标资格预审文件、招标文件编制活动,促进房屋建筑和市政工程招标投标公开、公平和公正,根据《〈标准施工招标资格预审文件〉和〈标准施工招标文件〉试行规定》(国家发展改革委、财政部、建设部等九部委令第 56 号),住房和城乡建设部制定了《房屋建筑和市政工程标准施工招标资格预审文件》(以下简称行业标准施工招标资格预审文件)和《房屋建筑和市政工程标准施工招标文件》(以下简称行业标准施工招标文件),自 2010 年 6 月 9 日起施行。

4.《建设工程工程量清单计价规范》(GB 50500-2013)

住房和城乡建设部批准发布了国家标准《建设工程工程量清单计价规范》(GB 50500-2013)以及《房屋建筑与装饰工程工程量计算规范》(GB 50854-2013)等 9 本工程量计算规范,自 2013 年 7 月 1 日起实施。2013 版《建设工程工程量清单计价规范》(以下简称 2013 清单规范)是推行工程量清单计价改革过程中的重要一步。推行工程量清单计价是适应我国工程投资体制和建设管理体制改革的必然需要,是深化我国工程造价管理改革的重要途径,是规范建设工程承发包双方计价行为,维护建设市场秩序,保障建筑业市场工程造价机制持续顺利发挥作用的关键措施。2013 清单规范充分考虑了未来建筑市场的市场化需要,制定了建筑市场秩序,让市场和公民自主选择,为今后建筑市场的市场化推广做了良好的铺垫。

5.《建设工程施工合同(示范文本)》(GF-2017-0201)

为了指导建设工程施工合同当事人的签约行为,维护合同当事人的合法权益,依据《中华人民共和国民法典》《中华人民共和国建筑法》《中华人民共和国招标投标法》以及相关法律法规,住房和城乡建设部、国家工商行政管理总局对《建设工程施工合同(示范文本)》(GF-2013-0201)进行了修订,制定了《建设工程施工合同(示范文本)》(GF-2017-0201),自 2017 年 10 月 1 日起正式实施。

工作任务 3　建设工程招标概述

《招标投标法》第三条规定中所称的工程建设项目,是指工程以及与工程建设有关的货物和服务。这里的工程,是指建设工程,包括建筑物和构筑物的新建、改建、扩建、装修、拆除、修缮等;与工程建设有关的货物,是指构成工程不可分割的组成部分,且为实现工程基本功能所必需的设备、材料等;与工程建设有关的服务,是指为完成工程所需的勘察、设计、监理等服务。

一、工程招标应具备的条件

《工程建设项目施工招标投标办法》第八条规定,依法必须招标的工程建设项目,应当具备下列条件才能进行施工招标:

(1)招标人已经依法成立;

(2)初步设计及概算应当履行审批手续的,已经批准;

(3)有相应资金或资金来源已经落实;

(4)有招标所需的设计图纸及技术资料。

二、工程招标方式的选择

《招标投标法》第十条规定：招标分为公开招标和邀请招标。

《招标投标法实施条例》第七条规定：按照国家有关规定需要履行项目审批、核准手续的依法必须进行招标的项目，其招标范围、招标方式、招标组织形式应当报项目审批、核准部门审批、核准。项目审批、核准部门应当及时将审批、核准确定的招标范围、招标方式、招标组织形式通报有关行政监督部门。

项目招标申请可与项目可行性研究报告同时审批、核准，也可以在招标前单独申请审批（政府投资的公共设施、生态、科技等项目）或核准（企业投资的重大和限制类项目，有核准项目目录）。企业投资备案类项目不需要申请审批和核准，但应符合项目招标投标行政监督部门要求。

1. 公开招标

公开招标是指招标人以招标公告的方式邀请不特定的法人或者其他组织投标，是招标人在指定的报刊、电子网络或其他媒体上发布招标公告，吸引众多的投标人参加投标竞争，招标人从中择优选择中标单位的招标方式。

2. 邀请招标

邀请招标也称选择性招标，是指招标人以投标邀请书的方式邀请特定的法人或者其他组织投标。由招标人根据自己的经验审核有关供应商和承包人资料，如企业信誉、设备性能、技术力量、以往业绩等情况，选择一定数目的企业（一般应邀请 5～10 家为宜，不能少于 3 家），向其发出投标邀请书，邀请其参加投标竞争。

3. 公开招标与邀请招标的区别

这两种招标方式的主要区别如下。

（1）发布信息的方式不同。公开招标采用公告的形式发布，邀请招标采用投标邀请书的形式发布。

（2）选择的范围不同。公开招标因使用招标公告的形式，针对的是一切潜在的对招标项目感兴趣的法人或其他组织，招标人事先不知道投标人的数量；邀请招标针对已经了解的法人或其他组织，而且事先已经确定投标人的数量。

（3）竞争的范围不同。由于公开招标使所有符合条件的法人或其他组织都有机会参加投标，竞争的范围较广，竞争性体现得比较充分，招标人拥有绝对的选择余地，容易获得最佳招标效果；邀请招标中投标人的数目有限，竞争的范围有限，招标人拥有的选择余地相对较小，有可能提高中标的合同价，也有可能将某些在技术上或报价上更有竞争力的承包人遗漏。

（4）公开程度不同。公开招标中，所有的活动都必须严格按照预先指定并为大家所知的程序和标准公开进行，大大减少了作弊的可能；相比而言，邀请招标的公开程度逊色一些，产生不法行为的机会也就多一些。

(5)时间和费用不同。邀请招标不发公告,招标文件只送几家,使整个招投标的时间大大缩短,费用也相应减少。公开招标的程序比较复杂,从发布公告,投标人作出反应,评标,到签订合同,有许多时间上的要求,要准备许多文件,因而耗时较长,费用也比较高。

由此可见,两种招标方式各有千秋,从不同的角度比较,会得出不同的结论。在实际中,各国或国际组织的做法也不尽一致。有的未给出倾向性的意见,而是把自由裁量权交给了招标人,由招标人根据项目的特点,自主决定采用公开招标还是邀请招标方式,只要不违反法律规定,最大限度地实现"公开、公平、公正"的原则即可。例如,"欧盟采购指令"规定,如果采购金额达到法定招标限额,采购单位有权在公开和邀请招标中自由选择。实际上,邀请招标在欧盟各国运用得非常广泛。世界贸易组织"政府采购协议"也对这两种方式孰优孰劣采取了未置可否的态度。但是"世行采购指南"把国际竞争性招标(公开招标)作为最能充分实现资金的经济和效率要求的方式,要求借款国以此作为最基本的采购方式。只有在国际竞争性招标不是最经济和有效的情况下,才可采用其他方式。

三、工程招标范围与规模标准

1. 强制招标的范围和规模标准

《招标投标法》第三条规定:在中华人民共和国境内进行下列工程建设项目包括项目的勘察、设计、施工、监理以及与工程建设有关的重要设备、材料等的采购,必须进行招标:

(1)大型基础设施、公用事业等关系社会公共利益、公众安全的项目;

(2)全部或者部分使用国有资金投资或者国家融资的项目;

(3)使用国际组织或者外国政府贷款、援助资金的项目。

《招标投标法实施条例》第三条规定:依法必须进行招标的工程建设项目的具体范围和规模标准,由国务院发展改革部门会同国务院有关部门制订,报国务院批准后公布施行。涉及公共利益、公共安全、国有资金和国际组织投资项目等必须招标项目的范围和规模标准将在修订原国家计委3号令时规定。按区域、行业分别制定必须招标的范围和规模标准,适当缩小范围,提高规模标准额,免除部分民营投资项目,并不再授权省级及以下人民政府制定招标范围和规模。

《必须招标的工程项目规定》(中华人民共和国国家发展和改革委员会令第16号),对必须招标的范围和规模标准的规定如下。

(1)全部或者部分使用国有资金投资或者国家融资的项目包括:

①使用预算资金200万元人民币以上,并且该资金占投资额10%以上的项目;

②使用国有企业事业单位资金,并且该资金占控股或者主导地位的项目。

(2)使用国际组织或者外国政府贷款、援助资金的项目包括:

①使用世界银行、亚洲开发银行等国际组织贷款、援助资金的项目;

②使用外国政府及其机构贷款、援助资金的项目。

(3)不属于(1)、(2)规定情形的大型基础设施、公用事业等关系社会公共利益、公众安全的项目,必须招标的具体范围由国务院发展改革部门会同国务院有关部门按照确有必要、严格限定的原则制订,报国务院批准。

(4)属于(1)、(2)、(3)规定范围内的项目,其勘察、设计、施工、监理以及与工程建设有关的重要设备、材料等的采购达到下列标准之一的,必须招标:

①施工单项合同估算价在 400 万元人民币以上;

②重要设备、材料等货物的采购,单项合同估算价在 200 万元人民币以上;

③勘察、设计、监理等服务的采购,单项合同估算价在 100 万元人民币以上。

同一项目中可以合并进行的勘察、设计、施工、监理以及与工程建设有关的重要设备、材料等的采购,合同估算价合计达到前款规定标准的,必须招标。

2. 可以采用邀请招标的项目

依法必须公开招标的项目,有下列情形之一的,可以邀请招标:

(1)技术复杂、有特殊要求或者受自然环境限制,只有少量潜在投标人可供选择;

(2)涉及国家安全、国家秘密或者抢险救灾,适宜招标但不宜公开招标;

(3)采用公开招标方式的费用占项目合同金额的比例过大。

符合上述情形的项目,按照国家有关规定需要履行项目审批、核准手续的,由项目审批、核准部门在审批、核准项目时作出认定;其他项目由招标人申请有关行政监督部门作出认定。

客观原因和特殊要求(保密、技术和环境制约、供不应求等)决定不能或不宜公开招标,且事先有可靠事实证明只能选择明确和公认的少量潜在投标人的项目,应按《招标投标法实施条例》第七条规定要求办理审批、核准手续。既要防止利用邀请招标进行虚假招标和串标,又要防止适合邀请招标的项目采用公开招标而失败。

3. 可以不进行招标的项目

依法必须进行施工招标的工程建设项目由下列情形之一的,可以不进行施工招标:

(1)涉及国家安全、国家秘密、抢险救灾或者属于利用扶贫资金实行以工代赈需要使用农民工等的特殊情况,不适宜进行招标;

(2)施工主要技术采用不可替代的专利或者专有技术;

(3)已通过招标方式选定的特许经营项目投资人依法能够自行建设;

(4)采购人依法能够自行建设;

(5)在建工程追加的附属小型工程或者主体加层工程,原中标人仍具备承包能力,并且其他人承担将影响施工或者功能配套要求;

(6)国家规定的其他特殊情形。

招标人为适用前款规定弄虚作假的,属于《招标投标法》第四条规定的规避招标。

四、工程招标的程序

招标是招标人选择中标人并与其签订合同的过程,而投标则是投标人力争获得实施合同的竞争过程,招标人和投标人均须遵循招投标法律和法规的规定进行招标投标活动。公开招标的程序见图 1-2。下面从招标人的角度分析招标的程序。

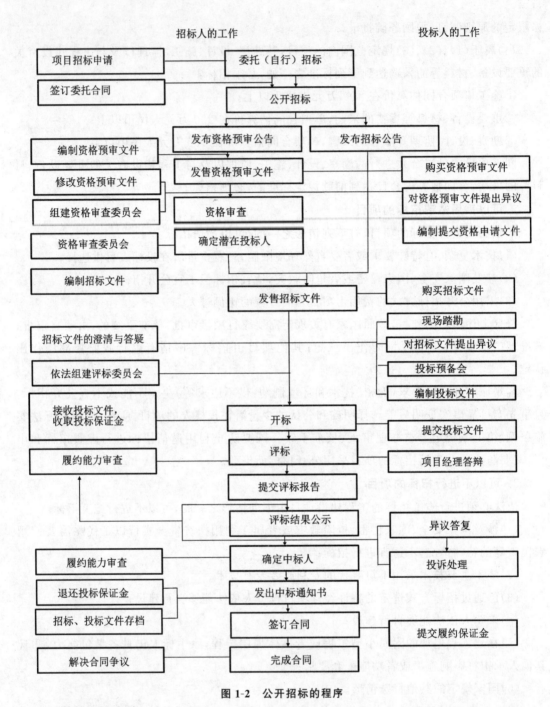

图 1-2 公开招标的程序

1. 项目招标申请

　　《招标投标法》第十二条第二款规定的招标人具有编制招标文件和组织评标能力,是指招标人具有与招标项目规模和复杂程度相适应的技术、经济等方面的专业人员。其中的专业人员包括取得招标职业资格的人员以及工程师、咨询师、经济师、造价师、会计师等专业人员。

　　2005 年 10 月 10 日建设部《关于加强房屋建筑和市政基础设施工程项目施工招标投标行政监督工作的若干意见》第一条规定,依法必须进行招标的工程项目,招标人自行办理施工招标事宜的,应当在发布招标公告或者发出投标邀请书的 5 日前,向建设行政主管部门备

案,以证明其具备以下编制招标文件和组织评标的能力:

(1)具有项目法人资格或者法人资格;

(2)有从事同类工程招标的经验;

(3)有与招标项目规模和复杂程度相适应的工程技术、概预算、财务和工程管理等方面的专业技术力量,即招标人应当具有 3 名以上本单位的中级以上职称的工程技术经济人员,并熟悉和掌握招标投标有关法规,并且至少包括 1 名在本单位注册的造价工程师。

建设行政主管部门在收到招标人自行办理招标事宜的备案材料后,应当对照标准及时进行核查,发现招标人不具备自行办理招标事宜的条件或者在备案材料中弄虚作假的,应当依法责令其改正,并且要求其委托具有相应资格的工程建设项目招标代理机构(以下简称招标代理机构)代理招标。

委托代理招标事宜的应签订委托代理合同。

2. 确定招标方式

按照法律、法规和规章确定采用公开招标或邀请招标的招标方式。

3. 发布招标公告(资格预审公告)或投标邀请书

依法必须进行招标的项目的资格预审公告和招标公告,应当在国务院发展改革部门依法指定的媒介发布。实行邀请招标的,应向 3 个以上符合资质条件的投标人发送投标邀请书。

4. 编制、发放资格预审文件

采用资格预审的,招标人或受其委托的招标代理机构编制资格预审文件,向参加投标的申请人发放资格预审文件。投标人获取资格预审文件后,按资格预审文件要求填写资格预审申请书,如联合投标应分别填报每个成员的情况,并按规定的时间递交给招标人。

5. 资格审查,确定合格的投标申请人

审查、分析投标申请人报送的资格预审申请书的内容,确定合格的投标申请人,并向合格投标申请人发放资格预审合格通知书。合格投标申请人获得资格预审通知书后提交书面回执。

6. 编制、出售招标文件

有招标人或受其委托的招标代理机构编制招标文件,将招标文件发售给合格的投标申请人(含被邀请的投标申请人),同时向建设行政主管部门备案。

7. 踏勘现场

招标文件分发后,投标人可根据项目的具体情况自行踏勘现场,招标人一般不再集中组织踏勘现场。

8. 答疑

踏勘现场后,招标人应将投标人提出的问题进行汇总,以书面形式向所有投标人发放答疑纪要,并同时向建设行政主管部门备案;必要的时候招标人可以召开答疑会,会后将答疑会议纪要发放给投标人,并同时向建设行政主管部门备案。

9. 接收投标文件,收取投标保证金

招标人在招标文件规定的投标截止日期前接收投标文件,记录接收的日期、时间,同时按招标文件的规定收取投标保证金或投标保函,并退回逾期送达的投标文件。开标前中标人应妥善保存招标文件。

10. 开标

招标人组织并主持开标、唱标,所有投标人代表参加开标会。

11. 组建评标委员会

招标人在招投标监管部门的监督下,到建设工程交易中心(或省市发展和改革委员会评标专家管理部门)抽取评标专家,组建评标委员会。

12. 评标

评标委员会对有效的投标文件进行评审,根据评审结果推荐中标候选人或根据招标人的授权直接确定中标人,编写评标报告。

13. 确定中标人,发出中标通知书

招标人确定中标人后,向中标人发出中标通知书,同时向未中标人发出中标结果通知,并退还投标保证金或投标保函。招标人编写招标评标书面报告,在确定中标人后 15 日内向建设行政主管部门备案。

14. 签订合同

招标人和中标人应当自中标通知书发出之日起 30 日内,按照招标文件和中标人的投标文件订立书面合同。

五、电子招标投标系统简介

电子招投标是近年来迅速发展起来的一项全新业务形态,它将信息技术与传统招投标模式相结合,实现招标项目全过程电子化。所谓电子招标投标活动,是指以数据电文形式,依托电子招标投标系统完成全部或者部分招标投标交易、公共服务和行政监督活动。

电子招标投标系统由电子招标投标交易平台、电子招标投标公共服务平台、电子招标投标行政监督平台三个平台组成。三个平台的主要功能和架构关系如图 1-3 所示。

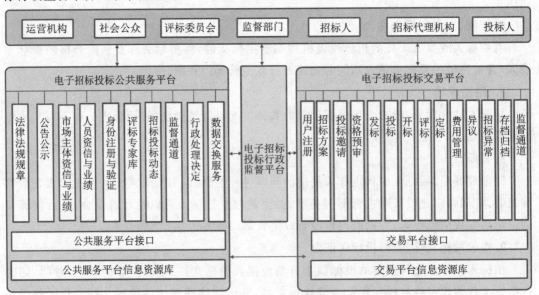

图 1-3　电子招投标系统构架图

交易平台由基本功能、信息资源库、技术支撑与保障、公共服务接口、行政监督接口、专业工具接口、投标文件制作软件等构成，并通过接口与公共服务平台、行政监督平台相连接，其基本功能结构如图 1-4 所示。

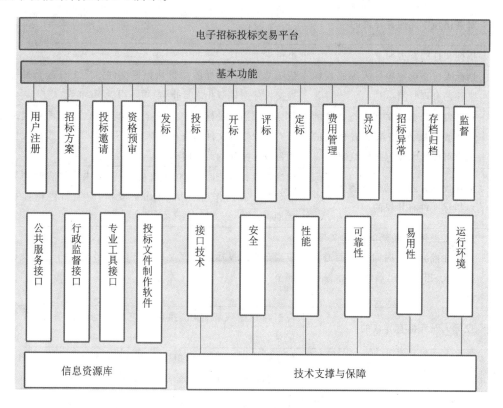

图 1-4　电子招投标系统基本功能结构

交易平台基本功能应当按照招标投标业务流程要求设置，包括用户注册、招标方案、投标邀请、资格预审、发标、投标、开标、评标、定标、费用管理、异议、监督、招标异常、归档（存档）等功能。

六、招标程序与异议投诉法定时间的规定

《招标投标法实施条例》关于招标程序法定时间和异议投诉法定时间的规定见表 1-4。

表 1-4　《招标投标法实施条例》关于招标程序法定时间和异议投诉法定时间的规定

序号	程 序 内 容	法 定 时 间
1	资格预审文件的发售期	不得少于 5 日
2	招标人合理确定提交资格预审申请文件的时间	依法必须进行招标的项目提交资格预审申请文件的时间，自资格预审文件停止发售之日起不得少于 5 日
3	招标人对已发出的资格预审文件进行必要的澄清或者修改，澄清或者修改的内容可能影响资格预审申请文件编制的	应当在提交资格预审申请文件截止时间至少 3 日前，以书面形式通知所有获取资格预审文件的潜在投标人；不足 3 日的，招标人应当顺延提交资格预审申请文件的截止时间

序号	程 序 内 容	法 定 时 间
4	潜在投标人或者其他利害关系人对资格预审文件有异议的	应当在提交资格预审文件截止时间至少 2 日前提出；招标人应当自收到异议之日起 3 日内作出答复；作出答复前，应当暂停招标投标活动
5	招标文件的发售期	不得少于 5 日
6	招标人应当确定投标人编制投标文件的合理时间	依法必须进行招标的项目从招标文件发出之日起至投标人提交投标文件截止之日止，最短不得少于 20 天
7	对已发出的招标文件进行必要的澄清或者修改，澄清或者修改的内容可能影响投标文件编制的	招标人应当在投标截止时间至少 15 日前，以书面形式通知所有获取招标文件的潜在投标人；不足 15 日的，投标人应当顺延投标文件的截止时间
8	潜在投标人或者其他利害关系人对招标文件有异议的	应当在投标截止时间 10 日前提出，招标人应当自收到异议之日起 3 日内作出答复；作出答复前，应当暂停招标投标活动
9	投标人撤回已提交的投标文件，应当在投标截止时间前书面通知招标人，招标人已收取投标保证金的	应当自收到投标人书面撤回通知之日起 5 日内退还投标保证金
10	投标人对开标有异议的	应当在开标现场提出，招标人应当当场作出答复，并制作记录
11	公示中标候选人	依法进行招标的项目，招标人应当自收到评标报告之日起 3 日内公示中标候选人，公示期不得少于 3 日
12	投标人或者其他利害关系人对依法必须进行招标的项目的评标结果有异议的	应当在中标候选人公示期间提出，招标人应当自收到异议之日起 3 日内作出答复；作出答复前，应暂停招标投标活动
13	按照招标文件和中标人的投标文件订立书面合同	招标人应当自中标通知书发出之日起 30 日内签订
14	依法必须招标的项目招标人向有关行政监督部门提交招标投标情况书面报告	应当自确定招标人之日起 15 日内
15	招标人向未中标的投标人退还投标保证金及银行同期存款利息	招标人最迟应当在书面合同签订后 5 日内
16	关于对招标投标活动的投诉时效	投标人或者其他利害关系人认为招标投标活动不符合法律、行政法规的，可以自知道或者应当知道之日起 10 日内向有关行政监督部门投诉。投诉应当有明确的请求和必要的证明材料
17	关于对招标投标活动的投诉处理的时间要求	行政监督部门应当自收到投诉之日起 3 个工作日内决定是否受理投诉，并自受理投诉之日起 30 个工作日内作出书面处理决定；需要检验、检测、鉴定、专家评审的，所需时间不计算在内

工作任务 4 招标的前期工作

一、建设项目报建

招标人在招标前首先应到市招标办办理项目报建手续,办理项目报建手续时应提供以下材料。

(1)年度有效计划(复印件):指本项目立项的批准文件,如国家发展和改革委员会或××省发展和改革委员会或×××市发展和改革委员会等关于该项目的批复文件。

(2)扩初批复或会审纪要(复印件):指扩初设计的成果(扩初方案、初步设计方案或扩初设计)的批准文件,一般都需要相关部门进行评审,并报发改委批准。

(3)土地使用证或用地许可证(复印件):指建设工程规划许可证、建设用地规划许可证、定位图等。

(4)开户银行资金证明(原件)。

开户银行资金证明实例如下。

证　　　明

××招标管理办公室:

××公安局属于一级预算单位,在××国库集中支付中心实行报账制。××国库集中支付中心在我行开立基本账户,到 2021 年 3 月 5 日止,××公安局建设款账面余额为 3 928 500.55元。

特此证明。

××市商业银行(公章)

2021 年 3 月 5 日

(5)工程建设项目报建表(一式三份),见表 1-5。

表 1-5　工程建设项目报建表

报建　2021 年第 138 号

建设单位	××市公安局	单位性质		机关
工程名称	××市公安局办公楼工程	工程监理单位		
工程地址	××市武圣路 168 号	建设用地批准文件		
投资总额	1000 万元	当年投资		1000 万元
资金来源构成		政府投资 70%;　自筹　30%		
批准资料	立项文件名称	关于"××市公安局办公楼项目实施方案"的批复		
	文号	××市发改发〔2020〕58 号		
	投资许可证文号			
工程规模		建筑面积:5950.60m²		
计划开工日期	2021 年 5 月 1 日	计划竣工日期		2021 年 12 月 1 日
发包方式		施工总承包		
银行资信证明		见原件(即"开户银行资金证明实例")		
工程筹建情况:		建设行政主管部门批准意见: 同意。 批复单位(公章) 2021 年 3 月 8 日		

报建单位:(盖章)××市公安局

法定代表人:×××经办人:×××　电话:×××××××　邮编:××××××

填报日期:2021 年 3 月 5 日

说明:本表一式三份,批复后,审批单位、建设单位、工程所在地建设行政主管部门各一份。

(6)建设单位基建人员情况表(一份)。

建设行政主管部门根据招标人提供的建设单位基建人员情况表,确定招标人是否具有自行组织招标的能力,发现招标人不具备自行办理招标事宜的条件或者在备案材料中弄虚作假的,应当依法责令其改正,并且要求其委托具有相应资格的工程建设项目招标代理机构(以下简称招标代理机构)代理招标。委托代理招标事宜的应签订委托代理合同。

二、工程类别核定

招标办签署报建意见发布项目报建信息后,招标人应到市造价工程管理处办理工程类别核定手续,办理工程类别核定手续须提供以下材料。

（1）建筑工程类别核定表，见表 1-6。

表 1-6 建筑工程类别核定表

工程名称	××市公安局	批准文号	××市发改发〔2020〕58号
法定代表人	×××	联系人及电话	××× ××××-×××××××
工程投资额	1000万元	工程总面积	5950.60 m²
工程概况： 　　本工程建筑面积5950.60 m²，结构形式为框架架构，层数六层，檐高为20.6m，要求质量标准为市优工程，投资类别为国有投资为主。 <div style="text-align:right">建设单位（盖章）　2021年3月5日</div>			
其他需要说明的问题：			
初审意见： 　　　　**房屋建筑工程四类** 经办人：×××　　　　　　审核人：×××　　　　　　　2021年3月8日			
说明	1.工程类别指建筑、安装、市政、园林、装修、人防工程； 2.工程概况指按费用定额类别特征，如面积、层数、高度、跨度、地下室、投资类别性质等； 3.本表一式三份，招标办、建设单位、办证窗口各一份。		
备注：			

（2）有权部门基建计划批准文件（复印件）；

（3）财税部门固定资产投资方向调节税税单（复印件）；

（4）建筑施工图纸一套。

工程类别的核定在规定时间内可在建设工程交易中心固定窗口办理，其余时间到当地的建设工程造价管理处办理。

三、发包申请

招标人办理完项目报建和工程类别核定手续后，向交易中心和市招标办提出发包申请，办理发包申请时须提交以下材料：

（1）建设工程发包申请书一式六份（向交易中心申领）；

（2）年度有效计划和投资许可证（正反面复印件）；

（3）土地使用证或用地许可证（装饰工程提交房屋产权证明书）；

(4)规划许可手续;

(5)建筑工程报建表(市招标办办理);

(6)工程类别核定表(市造价管理站办理);

(7)招标项目提交招标文件送审稿。

发包人提交上述材料后,相关管理部门应在规定的时间内(一般为两个工作日)进行审批,审批通过后即可发布项目发包信息。

四、招标代理委托合同的签订

招标人不具备自行招标条件的,可委托具有相应资质的招标代理机构代理招标业务。招标代理机构在其资格许可和招标人委托的范围内开展招标代理业务,任何单位和个人不得非法干涉。

1. 招标代理机构的义务

招标代理机构代理招标业务,应当遵守《招标投标法》和《招标投标法实施条例》关于招标人的规定。招标代理机构不得在所代理的招标项目中投标或者代理投标,也不得为所代理的招标项目的投标人提供咨询。

招标代理机构不得涂改、出租、出借、转让资格证书。

2. 招标代理委托合同的签订

招标人应当与被委托的招标代理机构签订书面委托合同,合同约定的收费标准应当符合国家有关规定。

工作任务 5　招标公告或投标邀请书的编制与发布

一、招标公告

公开招标的项目,应当依照《招标投标法》《招标投标法实施条例》和《工程建设项目施工招标投标办法》的规定发布招标公告、编制招标文件。招标人采用资格预审办法对潜在投标人进行资格审查的,应当发布资格预审公告、编制资格预审文件。

依法必须进行施工招标的项目的资格预审公告和招标公告,应当在国家指定的报刊和信息网络上发布。通过信息网络或者其他媒介发布的招标文件与书面招标文件具有同等法律效力,出现不一致时以书面招标文件为准,国家另有规定的除外。

在不同媒介发布的同一招标项目的资格预审公告或者招标公告的内容应当一致。指定媒介发布依法必须进行招标的项目的境内资格预审公告、招标公告,不得收取费用。

使用电子招标的,招标人或者其委托的招标代理机构应当在资格预审公告、招标公告或者投标邀请书中载明潜在投标人访问电子招标投标交易平台的网络地址和方法,并应及时将数据电文形式的资格预审文件、招标文件加载至电子招标投标交易平台,供潜在投标人下载或者查阅。

根据九部委《标准施工招标文件》、住房和城乡建设部《房屋建筑和市政工程标准施工招标文件》(以下简称"行业标准施工招标文件")和《××省建设工程招标文件示范文本》规定,招标公告分为适用于资格后审的和适用于资格预审的两种情况,下面以适用于资格后审的招标公告为例说明招标公告的内容和填写注意事项。

适用于资格后审的招标公告实例如下。

××市公安局办公楼工程施工招标公告

1. 招标条件

××市公安局办公楼工程(项目名称)已由×××发展和改革委员会 以××市发改发〔2020〕58号 批准建设,招标人为××市公安局,建设资金来自省拨、市财政、自筹 ,项目出资比例为省拨 400 万、市财政 300 万、其他自筹。项目已具备招标条件,现对该项目的施工进行公开招标。本次招标对投标报名人的资格审查,采用资格后审方法选择合格的投标申请人参加投标。

2. 项目概况与招标范围

建设地点:××市武圣路 168 号;建筑面积:5950.60m²;合同估算价:1000 万元;计划工期:2021 年 5 月 1 日开工,2021 年 12 月 1 日竣工;招标范围:土建、水暖、电气。

3. 投标人资格要求

3.1 项目负责人资格类别和等级:房屋建筑工程专业二级(或一级)注册建造师,具备有效的安全生产考核合格证书,且未担任其他在施建设工程项目的项目经理。

3.2 企业资质等级和范围:房屋建筑工程施工总承包三级及以上资质,具有两个及以上类似工程业绩。

3.3 本次招标不接受 (接受或不接受)联合体投标。

4. 投标报名

4.1 报名时间:2021 年 3 月 11 日至2021 年 3 月 17 日(法定公休日、法定节假日除外),每日上午8:00 时至12:00 时,下午13:30 时至17:00 时。(北京时间,下同)

4.2 报名方式:现场报名、网上报名。

4.3 现场报名地点:××市建设工程交易中心××市××路 68 号 305 室。

4.4 网上报名网站:请持密码锁登陆×××建设工程信息网(www.lnzb.cn)进行报名。

5. 招标文件的获取

5.1 领取时间:2021 年 3 月 11 日至2021 年 3 月 17 日(法定公休日、法定节假日除外),每日上午8:00 时至12:00 时,下午13:30 时至17:00 时。

5.2 领取方式:在××市建设工程交易中心(××市××路 68 号 305 室)持单位介绍信购买招标文件,或网上下载。

5.3 招标文件价格:每套售价500 元,售后不退。图纸押金1000 元,在退还图纸时退还(不计利息)。

6.投标文件的递交

6.1 投标文件递交的截止时间(投标截止时间,下同)为2021 年4 月15 日9 时30 分,地点为××市建设工程交易中心(××市××路 68 号 305 室)。

6.2 逾期送达的或者未送达指定地点的投标文件,招标人不予受理。

7.发布公告的媒介

本次招标公告同时在××省建设工程信息网及××市建设工程交易中心大屏幕(发布公告的媒介名称)上发布。

8.联系方式

招 标 人:××市公安局	招标代理机构:×××招投标有限责任公司
地　　址:××市武圣路 168 号	地　　址:××市青年大街 58 号
邮　　编:111000	邮　　编:111000
联 系 人:×××	联 系 人:×××
电　　话:0419-2134567	电　　话:0419-4234566 18841995678
传　　真:0419-2134567	传　　真:0419-4234566
电子邮件:lysgaj@163.com	电子邮件:jxztb@163.com
网　　址:www.lysgaj.com	网　　址:www.jxztb.com
开户银行:××市工商银行	开户银行:××市工商银行
账　　号:9558856822550161555	账　　号:9558800111000161689

2021 年3 月7 日

二、投标邀请书(适用于邀请招标)

根据九部委《标准施工招标文件》、住房和城乡建设部《房屋建筑和市政工程标准施工招标文件》(以下简称"行业标准施工招标文件")和《××省建设工程招标文件示范文本》的规定,投标邀请书分为适用于邀请招标和代资格预审通过通知书两种情况,下面以适用于邀请招标为例说明投标邀请书的内容和填写注意事项。

(一)适用于邀请招标的投标邀请书实例

××市公安局办公楼工程施工投标邀请书

××市第二建筑工程公司：

1. 招标条件

××市公安局办公楼工程(项目名称)已由×××发展和改革委员会以××市发改发〔2019〕58号批准建设,招标人为××市公安局,建设资金来自省拨、市财政、自筹,项目出资比例为省拨400万、市财政300万、其他自筹。项目已具备招标条件,现邀请你单位参加××市公安局办公楼工程(项目名称)的投标。

2. 项目概况与招标范围

建设地点:××市武圣路168号;建筑面积:5950.60m²;合同估算价:1000万元;计划工期:2021年5月1日开工,2021年12月1日竣工;招标范围:土建、水暖、电气。

3. 投标人资格要求

3.1 本次招标要求投标人须具备房屋建筑工程施工总承包三级及以上资质,具有两个及以上类似工程(类似项目描述)业绩,并在人员、设备、资金等方面具有相应的施工能力。

3.2 本次招标不接受(接受或不接受)联合体投标。

3.3 本次招标要求投标人须指派具备房屋建筑工程专业二级以上项目经理(注册建造师资格),具备有效的安全生产考核合格证书,且未担任其他在施建设工程项目的项目经理。

4. 投标报名

4.1 请于2021年3月11日至2021年3月15日(法定公休日、法定节假日除外),每日上午8:00时至12:00时(北京时间,下同),下午13:30时至17:00时,在×××市建设工程交易中心(××市××路68号305室)或持密码锁登陆辽宁省建设工程信息网(www.lnzb.cn)(网站名称)购买招标文件。

4.2 招标文件每套售价500元,售后不退。图纸押金1000元,在退还图纸时退还(不计利息)。

5. 投标文件的递交

5.1 投标文件递交的截止时间(投标截止时间,下同)为2021年4月12日9时30分,地点为××市建设工程交易中心(××市××路68号305室)。

5.2 逾期送达的或者未送达指定地点的投标文件,招标人不予受理。

6. 确认

你单位收到本投标邀请书后,请于2021年3月9日16时30分之前,将回执以传真或电子邮件的传递方式告知招标人,予以确认。

7. 联系方式

招 标 人:××市公安局　　　　　　招标代理机构:×××招投标有限责任公司

地　　址:××市武圣路168号　　　　地　　址:××市青年大街58号

邮　　编:111000　　　　　　　　　邮　　编:111000

联系人：×××   联系人：×××
电　　话：0419-2134567   电　　话：0419-4234566　18841995678
传　　真：0419-2134567   传　　真：0419-4234566
电子邮件：lysgaj@163.com   电子邮件：jxztb@163.com
网　　址：www.lysgaj.com   网　　址：www.jxztb.com
开户银行：××市工商银行   开户银行：××市工商银行
账　　号：9558856822550161555   账　　号：9558800111000161689

2021 年3 月8 日

(二)邀请函回执单实例

致：××市公安局(发出投标邀请的单位名称)

我方已于2021 年3 月8 日11 时(具体时间)收到××市公安局办公楼工程项目标段的投标邀请书,共2 页。我方同意(同意、不同意)参加本项目的投标以及出席招标会议。

投标人资料及联系方式：

单位名称	××市第二建筑工程公司		
联系人姓名	×××	职　务	项目经理
手　机	1880490××××	电　话	0419-5637999
传　真	×××-×××××××	E-mail	lysejgs@163.com
地　址	××市南郊街 135 号	邮　编	111000

投标人：××市第二建筑工程公司(签章)

日期：2021 年 3 月 8 日

敬请您填写回执单,并尽快传至招标人。

工作任务6　资格审查

资格审查分为资格预审和资格后审,一般使用合格制的资格审查方式。在工程项目的施工招标中,除技术特别复杂或者具有特殊专业技术要求的以外,提倡实行资格后审。实行资格预审的,提倡招标人邀请所有资格预审合格的潜在投标人参加投标。

编制依法必须进行招标的项目的资格预审文件和招标文件,应当使用国务院发展改革部门会同有关行政监督部门制定的标准文本。依法必须招标的项目应当使用《标准施工招标资格预审文件》《标准施工招标文件》《标准设计施工总承包招标文件》以及有关部门指定的相关行业标准文本。

《房屋建筑和市政工程标准施工招标资格预审文件》(以下简称"行业标准施工招标资格预审文件")是《标准施工招标资格预审文件》(国家发展和改革委员会、财政部、原建设部等九部委令第 56 号发布)的配套文件,适用于一定规模以上,且设计和施工不是由同一承包人承担的房屋建筑和市政工程施工招标的资格预审。

一、资格预审的概念和目的

1.资格预审的概念

资格预审是指招标人在招标开始之前或者招标开始初期,由招标人对申请参加投标的潜在投标人的资质条件、业绩、信誉、技术、资金等多方面的情况进行资格审查。只有在资格预审中被认为合格的潜在投标人(或者投标人),才可以参加投标。

2.资格预审的目的

对潜在的投标人进行资格审查,主要是为了考察该企业的总体能力是否具备完成招标工作所要求的条件。公开招标设置资格预审程序的目的,一是保证参与投标的法人或组织在资质和能力等方面能够满足完成招标工作的要求;二是通过评审优选出综合实力较强的一批申请投标人,再邀请他们参加投标竞争,以减少评标的工作量。

二、资格预审的程序

1.资格预审文件的编制

资格预审文件分为资格预审须知和资格预审表两大部分。资格预审须知内容包括工程概况和工作范围介绍,对投标人的基本要求和指导投标人填写资格预审文件的有关说明。资格预审表列出对潜在投标人资质条件、实施能力、技术水平、商业信誉等方面需要了解的内容,以应答形式给出的调查文件。资格预审表开列的内容要完整、全面,能反映潜在投标人的综合素质,因为资格预审中评定过的条件在评标时一般不再重复评定,应避免不具备条件的投标人承担项目的建设任务。

2.资格预审公告和资格预审文件的发售

资格预审公告是指招标人向潜在投标人发出的参加资格预审的广泛邀请。招标人按照《行业标准施工招标资格预审文件》第一章"资格预审公告"的格式发布资格预审公告后,将实际发布的资格预审公告编入出售的资格预审文件中,作为资格预审邀请。资格预审公告应同时注明发布该公告的所有媒介名称。所有申请参加投标竞争的潜在投标人都可以按资格预审公告规定的时间或地点购买(或在指定的信息网络上下载)资格预审文件,由其按要求填报后作为投标人的资格预审文件。

招标人应当按照资格预审公告、招标公告或者投标邀请书规定的时间、地点发售资格预审文件或者招标文件。资格预审文件或者招标文件的发售期不得少于 5 日。招标人发售资格预审文件、招标文件收取的费用应当限于补偿印刷、邮寄的成本支出,不得以营利为目的。

3. 资格预审文件的提交

招标人应当合理确定提交资格预审申请文件的时间。依法必须进行招标的项目提交资格预审申请文件的时间,自资格预审文件停止发售之日起不得少于 5 日。

依法必须进行招标的项目提交资格预审申请文件的时间相当于自发售资格预审文件之日起至少 10 个日历天。

4.组建资格审查委员会

国有资金占控股或者主导地位的依法必须进行招标的项目,招标人应当组建资格审查委员会审查资格预审申请文件。资格审查委员会及其成员应当遵守《招标投标法》和《招标投标法实施条例》有关评标委员会及其成员的规定。

5.资格审查与评定

资格预审应当按照资格预审文件载明的标准和方法进行。资格审查委员会在规定的时间内,按照资格审查文件中规定的标准和方法,对提交资格预审申请书的潜在投标人资格进行审查。

资格预审结束后,招标人应当及时向资格预审申请人发出资格预审结果通知书。未通过资格预审的申请人不具有投标资格。

通过资格预审的申请人少于3个的,应当重新招标。

三、资格预审公告实例

××市公安局办公楼工程施工招标
资格预审公告(代招标公告)

1.招标条件

本招标项目××市公安局办公楼工程已由×××发展和改革委员会以××市发改发〔2020〕58号批准建设,项目业主为××市公安局,建设资金来自省拨、市财政、自筹,项目出资比例为省拨400万、市财政300万、其他自筹,招标人为××市公安局,招标代理机构为×××招投标有限责任公司。项目已具备招标条件,现进行公开招标,特邀请有兴趣的潜在投标人(以下简称申请人)提出资格预审申请。

2.项目概况与招标范围

建设地点:××市武圣路168号;建筑面积:5950.60m²;合同估算价:1000万元;计划工期:2021年5月1日开工,2021年12月1日竣工;招标范围:土建、水暖、电气。

3.申请人资格要求

3.1 本次资格预审要求申请人具备房屋建筑工程施工总承包三级及以上资质,具有两个及以上类似工程业绩,并在人员、设备、资金等方面具备相应的施工能力,其中,申请人拟派项目经理须具备房屋建筑工程专业二(或一)级注册建造师执业资格和有效的安全生产考核合格证书,且未担任其他在施建设工程项目的项目经理。

3.2 本次资格预审不接受(接受或不接受)联合体资格预审申请。

4.资格预审方法

本次资格预审采用合格制。

5.申请报名

凡有意申请资格预审者,请于2021年3月8日至2021年3月12日(法定公休日、法定节假日除外),每日上午8:00时至12:00时(北京时间,下同),下午13:30时至17:00时。在××市建设工程交易中心(××市××路68号305室)报名。

6.资格预审文件的获取

6.1 凡通过上述报名者,请于<u>2021</u>年<u>3</u>月<u>8</u>日至<u>2021</u>年<u>3</u>月<u>12</u>日(法定公休日、法定节假日除外),每日上午<u>8:00</u>时至<u>12:00</u>时(北京时间,下同),下午<u>13:30</u>时至<u>17:00</u>时。在××市建设工程交易中心(××市××路<u>68</u>号<u>305</u>室)持单位介绍信购买资格预审文件。

6.2 资格预审文件每套售价<u>500.00</u>元,售后不退。

6.3 邮购资格预审文件的,需另加手续费(含邮费)<u>50.00</u>元。招标人在收到单位介绍信和邮购款(含手续费)后<u>2</u>日内寄送。

7.资格预审申请文件的递交

7.1 递交资格预审申请文件截止时间(申请截止时间,下同)为<u>2021</u>年<u>3</u>月<u>15</u>日<u>15:00</u>时<u>30</u>分,地点为××市建设工程交易中心(××路<u>68</u>号<u>305</u>室)。

7.2 逾期送达或者未送达指定地点的资格预审申请文件,招件人不予受理。

8.发布公告的媒介

本次资格预审公告同时在××市有形建筑市场、××省工程建设信息网、××省招投标监管网上发布。

9.联系方式

招 标 人:××市公安局	招标代理机构:×××招投标有限责任公司
地 址:××市武圣路168号	地 址:××市青年大街58号
邮 编:111000	邮 编:111000
联 系 人:×××	联 系 人:×××
电 话:0419-2134567	电 话:0419-4234566 18841995678
传 真:0419-2134567	传 真:0419-4234566
电子邮件:lysgaj001@163.com	电子邮件:jxztb001@163.com
网 址:www.lysgaj.com	网 址:www.jxztb.com
开户银行:××市工商银行	开户银行:××市工商银行
账 号:9558856822550161555	账 号:9558800111000161689

2021年3月8日

四、申请人须知

申请人须知前附表见表1-7。

表1-7 申请人须知前附表

条款号	条款名称	编 列 内 容
1.1.2	招标人	名 称: 地 址: 联系人: 电 话: 电子邮件:

条款号	条款名称	编列内容
1.1.3	招标代理机构	名　称： 地　址： 联系人： 电　话： 电子邮件：
1.1.4	项目名称	
1.1.5	建设地点	
1.2.1	资金来源	
1.2.2	出资比例	
1.2.3	资金落实情况	
1.3.1	招标范围	
1.3.2	计划工期	计划工期：　　日历天 计划开工日期：　　年　月　日 计划竣工日期：　　年　月　日
1.3.3	质量要求	质量标准：
1.4.1	申请人资质条件、能力和信誉	资质条件： 财务要求： 业绩要求：(与资格预审公告要求一致) 信誉要求： (1)诉讼及仲裁情况 (2)不良行为记录 (3)合同履约率 项目经理资格：　专业　级(含以上级)注册建造师执业资格和有效的安全生产考核合格证书,且未担任其他在施建设工程项目的项目经理。 其他要求： (1)拟投入主要施工机械设备情况 (2)拟投入项目管理人员 (3)……
1.4.2	是否接受联合体资格预审申请	□不接受 □接受,应满足下列要求： 其中:联合体资质按照联合体协议约定的分工认定,其他审查标准按联合体协议中约定的各成员分工所占合同工作量的比例,进行加权折算
2.2.1	申请人要求澄清资格预审文件的截止时间	

条款号	条 款 名 称	编 列 内 容
2.2.2	招标人澄清资格预审文件的截止时间	
2.2.3	申请人确认收到资格预审文件澄清的时间	
2.3.1	招标人修改资格预审文件的截止时间	
2.3.2	申请人确认收到资格预审文件修改的时间	
3.1.1	申请人须补充的其他材料	(1)其他企业信誉情况表 (2)拟投入主要施工机械设备情况 (3)拟投入项目管理人员情况 ……
3.2.4	近年财务状况的年份要求	年,指　　年　　月　　日起至　　年　　月　　日止
3.2.5	近年完成的类似项目的年份要求	年,指　　年　　月　　日起至　　年　　月　　日止
3.2.7	近年发生的诉讼及仲裁情况的年份要求	年,指　　年　　月　　日起至　　年　　月　　日止
3.3.1	签字和(或)盖章要求	
3.3.2	资格预审申请文件副本份数	份
3.3.3	资格预审申请文件的装订要求	□不分册装订 □分册装订,共分　　册,分别为: ＿＿＿＿＿＿＿＿＿＿＿＿＿ ＿＿＿＿＿＿＿＿＿＿＿＿＿ 每册采用　　方式装订,装订应牢固、不易拆散和换页,不得采用活页装订
4.1.2	封套上写明	招标人的地址: 招标人全称: 　　　(项目名称)　　标段施工招标资格预审申请文件在 　　年　　月　　日　　时　　分前不得开启
4.2.1	申请截止时间	年　　月　　日　　时　　分
4.2.2	递交资格预审申请文件的地点	
4.2.3	是否退还资格预审申请文件	□否　　　　　□是,退还安排:

条款号	条款名称	编列内容
5.1.2	审查委员会人数	审查委员会构成：　人,其中招标人代表　人(限招标人在职人员,且应当具备评标专家的相应的或者类似的条件),专家　人。 审查专家确定方式：
5.2	资格审查方法	□合格制　　　□有限数量制
6.1	资格预审结果的通知时间	
6.3	资格预审结果的确认时间	
9	需要补充的其他内容	
9.1	词语定义	
9.1.1	类似项目	
	类似项目是指：	
9.1.2	不良行为记录	
	不良行为记录是指：	
……	……	
9.2	资格预审申请文件编制的补充要求	
9.2.1	"其他企业信誉情况表"应说明企业不良行为记录、履约率等相关情况,并附相关证明材料,年份同第3.2.7项的年份要求	
9.2.2	"拟投入主要施工机械设备情况"应说明设备来源(包括租赁意向)、目前状况、停放地点等情况,并附相关证明材料	
9.2.3	"拟投入项目管理人员情况"应说明项目管理人员的学历、职称、注册执业资格、拟任岗位等基本情况,项目经理和主要项目管理人员应附简历,并附相关证明材料	
9.3	通过资格预审的申请人(适用于有限数量制)	

条款号	条款名称	编列内容
9.3.1		通过资格预审申请人分为"正选"和"候补"两类。资格审查委员会应当根据第三章"资格审查办法(有限数量制)"第3.4.2项的排序,对通过详细审查的情况人按得分由高到低顺序,将不超过第三章"资格审查办法(有限数量制)"第1条规定数量的申请人列为通过资格预审申请人(正选),其余的申请人依次列为通过资格预审的申请人(候补)
9.3.2		根据本章第6.1款的规定,招标人应当首先向通过资格预审申请人(正选)发出投标邀请书
9.3.3		根据本章第6.3款,通过资格预审申请人项目经理不能到位或者利益冲突等原因导致潜在投标人数量少于第三章"资格审查办法(有限数量制)"第1条规定的数量的,招标人应当按照通过资格预审申请人(候补)的排名次序,由高到低依次递补
9.4	监督	
		本项目资格预审活动及其相关当事人应当接受有管辖权的建设工程招标投标行政监督部门依法实施的监督
9.5	解释权	
		本资格预审文件由招标人负责解释
9.6	招标人补充的内容	
……	……	

申请人除满足申请人须知前附表中规定的各项要求外,《标准施工招标资格预审文件》申请人须知总则中对申请人资格还提出了下列要求:

(1)申请人须知前附表规定接受联合体申请资格预审的,联合体申请人除应符合申请人须知前附表的要求外,还应遵守以下规定:

①联合体各方必须按资格预审文件提供的格式签订联合体协议书,明确联合体牵头人和各方的权利义务;

②由同一专业的单位组成的联合体,按照资质等级较低的单位确定资质等级;

③通过资格预审的联合体,其各方组成结构或职责,以及财务能力、信誉情况等资格条件不得改变;

④联合体各方不得再以自己名义单独或加入其他联合体在同一标段中参加资格预审。

(2)申请人不得存在下列情形之一:

①为招标人不具有独立法人资格的附属机构(单位);

②为本标段前期准备提供设计或咨询服务的,但设计施工总承包的除外;

③为本标段的监理人;

④为本标段的代建人;

⑤为本标段提供招标代理服务的;

⑥与本标段的监理人或代建人或招标代理机构同为一个法定代表人的;

⑦与本标段的监理人或代建人或招标代理机构相互控股或参股的;

⑧与本标段的监理人或代建人或招标代理机构相互任职或工作的;

⑨被责令停业的；

⑩被暂停或取消投标资格的；

⑪财产被接管或冻结的；

⑫在最近三年内有骗取中标或严重违约或重大工程质量问题的。

五、资格审查办法

《行业标准施工招标资格预审文件》第三章"资格审查办法"分别规定合格制和有限数量制两种资格审查方法，供招标人根据招标项目具体特点和实际需要选择使用。如无特殊情况，鼓励招标人采用合格制。

1. 合格制

1)资格审查办法

资格审查办法见表1-8。

表1-8　资格审查办法

条款号		审查因素	审查标准
2.1	初步审查标准	申请人名称	与营业执照、资质证书、安全生产许可证一致
		申请函签字盖章	有法定代表人或其委托代理人签字或加盖单位章
		申请文件格式	符合第四章"资格预审申请文件格式"的要求
		联合体申请人（如有）	提交联合体协议书，并明确联合体牵头人
		……	……
2.2	详细审查标准	营业执照	具备有效的营业执照
		安全生产许可证	具备有效的安全生产许可证
		资质等级	符合第二章"申请人须知"第1.4.1项规定
		财务状况	符合第二章"申请人须知"第1.4.1项规定
		类似项目业绩	符合第二章"申请人须知"第1.4.1项规定
		信誉	符合第二章"申请人须知"第1.4.1项规定
		项目经理资格	符合第二章"申请人须知"第1.4.1项规定
		其他要求	符合第二章"申请人须知"第1.4.1项规定
		联合体申请人	符合第二章"申请人须知"第1.4.2项规定
		……	……

注：本表中的章节均指《行业标准施工招标资格预审文件》中的章节。

2)审查程序

（1）初步审查。

审查委员会依据《行业标准施工招标资格预审文件》第三章第2.1款规定的标准，对资格预审申请文件进行初步审查。有一项因素不符合审查标准的,不能通过资格预审。

审查委员会可以要求申请人提交《标准施工招标资格预审文件》第二章"申请人须知"第3.2.3 项至第 3.2.7 项规定的有关证明和证件的原件,以便核验。

(2)详细审查。

审查委员会依据《行业标准施工招标资格预审文件》第三章第 2.2 款规定的标准,对通过初步审查的资格预审申请文件进行详细审查。有一项因素不符合审查标准的,不能通过资格预审。

通过资格预审的申请人除应满足《行业标准施工招标资格预审文件》第三章第 2.1 款、第 2.2 款规定的审查标准外,还不得存在下列任何一种情形:

①不按审查委员会要求澄清或说明的;

②有《行业标准施工招标资格预审文件》第二章"申请人须知"第 1.4.3 项规定的任何一种情形的;

③在资格预审过程中弄虚作假、行贿或有其他违法违规行为的。

(3)资格预审申请文件的澄清。

在审查过程中,审查委员会可以书面形式,要求申请人对所提交的资格预审申请文件中不明确的内容进行必要的澄清或说明。申请人的澄清或说明应采用书面形式,并不得改变资格预审申请文件的实质性内容。申请人的澄清和说明内容属于资格预审申请文件的组成部分。招标人和审查委员会不接受申请人主动提出的澄清或说明。

3)审查结果

(1)提交审查报告。

审查委员会按照《行业标准施工招标资格预审文件》第三章第 3 条规定的程序对资格预审申请文件完成审查后,确定通过资格预审的申请人名单,并向招标人提交书面审查报告。

(2)重新进行资格预审或招标。

通过资格预审申请人的数量不足 3 个的,招标人重新组织资格预审或不再组织资格预审而直接招标。

2.有限数量制

有限数量制是审查委员会依据《行业标准施工招标资格预审文件》第三章"有限数量制"规定的审查标准和程序,对通过初步审查和详细审查的资格预审申请文件进行量化打分,按得分由高到低的顺序确定通过资格预审的申请人。通过资格预审的申请人不应超过资格审查办法前附表规定的数量。

对于依法必须公开招标的工程项目的施工招标实行资格预审,并且采用综合评估法评标的,当合格申请人数量过多时,一般采用随机抽签的方法,特殊情况也可以采用评分排名的方法选择规定数量的合格申请人参加投标。其中,工程投资额 1000 万元以上的工程项目,邀请的合格申请人应当不少于 9 个;工程投资额 1000 万元以下的工程项目,邀请的合格申请人应当不少于 7 个。

(1)资格审查办法前附表(有限数量制)见表 1-9。

表 1-9　资格审查办法前附表(有限数量制)

条款号		条款名称	编列内容
1		通过资格预审的人数	当通过详细审查的申请人多于　家时,通过资格预审的申请人限定为　家。
2		审查因素	审查标准
2.1	初步审查标准	申请人名称	与营业执照、资质证书、安全生产许可证一致
		申请函签字盖章	由法定代表人或其委托代理人签字并加盖单位章
		申请文件格式	符合第四章"资格预审申请文件格式"的要求
		联合体申请人(如有)	提交联合体协议书,并明确联合体牵头人
		……	……
2.2	详细审查标准	营业执照	具备有效的营业执照 是否需要核验原件:□是□否
		安全生产许可证	具备有效的安全生产许可证 是否需要核验原件:□是□否
		资质等级	符合第二章"申请人须知"第1.4.1项规定 是否需要核验原件:□是□否
		财务状况	符合第二章"申请人须知"第1.4.1项规定 是否需要核验原件:□是□否
		类似项目业绩	符合第二章"申请人须知"第1.4.1项规定 是否需要核验原件:□是□否
		信誉	符合第二章"申请人须知"第1.4.1项规定 是否需要核验原件:□是□否
		项目经理资格	符合第二章"申请人须知"第1.4.1项规定 是否需要核验原件:□是□否
		其他要求 (1) 拟投入主要施工机械设备	符合第二章"申请人须知"第1.4.1项规定
		其他要求 (2) 拟投入项目管理人员	
		……	
		联合体申请人(如有)	符合第二章"申请人须知"第1.4.2项规定
		……	……

续表

条款号		条款名称	编列内容
2.3	评分标准	评分因素	评分标准
		财务状况	……
		项目经理	……
		类似项目业绩	……
		认证体系	……
		信誉	……
		生产资源	……
		……	……
2.4		核验原件的具体要求	……
3		审查程序	详见第三章附件 A"资格审查详细程序"

注:本表中的章节均指《行业标准施工招标资格预审文件》中的章节。

(2)审查程序。

①初步审查。

审查方法同合格制。

②详细审查。

审查方法同合格制。

③资格预审申请文件的澄清。

审查方法同合格制。

④评分。

通过详细审查的申请人不少于 3 个且没有超过资格预审公告规定数量的,均通过资格预审,不再进行评分。如果通过详细审查的申请人数量超过资格预审公告规定数量的,审查委员会依据《行业标准施工招标资格预审文件》第三章第 2.3 款评分标准进行评分,按得分由高到低的顺序进行排序。

(3)审查结果。

①提交审查报告。

审查委员会按照《行业标准施工招标资格预审文件》第三章第 3 条规定的程序对资格预审申请文件完成审查后,确定通过资格预审的申请人名单,并向招标人提交书面审查报告。

②重新进行资格预审或招标。

通过资格预审申请人的数量不足 3 个的,招标人重新组织资格预审或不再组织资格预审而直接招标。

六、资格预审申请文件的格式

(一)封面

_____(项目名称)_____ 标段施工招标

资格预审申请文件

申请人:_____(盖单位章)

法定代表人或其委托代理人:_____(签字)

_____年___月___日

(二)资格预审申请函

_____(招标人名称)：

1.按照资格预审文件的要求,我方(申请人)递交的资格预审申请文件及有关资料,用于你方(招标人)审查我方参加_____(项目名称)____ 标段施工招标的投标资格。

2.我方的资格预审申请文件包含第二章"申请人须知"第3.1.1项规定的全部内容。

3.我方接受你方的授权代表进行调查,以审核我方提交的文件和资料,并通过我方的客户,澄清资格预审申请文件中有关财务和技术方面的情况。

4.你方授权代表可通过_____(联系人及联系方式)得到进一步的资料。

5.我方在此声明,所递交的资格预审申请文件及有关资料内容完整、真实和准确,且不存在第二章"申请人须知"第1.4.3项规定的任何一种情形。

申请人：_____(盖单位章)

法定代表人或其委托代理人：_____(签字)

电　　话：_____

传　　真：_____

申请人地址：_____

邮政编码：_____

_____年____月____日

(三)法定代表人身份证明

法定代表人身份证明

申请人:＿＿＿＿＿＿

单位性质:＿＿＿＿＿＿

地址:＿＿＿＿＿＿

成立时间:＿＿＿年＿＿月＿＿日

经营期限:＿＿＿＿＿＿

姓　名:＿＿＿＿　性　别:＿＿＿＿

年　龄:＿＿＿　职　务:＿＿＿＿

系＿＿＿＿＿(申请人名称)的法定代表人。

特此证明。

申请人:＿＿＿＿＿＿(盖单位章)

＿＿年＿＿月＿＿日

(四)授权委托书

授权委托书

本人＿＿＿(姓名)系＿＿＿(申请人名称)的法定代表人,现委托＿＿＿(姓名)为我方代理人。代理人根据授权,以我方名义签署、澄清、说明、补正、递交、撤回、修改(项目名称)＿＿＿标段施工招标资格预审文件,其法律后果由我方承担。

委托期限:＿＿＿＿＿＿＿

＿＿＿＿＿＿＿＿。

代理人无转委托权。

附:法定代表人身份证明

申　请　人:＿＿＿＿＿＿(盖单位章)

法定代表人:＿＿＿＿＿(签字)

身份证号码:＿＿＿＿＿

委托代理人:＿＿＿＿＿(签字)

身份证号码:＿＿＿＿＿＿

＿＿＿＿＿年＿＿月＿＿日

(五)联合体协议书

联合体协议书

牵头人名称:＿＿＿＿＿＿

法定代表人:＿＿＿＿＿＿

法定住所:＿＿＿＿＿＿

成员二名称:＿＿＿＿＿＿

法定代表人:＿＿＿＿＿＿

法定住所:＿＿＿＿＿＿

……

鉴于上述各成员单位经过友好协商,自愿组成＿＿＿＿(联合体名称)联合体,共同参加＿＿＿＿(招标人名称)(以下简称招标人)＿＿＿＿(项目名称)＿＿＿＿标段的施工招标资格预审和投标(以下简称合同)。现就联合体投标事宜订立如下协议。

1.＿＿＿＿(某成员单位名称)为＿＿＿＿(联合体名称)牵头人。

2.在本工程投标阶段,联合体牵头人合法代表联合体各成员负责本工程资格预审申请文件和投标文件编制活动,代表联合体提交和接收相关的资料、信息及指示,并处理与资格预审、投标和中标有关的一切事务;联合体中标后,联合体牵头人负责合同订立和合同实施阶段的主办、组织和协调工作。

3.联合体将严格按照资格预审文件和招标文件的各项要求,递交资格预审申请文件和投标文件,履行投标义务和中标后的合同,共同承担合同规定的一切义务和责任,联合体各成员单位按照内部职责的划分,承担各自所负的责任和风险,并向招标人承担连带责任。

4.联合体各成员单位内部的职责分工如下:＿＿＿＿＿＿＿＿＿＿＿＿＿＿＿＿＿＿＿＿＿＿＿＿＿。

按照本条上述分工,联合体成员单位各自所承担的合同工作量比例如下:＿＿＿＿＿＿＿＿＿＿＿＿＿＿＿＿。

5.资格预审和投标工作以及联合体在中标后工程实施过程中的有关费用按各自承担的工作量分摊。

6.联合体中标后,本联合体协议是合同的附件,对联合体各成员单位有合同约束力。

7.本协议书自签署之日起生效,联合体未通过资格预审、未中标或者中标且合同履行完毕后自动失效。

8.本协议书一式＿＿＿＿份,联合体成员和招标人各执一份。

牵头人名称:＿＿＿＿＿＿(盖单位章)

法定代表人或其委托代理人:＿＿＿＿(签字)

成员二名称:＿＿＿＿＿＿(盖单位章)

法定代表人或其委托代理人:＿＿＿＿(签字)

……

＿＿＿＿年＿＿月＿＿日

备注:本协议书由委托代理人签字的,应附法定代表人签字的授权委托书。

(六)申请人基本情况表

申请人基本情况表

申请人名称					
注册地址			邮政编码		
联系方式	联系人		电　话		
	传　真		网　址		
组织结构					
法定代表人	姓名		技术职称		电话
技术负责人	姓名		技术职称		电话
成立时间			员工总人数：		
企业资质等级			项目经理		
营业执照号		其中	高级职称人员		
注册资本金			中级职称人员		
开户银行			初级职称人员		
账号			技　工		
经营范围					
体系认证情　况	说明：通过的认证体系、时间及运行状况				
备注					

(七)近年财务状况表

近年财务状况表是指经过会计师事务所或者审计机构审计的财务会计报表,各类报表中反映的财务状况数据应当一致,如果有不一致之处,以不利于申请人的数据为准。财务状况表主要包括以下几种。

(1)近年资产负债表;

(2)近年损益表;

(3)近年利润表;

(4)近年现金流量表;

(5)财务状况说明书。

备注:除财务状况总体说明外,财务状况表应特别说明企业净资产,招标人也可根据招标项目具体情况要求说明是否拥有有效期内的银行 AAA 资信证明、本年度银行授信总额度、本年度可使用的银行授信余额等。

(八)近年完成的类似项目情况表

近年完成的类似项目情况表

项目名称	
项目所在地	
发包人名称	
发包人地址	
发包人电话	
合同价格	
开工日期	
竣工日期	
承包范围	
工程质量	
项目经理	
技术负责人	
总监理工程师及电话	
项目描述	
备注	

(九)正在施工的和新承接的项目情况表

正在施工的和新承接的项目须附合同协议书或者中标通知书复印件。

正在施工的和新承接的项目情况表

项目名称	
项目所在地	
发包人名称	
发包人地址	
发包人电话	
签约合同价	
开工日期	
计划竣工日期	
承包范围	
工程质量	
项目经理	
技术负责人	
总监理工程师及电话	
项目描述	
备注	

(十)近年发生的诉讼和仲裁情况

近年发生的诉讼和仲裁情况仅限于申请人败诉且与履行施工承包合同有关的案件,不包括调解结案以及未裁决的仲裁或未终审判决的诉讼。

近年发生的诉讼和仲裁情况

类别	序号	发生时间	情况简介	证明材料索引
诉讼情况				
仲裁情况				

(十一)其他企业信誉情况表(年份同诉讼及仲裁情况年份要求)

(1)近年不良行为记录情况表。

序号	发生时间	简要情况说明	证明材料索引

(2)在施工工程以及近年已竣工工程合同履行情况表。

序号	工程名称	履约情况说明	证明材料索引

(3)其他。

……

(十二)拟投入主要施工机械设备情况表

机械设备名称	型号规格	数　量	目前状况	来　源	现停放地点	备　注

备注:"目前状况"应说明已使用所限、是否完好以及目前是否正在使用,"来源"分为"自有"和"市场租赁"两种情况,正在使用中的设备应在"备注"中注明何时能够投入本项目,并提供相关证明材料。

(十三)拟投入项目管理人员情况表

姓名	性别	年龄	职称	专业	资格证书编号	拟在本项目中担任的工作或岗位

附件 1:项目经理简历表

项目经理应附建造师执业资格证书、注册证书、安全生产考核合格证书、身份证、职称证、学历证、养老保险复印件以及未担任其他在施建设工程项目项目经理的承诺,管理过的项目业绩须附合同协议书和竣工验收备案登记表复印件。类似项目限于以项目经理身份参与的项目。

姓　名		年　龄		学　历	
职　称		职　务		拟在本工程任职	项目经理
注册建造师资格等级		级	建造师专业		
安全生产考核合格证书					
毕业学校		年毕业于　　　学校　　　专业			
主要工作经历					
时　间	参加过的类似项目名称		工程概况说明	发包人及联系电话	

附件2：主要项目管理人员简历表

　　主要项目管理人员指项目副经理、技术负责人、合同商务负责人、专职安全生产管理人员等岗位人员。应附注册资格证书、身份证、职称证、学历证、养老保险复印件，专职安全生产管理人员应附有效的安全生产考核合格证书，主要业绩须附合同协议书。

岗位名称			
姓名		年龄	
性别		毕业学校	
学历和专业		毕业时间	
拥有的执业资格		专业职称	
执业资格证书编号		工作年限	
主要工作业绩及担任的主要工作			

附件 3：承诺书

承　诺　书

_____（招标人名称）：

我方在此声明，我方拟派往_____（项目名称）____标段（以下简称"本工程"）的项目经理_____（项目经理姓名）现阶段没有担任任何在施建设工程项目的项目经理。

我方保证上述信息的真实和准确，并愿意承担因我方就此弄虚作假所引起的一切法律后果。

特此承诺

申请人：_____（盖单位章）

法定代表人或其委托代理人：_____（签字）

_____年____月___日

七、资格后审

实行资格后审的，招标文件应当设置专门的章节，明确合格投标人的条件、资格后审的评审标准和评审方法。

对潜在投标人或者投标人的资格审查必须充分体现公开、公平、公正的原则，不得提出高于招标工程实际情况所需要的资质等级要求。资格审查中还应当注重对拟选派的项目经理（建造师）的劳动合同关系、参加社会保险、正在施工和正在承接的工程项目等方面情况的审查。要严格执行项目经理管理规定的要求，一个项目经理（建造师）只宜担任一个施工项目的管理工作，当其负责管理的施工项目临近竣工，并已经向发包人提出竣工验收申请后，方可参加其他工程项目的投标。

工作任务7　招标文件的编制

建设工程招标文件,是建设工程招标人单方面阐述自己的招标条件和具体要求的意思表示,是招标人确定、修改和解释有关招标事项的各种书面表达形式的统称。招标文件由招标人或受其委托的招标代理机构负责编制。

一、招标文件的组成

《工程建设项目施工招标投标办法》第二十四条规定,招标文件一般包括下列内容:

招标公告(或投标邀请书);投标人须知;合同主要条款;投标文件格式;采用工程量清单招标的,应当提供工程量清单;技术条款;设计图纸;评标标准和方法;投标辅助材料。

招标人应当在招标文件中规定实质性要求和条件,并用醒目的方式标明。

二、招标公告(或投标邀请书)

《标准施工招标文件》说明第三条规定:招标人按照《标准施工招标文件》第一章的格式发布招标公告或发出投标邀请书后,将实际发布的招标公告或实际发出的投标邀请书编入出售的招标文件中,作为投标邀请。其中,招标公告应同时注明发布所在的所有媒介名称。

三、投标人须知

投标人须知是招标文件的重要组成部分,是投标人的投标指南。包括投标人须知前附表和正文两部分。

1.投标人须知前附表

根据九部委令第56号,投标人须知前附表用于进一步明确正文中的未尽事宜,由招标人根据招标项目具体特点和实际需要编制和填写,但务必与招标文件中其他章节相衔接,并不得与正文内容相抵触,否则抵触内容无效。在列举前附表有关内容时,已经考虑了其与本招标文件其他章节和本章正文内容的衔接。

投标人须知前附表

条款号	条 款 名 称	编 列 内 容
1.1.2	招标人	名称:××市公安局 地址:××市武圣路 168 号 联系人:××× 电话:0419-2134567 电子邮件:lysgaj@163.com
1.1.3	招标代理机构	名称:×××招投标有限责任公司 地址:××市青年大街 58 号 联系人:××× 电话:0419-4234566 18841995678 电子邮件:www.jxztb.com
1.1.4	项目名称	××市公安局办公楼工程
1.1.5	建设地点	××市武圣路 168 号
1.2.1	资金来源	省财政、市财政、自筹
1.2.2	出资比例	省拨 400 万、市财政 300 万、其他自筹
1.2.3	资金落实情况	资金已到位
1.3.1	招标范围	××市公安局办公楼土建、装饰、水暖、电气等全部工程,关于招标范围的详细说明见第七章"技术标准和要求"
1.3.2	计划工期	计划工期:215 日历天 计划开工日期:2021 年 5 月 1 日 计划竣工日期:2021 年 12 月 1 日 有关工期的详细要求见第七章"技术标准和要求"
1.3.3	质量要求	质量标准:市优 关于质量要求的详细说明见第七章"技术标准和要求"

条款号	条 款 名 称	编 列 内 容
1.4.1	投标人资质条件、能力和信誉	资质条件:房屋建筑工程施工总承包三级及以上资质 财务要求:提供近两年会计师事务所出具的财务审计报告 业绩要求:具有两个及以上类似工程业绩 信誉要求: 项目经理资格:房屋建筑工程专业二级(含以上级)注册建造师执业资格,具备有效的安全生产考核合格证书,且不得担任其他在施建设工程项目的项目经理 其他要求:无
1.4.2	是否接受联合体投标	不接受
1.9.1	踏勘现场	不组织
1.10.1	投标预备会	不召开
1.10.2	投标人提出问题的截止时间	2021 年3 月25 日15 时30 分
1.10.3	招标人书面澄清的时间	2021 年3 月27 日
1.11	分 包	允许,分包内容要求:防水、门窗、外墙保温、玻璃幕墙 分包金额要求:无 接受分包的第三人资质要求:必须具备相应的专业承包资质
1.12	偏 离	允许,可偏离的项目和范围见第七章"技术标准和要求": 允许偏离最高项数: 偏差调整方法:
2.1	构成招标文件的其他材料	工程量清单
2.2.1	投标人要求澄清招标文件的截止时间	2021 年3 月25 日15 时30 分
2.2.2	投标截止时间	2021 年4 月15 日9 时30 分
2.2.3	投标人确认收到招标文件澄清的时间	在收到相应澄清文件后24 小时内
2.3.2	投标人确认收到招标文件修改的时间	在收到相应修改文件后24 小时内

续表

条款号	条　款　名　称	编　列　内　容
3.1.1	构成投标文件的其他材料	无
3.3.1	投标有效期	30 天
3.4.1	投标保证金	投标保证金的形式:银行保函 投标保证金的金额:100 000.00 元 递交方式:与投标文件同时递交
3.5.2	近年财务状况的年份要求	2 年,指 2019 年1 月1 日起至2020 年12 月31 日止
3.5.3	近年完成的类似项目的年份要求	3 年,指 2018 年1 月1 日起至2020 年12 月31 日止
3.5.5	近年发生的诉讼及仲裁情况的年份要求	3 年,指 2018 年1 月1 日起至2020 年12 月31 日止
3.6	是否允许递交备选投标方案	允许,备选投标方案的编制要求见附表七"备选投标方案编制要求",评审和比较方法见第三章"评标办法"
3.7.3	签字和(或)盖章要求	必须加盖单位公章和法定代表人或代理人的签字或盖章
3.7.4	投标文件副本份数	3 份
3.7.5	装订要求	按照投标人须知第 3.1.1 项规定的投标文件组成内容,投标文件应按以下要求装订:采用胶装,禁止使用活页装订 不分册装订
4.1.2	封套上写明	招标人地址:××市武圣路 168 号 招标人名称:××市公安局 ××市公安局办公楼工程投标文件在2021 年4 月15 日9 时30 分前不得开启
4.2.2	递交投标文件地点	××市建设工程交易中心(××市××路 68 号 305 室)
4.2.3	是否退还投标文件	否
5.1	开标时间和地点	开标时间:同投标截止时间 开标地点:××市建设工程交易中心(××市××路 68 号 1 号厅)
5.2	开标程序	(1)密封情况检查:投标人代表检查 (2)开标顺序:按提交投标文件顺序

条款号	条 款 名 称	编 列 内 容
6.1.1	评标委员会的组建	评标委员会构成:7人,其中招标人代表2人(限招标人在职人员,且应当具备评标专家相应的或者类似的条件),专家5人。 评标专家确定方式:从省专家库抽取
7.1	是否授权评标委员会确定中标人	否,推荐的中标候选人数:3家
7.3.1	履约担保	履约担保的形式:银行保函 履约担保的金额:50万元人民币
10 需要补充的其他内容		
10.1 词语定义		
10.1.1	类似项目	类似项目是指:
10.1.2	不良行为记录	不良行为记录是指:
……	……	……
10.2 招标控制价		
招标控制价		设招标控制价为:8420351.73元
10.3 "暗标"评审		
施工组织设计是否采用"暗标"评审方式		不采用
10.4 投标文件电子版		
是否要求投标人在递交投标文件时,同时递交投标文件电子版		要求,投标文件电子版内容:投标报价转成 Excel2003 格式;技术标电子版;资质证书,荣誉证书,个人职称、资格证书等原件扫描电子文档 投标文件电子版份数:2份 投标文件电子版形式:光盘 投标文件电子版密封方式:单独放入一个密封袋中,加贴封条,并在封套封口处加盖投标人单位章,在封套上标记"投标文件电子版"字样
10.5 计算机辅助评标		
是否实行计算机辅助评标		□否
		□是,投标人须递交纸质投标文件一份,同时按本须知附表八"电子投标文件编制及报送要求"编制及报送电子投标文件。计算机辅助评标方法见第三章"评标办法"
10.6 投标人代表出席开标会		

续表

条款号	条 款 名 称	编 列 内 容
	按照本须知第 5.1 款的规定,招标人邀请所有投标人的法定代表人或其委托代理人参加开标会。投标人的法定代表人或其委托代理人应当按时参加开标会,并在招标人按开标程序进行点名时,向招标人提交法定代表人身份证明文件或法定代表人授权委托书,出示本人身份证,以证明其出席,否则,其投标文件按废标处理	
	10.7　中标公示	
	在中标通知书发出前,招标人将中标候选人的情况在本招标项目招标公告发布的同一媒介和有形建筑市场(交易中心)予以公示,公示期不少于 3 个工作日	
	10.8　知识产权	
	构成本招标文件各个组成部分的文件,未经招标人书面同意,投标人不得擅自复印和用于非本招标项目所需的其他目的。招标人全部或者部分使用未中标人投标文件中的技术成果或技术方案时,须征得其书面同意,并不得擅自复印或提供给第三人	
	10.9　重新招标的其他情形	
	除投标人须知正文第 8 条规定的情形外,除非已经产生中标候选人,在投标有效期内同意延长投标有效期的投标人少于三个的,招标人应当依法重新招标	
	10.10　同义词语	
	构成招标文件组成部分的"通用合同条款""专用合同条款""技术标准和要求"和"工程量清单"等章节中出现的措辞"发包人"和"承包人",在招标投标阶段应当分别按"招标人"和"投标人"进行理解	
	10.11　监督	
	本项目的招标投标活动及其相关当事人应当接受有管辖权的建设工程招标投标行政监督部门依法实施的监督	
	10.12　解释权	
	构成本招标文件的各个组成文件应互为解释,互为说明;如有不明确或不一致情况,构成合同文件组成内容的,以合同文件约定内容为准,且以专用合同条款约定的合同文件优先顺序解释;除招标文件中有特别规定外,仅适用于招标投标阶段的规定,按招标公告(投标邀请书)、投标人须知、评标办法、投标文件格式的先后顺序解释;同一组成文件中就同一事项的规定或约定不一致的,以编排顺序在后者为准;同一组成文件不同版本之间有不一致的,以形成时间在后者为准。按本款前述规定仍不能形成结论的,由招标人负责解释	
	10.13　招标人补充的其他内容	
	······	

2. 投标人须知正文及填写注意事项

投标人须知正文包括:总则、招标文件、投标文件、投标、开标、评标、合同授予、重新招标或不再招标、纪律和监督、需补充的其他内容共十项内容。

1)总则

总则包括项目概况,资金来源和落实情况,招标范围、计划工期和质量要求,投标人的资格要求,费用承担,保密,语言文字,计量单位,踏勘现场,投标预备会,分包,偏离共 12 项内容。

(1)项目概况。

项目概况包括:本招标项目已具备的条件、招标人、招标代理机构的信息、招标项目名称、地点等内容。这部分信息均应在招标公告(或投标邀请书)和投标人须知前附表中明确,填写时要注意以下事项。

①填写招标人、招标代理机构的名称、地址、联系人和联系电话。应与招标公告或投标邀请书联系方式中写明的相一致。联系电话最好填写两个以上,包括手机号码,以保持联系畅通。

②标准招标文件是按照一个标段对应一份招标文件的原则编写的。投标人须知中的招标代理机构应为具体标段的招标代理机构。

③项目名称指项目审批、核准机关出具的有关文件中载明的或备案机关出具的备案文件中确认的项目名称。

④建设地点应填写项目的具体地理位置。

(2)资金来源和落实情况。

本条目内容已在投标人须知前附表中体现,填写时应注意以下事项。

①资金来源包括国拨资金、国债资金、银行贷款、自筹资金等,由招标人据实填写。

②项目的出资比例,如:财政拨款 50%,银行贷款 30%,企业自筹 20%;如全部为财政拨款,则直接填写:100%财政拨款。

③资金落实情况根据《招标投标法》第 9 条第 2 款规定,招标人应当有进行招标项目的相应资金或者资金来源已经落实,并应当在招标文件中如实载明。如:财政拨款部分已经列入年度计划、银行贷款部分已签订贷款协议、企业自筹部分已经存入项目专用账户。

(3)招标范围、计划工期和质量要求。

本条目内容也已在投标人须知前附表中体现,填写时应注意以下事项:

① 招标范围应准确明了,采用工程专业术语填写。如某建筑工程项目:×××工程中的地基与基础、主体结构、建筑装饰装修、建筑屋面、给水、排水及采暖、通风与空调、建筑电气、智能建筑、电梯工程等设计图纸显示的全部工程,详细的招标范围界定见招标文件中的"工程量清单"。但需要指出的是,招标人应根据项目具体特点和实际需要合理划分标段,并据此确定招标范围,避免过细分割工程或肢解工程。

②计划工期由招标人根据项目具体特点和实际需要填写。有适用工期定额的,应参照工期定额合理确定。《建设工程质量管理条例》第 10 条规定,建设工程发包单位不得任意压缩合理工期。投标人须知前附表中填写的计划工期、计划开工日期、计划竣工日期应该是一致的。根据《合同法》第 275 条,施工合同中约定有中间交工工期的,应当在本项对应的前附表中明确。

③质量要求应根据国家、行业颁布的建设工程施工质量验收标准填写。不能将各种质量奖项、奖杯等作为质量要求。

(4)投标人的资格要求。

①进行资格预审的投标人应是收到招标人发出投标邀请书的单位。

②未进行资格预审的投标人应具备承担本标段施工的资质条件、能力和信誉。资质条件、财务要求、业绩要求、信誉要求、项目经理资格及其他要求等应符合投标人须知前附表所

列的条件。需要注意的是,本项内容实际构成评标办法中资格评审标准的内容。

其中,资质指住房和城乡建设部《建筑业企业资质管理规定》(住房和城乡建设部令第159号)划定的资质类别及等级,包括总承包资质和专业承包资质。如某建筑工程资格审查确定的资质条件为:房屋建筑工程施工总承包二级及以上资质。

财务要求指企业的注册资本金、净资产、资产负债率、平均货币资金余额和主营业务收入的比值、银行授信额度等一项或多项指标情况。

招标人根据项目具体特点和实际需要,明确提出投标人应具有的业绩要求,以证明投标人具有完成本标段工程施工能力。本款提出的业绩要求须与招标公告一致。

企业信誉是指企业在市场中所获得的社会上公认的信用和名誉,它反映一个企业的履约信用。有关行政管理部门对企业信用考核有规定的,按照有关规定执行。一般来讲,考察企业的信誉,主要是针对企业以往履约情况、不良记录等提出具体要求。

项目经理资格指建设行政主管部门颁发的建造师执业资格。在规定项目经理资格时,其专业和级别应与建设行政主管部门的要求一致。如招标项目为 120000 m² 办公楼,可以填写:房屋建筑专业一级建造师。

其他要求指招标人依据行业特点及本次招标项目的特点、需要,针对投标人企业提出的一些要求,例如,对企业提出质量、环境保护和职业健康、安全等管理体系认证方面的要求。

(5)费用承担。

投标人准备和参加投标活动发生的费用自理。

(6)保密。

参与招标投标活动的各方应对招标文件和投标文件中的商业和技术等秘密保密,违者应对由此造成的后果承担法律责任。

(7)语言文字。

除专用术语外,与招标投标有关的语言均使用中文。必要时专用术语应附有中文注释。

(8)计量单位。

所有计量均采用中华人民共和国法定计量单位。

(9)踏勘现场。

投标人须知前附表规定组织踏勘现场的,根据《招标投标法实施条例》(2019 修订)第二十八条规定,招标人不得组织单个或者部分潜在投标人踏勘项目现场。因为招投标基本原则是公开、公平、公正、诚信,这样规定的目的是避免投标人相互照面,只有所有投标人同时去踏勘才能保证招标人不会不平等地对待某个投标人,也能避免招标人与投标人单独接触发生相互串通的行为。投标人踏勘现场发生的费用自理。

除招标人的原因外,投标人自行负责在踏勘现场中所发生的人员伤亡和财产损失。

招标人在踏勘现场中介绍的工程场地和相关的周边环境情况,供投标人在编制投标文件时参考,招标人不对投标人据此做出的判断和决策负责。

(10)投标预备会。

投标人须知前附表规定召开投标预备会的,招标人按投标人须知前附表规定的时间和地点召开投标预备会,澄清投标人提出的问题。

投标人应在投标人须知前附表规定的时间前,以书面形式将提出的问题送达招标人,以便招标人在会议期间澄清。

投标预备会后,招标人在投标人须知前附表规定的时间内,将对投标人所提问题的澄清,以书面方式通知所有购买招标文件的投标人。该澄清内容为招标文件的组成部分。

(11)分包。

投标人拟在中标后将中标项目的部分非主体、非关键性工作进行分包的,应符合投标人须知前附表规定的分包内容、分包金额和接受分包的第三人资质要求等限制性条件。

《中华人民共和国民法典 合同编》第 791 条规定,总承包人或者勘察、设计、施工承包人经发包人同意,可以将自己承包的部分工作交由第三人完成。第三人就其完成的工作成果与总承包人或者勘察、设计、施工承包人向发包人承担连带责任。承包人不得将其承包的全部建设工程转包给第三人或者将其承包的全部建设工程支解以后以分包的名义分别转包给第三人。建设工程主体结构的施工必须由承包人自行完成。《招标投标法》第 30 条规定,投标人根据招标文件载明的项目实际情况,拟在中标后将中标项目的部分非主体、非关键性工作进行分包的,应当在投标文件中载明。据此,本款规定招标人可以依据项目情况,选择不允许或允许分包。如果选择后者,则应进一步明确分包内容的名称或要求,以及分包项目金额和资质条件等方面的限制。实际操作中需要注意的是:①投标人拟分包的工作内容和工程量,须符合投标人须知前附表规定的分包内容、分包数量和金额等限制性条件,否则作废标处理;②分包人的资格能力应与投标文件中载明的分包工作的标准和规模相适应,具备相应的专业承包资质,否则也作废标处理。

(12)偏离。

投标人须知前附表允许投标文件偏离招标文件某些要求的,偏离应当符合招标文件规定的偏离范围和幅度。

偏离即《评标委员会和评标方法暂行规定》(七部委令第 12 号)中的偏差。偏离分为重大偏离和细微偏离。39 号令第 24 条规定,招标人应当在招标文件中规定实质性要求和条件,并用醒目的方式标明,以便评标委员会有效地判定投标文件是否实质性响应了招标文件。实质性要求和条件不允许偏离,否则即作废标处理。招标人可以依据项目情况,在招标文件中对非实质性要求和条件,载明允许偏离的范围和幅度。

2)招标文件

(1)招标文件的组成。

本招标文件包括:招标公告(或投标邀请书)、投标人须知、评标办法、合同条款及格式、工程量清单、图纸、技术标准和要求、投标文件格式、投标人须知前附表规定的其他材料(例如工程地质勘察报告)。

根据投标须知对招标文件所作的澄清、修改,构成招标文件的组成部分。

(2)招标文件的澄清。

①投标人应仔细阅读和检查招标文件的全部内容。如发现缺页或附件不全,应及时向招标人提出,以便补齐。如有疑问,应在投标人须知前附表规定的时间前以书面形式(包括信函、电报、传真等可以有形地表现所载内容的形式,下同),要求招标人对招标文件予以澄清。

②招标文件的澄清将在投标人须知前附表规定的投标截止时间 15 天前以书面形式发给所有购买招标文件的投标人,但不指明澄清问题的来源。如果澄清发出的时间距投标截

止时间不足 15 天,则相应延长投标截止时间。

③投标人在收到澄清后,应在投标人须知前附表规定的时间内以书面形式通知招标人,确认已收到该澄清。

《招标投标法》第二十三条规定,招标人对已发出的招标文件进行必要的澄清或者修改的,应当在招标文件要求提交投标文件截止时间至少 15 日前,以书面形式通知所有招标文件收受人。这里 15 日是个界限,本项规定如果澄清发出的时间距投标截止时间不足 15 天,则投标截止时间相应延长。投标人收到澄清后的确认时间,可以采用一个相对的时间,如招标文件澄清发出后 12 小时以内;也可以采用一个绝对的时间,如 2021 年 6 月 15 日中午 12:00 以前。

(3)招标文件的修改。

①在投标截止时间 15 天前,招标人可以书面形式修改招标文件,并通知所有已购买招标文件的投标人。如果修改招标文件的时间距投标截止时间不足 15 天,相应延长投标截止时间。

②投标人收到修改内容后,应在投标人须知前附表规定的时间内以书面形式通知招标人,确认已收到该修改。

3)投标文件

(1)投标文件的组成。

①投标文件应包括下列内容:

a.投标函及投标函附录;

b.法定代表人身份证明或附有法定代表人身份证明的授权委托书;

c.联合体协议书;

d.投标保证金;

e.已标价工程量清单;

f.施工组织设计;

g.项目管理机构;

h.拟分包项目情况表;

i.资格审查资料;

j.投标人须知前附表规定的其他材料。

②投标人须知前附表规定不接受联合体投标的,或投标人没有组成联合体的,投标文件不包括联合体协议书。

(2)投标报价。

①投标人应按招标文件"工程量清单"的要求填写相应表格。

②投标人在投标截止时间前修改投标函中的投标总报价,应同时修改招标文件所附"工程量清单"中的相应报价。此修改须符合投标须知中对投标文件的修改与撤回的有关要求。

(3)投标有效期。

招标文件应当规定一个适当的投标有效期以保证招标人有足够的时间完成评标以及与中标人签订合同。投标有效期从投标人提交投标文件截止之日起计算。

①在投标人须知前附表规定的投标有效期内,投标人不得要求撤销或修改其投标文件。

②出现特殊情况须延长投标有效期的,招标人以书面形式通知所有投标人延长投标有效期。投标人同意延长的,应相应延长其投标保证金的有效期,但不得要求或被允许修改或

撤销其投标文件;投标人拒绝延长的,其投标失效,但投标人有权收回其投标保证金。

(4)投标保证金。

①投标人在递交投标文件的同时,应按投标人须知前附表规定的金额、担保形式和《标准施工招标文件》第八章"投标文件格式"规定的投标保证金格式递交投标保证金,并作为其投标文件的组成部分。联合体投标的,其投标保证金由牵头人递交,并应符合投标人须知前附表的规定。

②投标人不按投标须知规定要求提交投标保证金的,其投标文件作废标处理。

③招标人与中标人签订合同后5个工作日内,向未中标的投标人和中标人退还投标保证金。

④有下列情形之一的,投标保证金将不予退还:

a. 投标人在规定的投标有效期内撤销或修改其投标文件;

b. 中标人在收到中标通知书后,无正当理由拒签合同协议书或未按招标文件规定提交履约担保。

(5)资格审查资料(适用于已进行资格预审的)。

投标人在编制投标文件时,应按新情况更新或补充其在申请资格预审时提供的资料,以证实其各项资格条件仍能继续满足资格预审文件的要求,具备承担本标段施工的资质条件、能力和信誉。

(6)资格审查资料(适用于未进行资格预审的)。

①"投标人基本情况表"应附投标人营业执照副本及其年检合格的证明材料、资质证书副本和安全生产许可证等材料的复印件。

②"近年财务状况表"应附经会计师事务所或审计机构审计的财务会计报表,包括资产负债表、现金流量表、利润表和财务情况说明书的复印件,具体年份要求见投标人须知前附表。

③ "近年完成的类似项目情况表"应附中标通知书和(或)合同协议书、工程接收证书(工程竣工验收证书)的复印件,具体年份要求见投标人须知前附表。每张表格只填写一个项目,并标明序号。

④"正在施工和新承接的项目情况表"应附中标通知书和(或)合同协议书复印件。每张表格只填写一个项目,并标明序号。

⑤"近年发生的诉讼及仲裁情况"应说明相关情况,并附法院或仲裁机构作出的判决、裁决等有关法律文书复印件,具体年份要求见投标人须知前附表。

(7) 备选投标方案。

除投标人须知前附表另有规定外,投标人不得递交备选投标方案。允许投标人递交备选投标方案的,只有中标人所递交的备选投标方案方可予以考虑。评标委员会认为中标人的备选投标方案优于其按照招标文件要求编制的投标方案的,招标人可以接受该备选投标方案。

(8)投标文件的编制。

①投标文件应按第八章"投标文件格式"进行编写,如有必要,可以增加附页,作为投标文件的组成部分。其中,投标函附录在满足招标文件实质性要求的基础上,可以提出比招标

文件要求更有利于招标人的承诺。

②投标文件应当对招标文件有关工期、投标有效期、质量要求、技术标准和要求、招标范围等实质性内容做出响应。

③投标文件应用不褪色的材料书写或打印,并由投标人的法定代表人或其委托代理人签字或盖单位章。委托代理人签字的,投标文件应附法定代表人签署的授权委托书。投标文件应尽量避免涂改、行间插字或删除。如果出现上述情况,改动之处应加盖单位章或由投标人的法定代表人或其授权的代理人签字确认。签字或盖章的具体要求见投标人须知前附表。

④投标文件正本一份,副本份数见投标人须知前附表的规定。正本和副本的封面上应清楚地标记"正本"或"副本"的字样。当副本和正本不一致时,以正本为准。

⑤投标文件的正本与副本应分别装订成册,并编制目录,具体装订要求见投标人须知前附表的规定。

4)投标

(1)投标文件的密封和标记。

①投标文件的正本与副本应分开包装,加贴封条,并在封套的封口处加盖投标人单位章。

②投标文件的封套上应清楚地标记"正本"或"副本"字样,封套上应写明的其他内容见投标人须知前附表的规定。

③ 未按要求密封和加写标记的投标文件,招标人不予受理。

(2)投标文件的递交。

①投标人应在投标须知中规定的投标截止时间前递交投标文件。

②投标人递交投标文件的地点见投标人须知前附表。

③除投标人须知前附表另有规定外,投标人所递交的投标文件不予退还。

④招标人收到投标文件后,向投标人出具签收凭证。

⑤逾期送达的或者未送达指定地点的投标文件,招标人不予受理。

(3)投标文件的修改与撤回。

①在投标须知中规定的投标截止时间前,投标人可以修改或撤回已递交的投标文件,但应以书面形式通知招标人。

②投标人修改或撤回已递交投标文件的书面通知应按照投标须知正文投标文件编制的要求签字或盖章。招标人收到书面通知后,向投标人出具签收凭证。

③修改的内容为投标文件的组成部分。修改的投标文件应按照投标须知第 3 条、第 4 条规定进行编制、密封、标记和递交,并标明"修改"字样。

5)开标

(1)开标时间和地点。

招标人在投标人须知规定的投标截止时间(开标时间)和投标人须知前附表规定的地点公开开标,并邀请所有投标人的法定代表人或其委托代理人准时参加。

(2)开标程序。

主持人按下列程序进行开标:

①宣布开标纪律;

②公布在投标截止时间前递交投标文件的投标人名称,并点名确认投标人是否派人到场;

③宣布开标人、唱标人、记录人、监标人等有关人员姓名;

④按照投标人须知前附表规定检查投标文件的密封情况;

⑤按照投标人须知前附表的规定确定并宣布投标文件开标顺序;

⑥设有标底的,公布标底;

⑦按照宣布的开标顺序当众开标,公布投标人名称、标段名称、投标保证金的递交情况、投标报价、质量目标、工期及其他内容,并记录在案;

⑧投标人代表、招标人代表、监标人、记录人等有关人员在开标记录上签字确认;

⑨开标结束。

6)评标

(1)评标委员会。

①评标由招标人依法组建的评标委员会负责。评标委员会由招标人或其委托的招标代理机构熟悉相关业务的代表,以及有关技术、经济等方面的专家组成。评标委员会成员人数以及技术、经济等方面专家的确定方式见投标人须知前附表。

②评标委员会成员有下列情形之一的,应当回避:

a.招标人或投标人的主要负责人的近亲属;

b.项目主管部门或者行政监督部门的人员;

c.与投标人有经济利益关系,可能影响对投标公正评审的;

d.曾因在招标、评标以及其他与招标投标有关活动中从事违法行为而受过行政处罚或刑事处罚的。

(2)评标原则。

评标活动遵循公平、公正、科学和择优的原则。

(3)评标。

评标委员会按照《标准施工招标文件》第三章"评标办法"规定的方法、评审因素、标准和程序对投标文件进行评审。《标准施工招标文件》第三章"评标办法"没有规定的方法、评审因素和标准,不作为评标依据。

7)合同授予

(1)定标方式。

除投标人须知前附表规定评标委员会直接确定中标人外,招标人依据评标委员会推荐的中标候选人确定中标人,评标委员会推荐中标候选人的人数见投标人须知前附表。

(2)中标通知。

在投标人须知规定的投标有效期内,招标人以书面形式向中标人发出中标通知书,同时将中标结果通知未中标的投标人。

(3)履约担保。

①在签订合同前,中标人应按投标人须知前附表规定的金额、担保形式和招标文件"合同条款及格式"规定的履约担保格式向招标人提交履约担保。联合体中标的,其履约担保由

牵头人递交,并应符合投标人须知前附表规定的金额、担保形式和招标文件第四章"合同条款及格式"规定的履约担保格式要求。

② 中标人不能按投标人须知要求提交履约担保的,视为放弃中标,其投标保证金不予退还,给招标人造成的损失超过投标保证金数额的,中标人还应当对超过部分予以赔偿。

(4)签订合同。

① 招标人和中标人应当自中标通知书发出之日起 30 天内,根据招标文件和中标人的投标文件订立书面合同。中标人无正当理由拒签合同的,招标人取消其中标资格,其投标保证金不予退还;给招标人造成的损失超过投标保证金数额的,中标人还应当对超过部分予以赔偿。

②发出中标通知书后,招标人无正当理由拒签合同的,招标人向中标人退还投标保证金;给中标人造成损失的,还应当赔偿损失。

8)重新招标或不再招标

(1)重新招标。

有下列情形之一的,招标人将重新招标:

①投标截止时间止,投标人少于 3 个的;

②经评标委员会评审后否决所有投标的。

(2)不再招标。

重新招标后投标人仍少于 3 个或者所有投标被否决的,属于必须审批或核准的工程建设项目,经原审批或核准部门批准后不再进行招标。

9)纪律和监督

(1)对招标人的纪律要求。

招标人不得泄露招标投标活动中应当保密的情况和资料,不得与投标人串通损害国家利益、社会公共利益或者他人合法权益。

(2)对投标人的纪律要求。

投标人不得相互串通投标或者与招标人串通投标,不得向招标人或者评标委员会成员行贿谋取中标,不得以他人名义投标或者以其他方式弄虚作假骗取中标;投标人不得以任何方式干扰、影响评标工作。

(3)对评标委员会成员的纪律要求。

评标委员会成员不得收受他人的财物或者其他好处,不得向他人透露对投标文件的评审和比较、中标候选人的推荐情况以及评标有关的其他情况。在评标活动中,评标委员会成员不得擅离职守,影响评标程序正常进行,不得使用第三章"评标办法"没有规定的评审因素和标准进行评标。

(4)对与评标活动有关的工作人员的纪律要求。

与评标活动有关的工作人员不得收受他人的财物或者其他好处,不得向他人透露对投标文件的评审和比较、中标候选人的推荐情况以及与评标有关的其他情况。在评标活动中,与评标活动有关的工作人员不得擅离职守,影响评标程序正常进行。

(5)投诉。

投标人和其他利害关系人认为本次招标活动违反法律、法规和规章规定的,有权向有关行政监督部门投诉。

10)需补充的其他内容

需要补充的其他内容:见投标人须知前附表。

《标准施工招标文件》投标须知正文没有列明,招标人又需要补充的其他内容,需要在投标人须知前附表中予以明确和细化,但不得与投标须知正文内容相抵触,否则抵触内容无效。

四、合同主要条款

招标文件中应明确投标人和招标人之间签订的主要合同条款及采用的合同格式。合同条款及格式引用住房和城乡建设部《房屋建筑和市政工程标准施工招标文件》和九部委《标准施工招标文件》内容及格式规定,其内容由通用合同条款、专用合同条款、合同附件格式三部分组成。

1. 通用合同条款

通用合同条款直接引用中华人民共和国《标准施工招标文件》(2013版)第一卷第四章第一节"通用合同条款"。

2. 专用合同条款

专用合同条款应采用住房和城乡建设部《房屋建筑和市政工程标准施工招标文件》第四章第二节的专用合同条款。

3. 合同附件格式

合同附件格式应采用住房和城乡建设部《房屋建筑和市政工程标准施工招标文件》第四章第三节的合同附件格式,由八个附件组成,具体内容有:合同协议书、承包人提供的材料和工程设备一览表、发包人提供的材料和工程设备一览表、预付款担保格式、履约担保格式、支付担保格式、质量保修书格式、廉政责任书格式。

五、投标文件格式

《标准施工招标文件》第四卷第八章规定了投标文件的格式,主要内容包括:投标函和投标函附录、法定代表人身份证明、授权委托书、联合体协议书、投标保函、工程量清单、施工组织设计、项目管理机构、拟分包计划表、资格审查资料、其他材料等内容。投标人必须按招标文件规定的格式编制投标文件。

六、提供工程量清单

采用工程量清单招标的,工程量清单是招标文件的重要组成部分。招标人或招标人委托的招标代理机构在招标文件中应按《标准施工招标文件》第一卷第五章、《建设工程工程量清单计价规范》(GB 50500-2013)及地方标准、规范和规程的要求,结合招标项目的具体特点和实际情况,按照工程量清单计价规范要求进行编制,工程量清单应与"投标人须知""通用合同条款""专用合同条款""技术标准和要求""图纸"所诉内容相一致,进行有效衔接。

七、技术标准和要求

《标准施工招标文件》第三卷第七章规定了招标文件的技术标准和要求,由一般要求,特殊技术标准和要求,适用的国家、行业以及地方规范、标准和规程等部分组成。

1. 一般要求

一般要求包括:工程说明,承包范围,工期要求,质量要求,适用规范和标准,安全文明施工,治安保卫,地上、地下设施和周边建筑物的临时保护,样品和材料代换,进口材料和工程设备,进度报告和进度例会,试验和检验,计日工,计量与支付,竣工验收和工程移交,其他要求等内容。

2. 特殊技术标准和要求

特殊技术标准和要求包括:材料和工程设备技术要求,特殊技术要求,新技术、新工艺和新材料要求,其他特殊技术标准和要求四部分内容。

3. 适用的国家、行业以及地方规范、标准和规程

招标人应根据国家、行业和地方现行标准、规范和规程,以及项目具体情况在招标文件中写明已选定的适用于本工程的规范、标准、规程等的名称、编号等内容。

八、设计图纸

招标人应详细列出全部图纸的张数和编号,供投标人全面了解招标工程情况,以便编制投标文件。招标人应对其提供的图纸的正确性负责。

九、评标标准和方法

《标准施工招标文件》第三章"评标办法"分别规定了经评审的最低投标价法和综合评估法两种评标方式,招标人或招标人委托的招标代理机构可根据招标项目具体特点和实际需要选择使用,并根据工程项目的实际情况自主确定评标办法,所确定的评标方法必须在招标文件中明示各评审因素的评审标准、分值和权重等。投标报价中的规费、预留金、暂定金为不可竞争的固定费用(应单列),但须列入投标总报价之中。

招标人在选择评标办法时,可结合招标工程的特点,参考《标准施工招标文件》第三章"评标办法(综合评估法)"附表九中的标价计算方法确定计分方法,可任选其一,也可多选,还可将所列评标办法相互结合使用,但无论使用哪一种评标办法,都必须在招标文件中载明。

十、投标辅助材料

招标人应当在招标文件中规定实质性要求和条件,并用醒目的方式标明。

工作任务 8　工程量清单的编制

工程量清单应依据中华人民共和国国家标准《建设工程工程量清单计价规范》(GB 50500－2013)(以下简称"13 计价规范")以及招标文件中包括的图纸等进行编制。

一、招标工程量清单的概念和作用

1. 招标工程量清单的概念

工程量清单是载明建设工程分部分项工程项目、措施项目、其他项目的名称和相应数量以及规费、税金项目等内容的明细清单。

招标工程量清单是指招标人依据国家标准、招标文件、设计文件以及施工现场实际情况编制的,随招标文件发布供投标报价的工程量清单,包括其说明和表格。

2. 招标工程量清单的作用

招标工程量清单是工程量清单计价的基础,应作为编制招标控制价、投标报价、计算或调整工程量、索赔等的依据之一。

3. 招标工程量清单的准确性和完整性

计价规范以强制性条文规定:招标工程量清单必须作为招标文件的组成部分,其准确性和完整性应由招标人负责。

二、招标工程量清单的组成

招标工程量清单应以单位(项)工程为单位编制,应由分部分项工程量清单、措施项目清单、其他项目清单、规费和税金项目清单组成。

三、编制人

招标工程量清单应由具有编制能力的招标人或受其委托的工程造价咨询人编制。

招标人对编制的工程量清单的准确性(数量)和完整性(不缺项、漏项)负责,如委托工程造价咨询人编制,其责任仍由招标人承担。投标人依据工程量清单进行投标报价,对工程量清单不负有核实义务,更不具有修改和调整的权利。

四、编制依据

编制依据包括以下内容:

(1)《建设工程工程量清单计价规范》(GB 50500—2013)和相关工程的国家计量规范;

(2)国家或省级、行业建设主管部门颁发的计价定额和办法;

(3)建设工程设计文件及相关资料;

(4)与建设工程项目有关的标准、规范、技术资料;

(5)拟定的招标文件;

(6)施工现场情况、地勘水文资料、工程特点及常规施工方案;

(7)其他相关资料。

五、招标工程量清单与计价表格式

工程量清单与计价表由以下表格组成。

1. 招标工程量清单封面

××市公安局办公楼 工程

招 标 工 程 量 清 单

招　　标　　人:××市公安局

(单位盖章)

工程造价咨询人:×××招投标有限责任公司

(单位盖章)

编制时间:2021 年 3 月 5 日

2.招标工程量清单扉页

××市公安局办公楼 工程

招 标 工 程 量 清 单

招标人:××市公安局＿＿＿＿＿＿＿
（单位盖章）

工程造价
咨询人:×××招投标有限责任公司
（单位资质专用章）

法定代表人
或其授权人:×××＿＿＿＿＿＿
（签字或盖章）

法定代表人
或其授权人:×××＿＿＿＿＿＿
（签字或盖章）

编 制 人:×××＿＿＿＿＿＿
（造价人员签字盖专用章）

复 核 人:×××＿＿＿＿＿＿
（造价工程师签字盖专用章）

编制时间:2021 年 3 月 5 日　　　　　复核时间:2021 年 3 月 6 日

3. 工程计价总说明

总　说　明

工程名称:××市公安局办公楼工程　　　第 1 页　共 1 页

一、工程概况

　　本工程总建筑面积:5950.60m²,结构形式为框架结构,地下一层,地上六层,基础为柱下独立基础。

二、招标范围

　　本工程包括建筑工程、装饰装修工程及与建筑工程配套的安装工程。

三、质量标准

　　本工程质量标准为:合格。

四、工期要求

　　2021 年 5 月 1 日开工,2021 年 12 月 1 日竣工。

五、编制依据

　　1.《建设工程工程量清单计价规范》(GB 50500－2013);

　　2. 2017 年《辽宁省建设工程计价依据》;

　　3. ××市公安局办公楼工程设计施工图纸;

　　4.国家或省级、行业建设主管部门颁发的计价规定和办法;

　　5.与建设工程项目有关的标准、规范、技术资料;

　　6.其他相关资料。

六、暂列金额的数量

　　考虑到施工中可能发生的设计变更或价格上涨等因素,招标人暂列金额为:

$$暂列金额＝(分部分项工程费合计＋措施项目费合计)×1\%$$

七、招标人自行采购材料的名称、规格型号、数量,要求总承包人提供的服务内容。

　　无

八、其他需要说明的问题:

　　1.工程量清单报价必须结合施工图(设计说明)、招标文件、设计及施工规范、当地质检部门的质量验收规定进行报价,并应包含各项目所有工序的费用总和,另须采用的技术措施费等要考虑在综合单价或措施费中,否则,视同优惠。如投标人对清单有任何疑问,应在规定时限内书面提出,否则视作无异议。

　　2.电子光盘工程量清单内容与书面不一致时,以书面为准。

4.分部分项工程和措施项目计价表

分部分项工程和措施项目计价表

工程名称：

序号	项目编码	项目名称	项目特征描述	计量单位	工程量	金额(元)		
						综合单价	合价	其中
								暂估价
本页小计								
合　计								

5.综合单价分析表

综合单价分析表

工程名称：　　　　标段：　　　　　　　　　　　　　　　第　页　共　页

项目编码		项目名称		计量单位		工程量	

清单综合单价组成明细											
定额编号	定额项目名称	定额单位	数量	单价				合价			
				人工费	材料费	机械费	管理费和利润	人工费	材料费	机械费	管理费和利润
人工单价		小计									
元/工日		未计价材料费									
清单子目综合单价											

材料费明细	主要材料名称、规格、型号	单位	数量	单价	合计	暂估单价（元）	暂估合价（元）
	其他材料费						
	材料费小计						

注：(1)如不使用省级或行业建设主管部门发布的计价定额,可不填定额编号和定额项目名称;
　　(2)招标文件提供了暂估单价的材料,按暂估的单价填入表内"暂估单价"栏及"暂估合价"栏。

6.总价措施项目清单与计价表

总价措施项目清单与计价表

工程名称：　　　　　　标段：　　　　　　　　　　　　　　　　　第　页共　页

序号	项目编码	项目名称	计算基础	费率(%)	金额(元)	调整费率(%)	调整后金额(元)	备注
1		安全文明施工费						
2		夜间施工增加费						
3		二次搬运费						
4		冬雨季施工增加费						
5		已完工程及设备保护费						
		合计						

编制人(造价人员)：　　　　　　复核人(造价工程师)：

注：(1)"计算基础"中安全文明施工费可为"定额基价""定额人工费"或"定额人工费＋定额机械费"，其他
　　　项目可为"定额人工费"或"定额人工费＋定额机械费"。
　　(2)按施工方案计算的措施费，若无"计算基础"和"费率"的数值，应在"备注"栏说明施工方案出处或
　　　计算方法。

7. 其他项目清单与计价汇总表

其他项目清单与计价汇总表

工程名称：　　　　　　　　　　　　　　　　　　　　　　第　页　共　页

序号	子目名称	计算基础	金额(元)	备注
1	暂列金额			
2	暂估价			
2.1	材料和工程设备暂估价			
2.2	专业工程暂估价			
3	计日工			
4	总承包服务费			
5	索赔与现场签证			
合计			—	

注：材料和工程设备暂估单价计入清单子目综合单价,此处不汇总。

8. 暂列金额明细表

暂列金额明细表

工程名称：　　　　　　　　　　　　　　　　　　　　　　第　页　共　页

序号	子目名称	计量单位	暂列金额(元)	备注
合计			—	

注：此表由招标人填写,如不能详列,可只列暂列金额总额,投标人应将上述暂列金额计入投标总价中。

9.材料(工程设备)暂估单价及调整表

材料(工程设备)暂估单价及调整表

工程名称： 第 页 共 页

序号	材料和工程设备名称、规格、型号	计量单位	数量		暂估(元)		确认(元)		差额±(元)		备注
			暂估	确认	单价	合价	单价	合价	单价	合价	
合计											

注:此表由招标人填写"暂估单价",并在"备注"栏说明暂估价的材料、工程设备拟用在哪些清单项目上,投标人应将上述材料、工程设备暂估单价计入工程量清单综合单价报价中。

10.专业工程暂估价及结算表

专业工程暂估价及结算表

工程名称： 标段： 第 页 共 页

序号	工程名称	工程内容	暂估金额(元)	结算金额(元)	差额±(元)	备注
合计						

注:此表"暂估金额"由招标人填写,投标人应将"暂估金额"计入投标总价中,结算时按合同约定结算金额填写。

11. 计日工表

计 日 工 表

工程名称： 标段： 第 页 共 页

编号	子目名称	单位	暂定数量	实际数量	综合单价（元）	合价（元）	
						暂定	实际
一	劳务(人工)						
1							
2							
人工小计							
二	材料						
1							
2							
材料小计							
三	施工机械						
1							
施工机械小计							—
四	企业管理费和利润						
总计							

注：此表项目名称、暂定数量由招标人填写，编制招标控制价时，单价由招标人按有关计价规定确定；投标时，单价由投标人自主报价，按暂定数量计算合价计入投标总价中。结算时，按发承包双方确认的实际数量计算合价。

12.总承包服务费计价表

总承包服务费计价表

工程名称： 标段： 第 页 共 页

序号	工程名称	项目价值(元)	服务内容	计算基础	费率(%)	金额(元)
1	发包人发包专业工程					
2	发包人提供材料					
	合计					

注：此表项目名称、服务内容由招标人填写，编制招标控制价时，费率及金额由招标人按有关计价规定确定；投标时，费率及金额由投标人自主报价，计入投标总价中。

13.规费、税金项目计价表

规费、税金项目计价表

工程名称： 标段： 第 页 共 页

序号	项目名称	计算基础	计算基数	计算费率(%)	金额(元)
1	规费	定额人工费			
1.1	社会保障费	定额人工费			
(1)	养老保险费	定额人工费			
(2)	失业保险费	定额人工费			
(3)	医疗保险费	定额人工费			
(4)	工伤保险费	定额人工费			
(5)	生育保险费	定额人工费			
1.2	住房公积金	定额人工费			
1.3	工程排污费	按工程所在地环境保护部门的规定收取标准，按实计入			
……	……				
2	税金	分部分项工程费＋措施项目费＋其他项目费＋规费－按规定不计税的工程设备金额			

编制人(造价人员)： 复核人(造价工程师)：

14. 主要材料和工程设备一览表

14.1　发包人提供材料和工程设备一览表

发包人提供材料和工程设备一览表

工程名称：　　　　　标段：　　　　　　　　　第　页　共　页

序号	材料(工程设备)名称、规格、型号	单位	数量	单价(元)	交货方式	送达地点	备注

注：本表由招标人填写，供投标人在投标报价、确定总承包服务费时参考。

14.2　承包人提供主要材料和工程设备一览表(适用于造价信息差额调整法)

承包人提供主要材料和工程设备一览表

工程名称：　　　　　标段：　　　　　　　　　第　页　共　页

序号	名称、规格、型号	单位	数量	风险系数(%)	基准单价(元)	投标单价(元)	发承包人确认单价(元)	备注

注：(1)此表由招标人填写除"投标单价"栏之外的内容，投标人在投标时自主确定投标单价。

(2)招标人应优先采用工程造价管理机构发布的单价作为基准单价，未发布的，通过市场调查确定其基准单价。

14.3 承包人提供主要材料和工程设备一览表(适用于价格指数差额调整法)

承包人提供主要材料和工程设备一览表

工程名称： 　　　标段： 　　　　　　　　　　　　第　页 共　页

序号	名称、规格、型号	变值权重 B	基本价格指数 F_0	现行价格指数 F_t	备注
	定值权重 A		—	—	
	合计	1	—	—	

注:(1)"名称、规格、型号""基本价格指数"栏由招标人填写,基本价格指数应首先采用工程造价管理机构发布的价格指数,没有时,可采用发布的价格代替。如人工、机械费也采用本法调整,由招标人在"名称、规格、型号"栏填写。

(2)"变值权重"栏由招标人根据该项人工、机械费和材料、工程设备价值在投标总报价中所占的比例填写,1减去其比例为定值权重。

(3)"现行价格指数"按约定的付款证书相关周期最后一天的前42天的各项价格指数填写,更改指数应首先采用工程造价管理机构发布的价格指数,没有时,可采用发布的价格代替。

六、工程量清单编制的注意事项

1. 项目编码

分部分项工程量清单的项目编码,应采用十二位阿拉伯数字表示。一至九位应按规范附录的规定设置,十至十二位应根据拟建工程的工程量清单项目名称设置,同一招标工程的项目不得有重编码。

编制工程量清单出现附录中未包括的项目,编制人可作补充,并应报省级或行业工程造价管理机构备案,省级或行业工程造价管理机构应汇总报住房和城乡建设部标准定额研究所。补充项目的编码由附录的顺序码(01、02、03、04、05、06、07、08、09 等)与 B 和三位阿拉伯数字组成,并应从 XB001 起按顺序编制,不得重号。工程量清单中须附有补充项目的名称、项目特征、计量单位、工程量计算规则、工作内容。

科学技术的发展日新月异,工程建设中新材料、新技术、新工艺不断涌现,清单计价规范附录所列的工程量清单项目不可能包罗万象,更不可能包含随科技发展而出现的新项目。在实际编制工程量清单时,当出现清单计价规范附录中未包含的清单项目时,编制人应作补充。编制人在编制补充项目时应注意以下三个方面。

①补充项目的编码必须按清单计价规范的规定进行。

②在工程量清单中应附补充项目的项目名称、项目特征、计量单位、工程量计算规则和工作内容。

③将编制的补充项目报省级或行业工程造价管理机构备案。

2. 项目名称

分部分项工程量清单的项目名称应按附录的项目名称结合拟建工程的项目实际确定。

3. 工程量计算规则

分部分项工程量清单中所列工程量应按附录中所规定的工程量计算规则计算。

4. 计量单位

分部分项工程量清单的计量单位应按附录中规定的计量单位确定。附录中该项目有两个或两个以上计量单位的,应选择其中一个最适宜的计量单位填写。工程量应按附录规定的工程量计算规则计算填写。

5. 项目特征

分部分项工程量清单项目特征应按附录中规定的项目特征,结合拟建工程项目的实际予以描述。

工程量清单的项目特征是确定一个清单项目综合单价不可缺少的重要依据,在编制的工程量清单中必须对其项目特征进行准确和全面的描述。但在实际的工程量清单项目特征描述中,有些项目特征用文字往往又难以准确和全面地予以描述,因此为达到规范、统一、简洁、准确、全面描述项目特征的要求,在描述工程量清单项目特征时应按以下原则进行。

(1)项目特征描述的内容按本规范附录规定的内容,项目特征的表述按拟建工程的实际要求,应能满足确定综合单价的需要。

(2)若采用标准图集或施工图纸能够全部或部分满足项目特征描述的要求,项目特征描述可直接采用"详见××图集"或"详见××图号"的方式。对不能满足项目特征描述要求的部分,仍应用文字描述。

分部分项工程量清单项目特征描述技巧如下。

由于"03规范"对项目特征描述的要求不明,往往使招标人提供的工程量清单对项目特征描述不具体,特征不清、界限不明,使投标人无法准确理解工程量清单项目的构成要素,导致评标时难以合理的评定中标价;结算时,发、承包双方引起争议,影响工程量清单计价的推进。因此,在工程量清单中准确地描述工程量清单项目特征是有效推进工程量清单计价的重要一环。

由此可见,清单项目特征的描述,应根据计价规范附录中有关项目特征的要求,结合技术规范、标准图集、施工图纸,按照工程结构、使用材质及规格或安装位置等,予以详细而准确的表述和说明。可以说离开了清单项目特征的准确描述,清单项目就将没有生命力。比如我们要购买某一商品,如汽车,我们首先就要了解汽车的品牌、型号、结构、动力、内配等诸多方面,因为这些决定了汽车的价格。当然,从购买汽车这一商品来讲,商品的特征在购买时已形成,买卖双方对此均已了解。但相对于建筑产品来说,比较特殊,因此在合同的分类中,工程发、承包施工合同属于加工承揽合同中的一个特例,实行工程量清单计价,就需要对分部分项工程量清单项目的实质内容、项目特征进行准确描述,就好比我们要购买某一商品,要了解品牌、性能等是一样的。因此,准确地描述清单项目的特征对于准确地确定清单项目的综合单价具有决定性的作用。当然,由于种种原因,对同一个清单项目,由不同的人进行编制,会有不同的描述,尽管如此,体现项目本质区别的特征和对报价有实质影响的内容都必须描述,这一点是无可置疑的。

"项目特征"栏应按附录规定根据拟建工程实际予以描述。在进行项目特征描述时,可掌握以下要点。

(1)必须描述的内容。

①涉及正确计量的内容必须描述:如门窗洞口尺寸或框外围尺寸,由于"03 规范"将门窗以"樘"计量,一樘门或窗有多大,直接关系到门窗的价格,对门窗洞口或框外围尺寸进行描述就十分必要。"08 规范"虽然增加了按"m^2"计量,但如采用"樘"计量,上述描述仍是必要的。

②涉及结构要求的内容必须描述:如混凝土构件的混凝土强度等级,是使用 C20 还是 C30 或 C40 等,因混凝土强度等级不同,其价格也不同,必须描述。

③涉及材质要求的内容必须描述:如油漆的品种是调和漆、还是硝基清漆等;管材的材质是碳钢管,还是塑钢管、不锈钢管等,此外还应对管材的规格、型号进行描述。

④涉及安装方式的内容必须描述:如管道工程中的钢管的连接方式是螺纹连接还是焊接;塑料管是粘接连接还是热熔连接等就必须描述。

(2)可不描述的内容。

①对计量计价没有实质影响的内容可以不描述:如对现浇混凝土柱的高度、断面大小等的特征规定可以不描述,因为混凝土构件是按"m^3"计量的,对此的描述实质意义不大。

②应由投标人根据施工方案确定的可以不描述:如对石方的预裂爆破的单孔深度及装药量的特征规定,如清单编制人来描述是困难的,由投标人根据施工要求,在施工方案中确定,自主报价比较恰当。

③应由投标人根据当地材料和施工要求确定的可以不描述:如对混凝土构件中的混凝土拌和料使用的石子种类及粒径、砂的种类及特征规定可以不描述。因为混凝土拌和料使用石还是碎石,使用粗砂还是中砂、细砂或特细砂,除构件本身特殊要求需要指定外,主要取决于工程所在地砂、石子材料的供应情况。至于石子的粒径大小主要取决于钢筋配筋的密度。

④应由施工措施解决的可以不描述:如对现浇混凝土板、梁的标高的特征规定可以不描述。因为同样的板或梁,都可以将其归并在同一个清单项目中,但由于标高的不同,将会导致因楼层的变化对同一项目提出多个清单项目,不同的楼层工效不一样,但这样的差异可以由投标人在报价中考虑,或在施工措施中去解决。

(3)可不详细描述的内容。

①无法准确描述的可不详细描述:如土壤类别,由于我国幅员辽阔,南北东西差异较大,特别是对于南方来说,在同一地点,由于表层土与表层土以下的土壤,其类别是不相同的,要求清单编制人准确判定某类土壤的所占比例是困难的,在这种情况下,可考虑将土壤类别描述为综合,注明由投标人根据地勘资料自行确定土壤类别,决定报价。

②施工图纸、标准图集标注明确,可不再详细描述:对这些项目可描述为"见××图集××页号及节点大样"等。由于施工图纸、标准图集是发、承包双方都应遵守的技术文件,

这样描述,可以有效减少在施工过程中对项目理解的不一致。同时,对不少工程项目,真要将项目特征一一描述清楚,也是一件费力的事情,如果能采用这一方法描述,就可以收到事半功倍的效果。因此,建议这一方法在项目特征描述中能采用的尽可能采用。

③还有一些项目可不详细描述,但清单编制人在项目特征描述中应注明由招标人自定,如土石方工程中的"取土运距""弃土运距"等。首先要清单编制人决定在多远取土或取、弃土运往多远是困难的;其次,由投标人根据在建工程施工情况统筹安排,自主决定取、弃土方的运距,由此可以充分体现竞争的要求。

(4)计价规范规定多个计量单位的描述。

①计价规范对"混凝土桩"的"预制钢筋混凝土桩"存在"m"和"根"两个计量单位,但是没有具体的选用规定,在编制该项目清单时,清单编制人可以根据具体情况选择"m""根"其中之一作为计量单位。但在项目特征描述时,当以"根"为计量单位,单桩长度应描述为确定值,只描述单桩长度即可;当以"m"为计量单位,单桩长度可以按范围值描述,并注明根数。

②计价规范对"砖砌体"中的"零星砌砖"存在"m³"、"m²"、"m"、"个"四个计量单位,但是规定了砖砌锅台与炉灶可按外形尺寸以"个"计算,砖砌台阶可按水平投影面积以"m²"计算,小便槽、地垄墙可按长度以"m"计算,其他工程量按"m³"计算,所以在编制该项目的清单时,应将零星砌砖的项目具体化,并根据计价规范的规定选用计量单位,并按照选定的计量单位进行恰当的特征描述。

(5)规范没有要求,但又必须描述的内容。

对规范中没有项目特征要求的个别项目,但又必须描述的应予描述:由于计价规范在我国初次实施,难免在个别地方存在考虑不周的问题,需要我们在实际工作中来完善。例如"厂库房大门、特种门",计价规范以"樘"作为计量单位,但又没有规定门大小的特征描述,那么,"框外围尺寸"就是影响报价的重要因素,因此,就必须加以描述,以便投标人准确报价。

6. 计日工

计日工是为了解决现场发生的对零星工作的计价而设立的。国际上常见的标准合同条款中,大多数都设立了计日工计价机制。计日工对完成零星工作所消耗的人工工时、材料数量、机械台班进行计量,并按照计日工表中填报的适用项目的单价进行计价支付。计日工适用的所谓零星工作一般是指合同约定之外的或因变更而产生的、工程量清单中没有相应项目的额外工作,尤其是那些时间不允许事先商定价格的额外工作。

计日工为额外工作和变更的设计提供了一个方便快捷的途径。但是,在以往的实践中,计日工经常被忽略。其中一个主要原因是计日工项目的单价水平一般要高于工程量清单单价的水平。理论上讲,合理的计日工单价水平一般要高于工程量清单的价格水平,其原因在于计日工往往是用于一些突发性的额外工作,缺少计划性,承包人在调动施工生产资源方面难免会影响已经计划好的工作,生产资源的使用效率也有一定的降低,客观上造成超出常规的额外投入。此外,计日工清单往往粗略给出一个暂定的工程量,无法纳入有效的竞争,也是造成其单价水平偏高的原因之一,因此计日工表中一定要给出暂定数量,并且需要根据经验,尽可能估算一个比较贴近实际的数量。当然,尽可能把项目列全,防患于未然,也是值得充分重视的工作。

工作任务 9　招标控制价的编制

国有资金投资的工程实行工程量清单招标,为了客观合理地评审投标报价和避免哄抬标价,避免造成国有资产流失,招标人必须编制招标控制价,规定最高投标限价。

一、招标控制价的概念和作用

招标控制价是招标人根据国家或省级、行业建设主管部门颁发的有关计价依据和计价办法、拟定的招标文件、市场信息价格,并结合工程具体情况编制的招标工程的最高投标限价,也可称其为拦标价或预算控制价。

招标人应在发布招标文件时公布招标控制价,同时应将招标控制价及有关资料报送工程所在地或有该工程管辖权的行业管理部门工程造价管理机构备查。招标控制价的作用决定了招标控制价不同于标底,无须保密。为体现招标的公平、公正,防止招标人有意抬高或压低工程造价,招标人应在招标文件中如实公布招标控制价各组成部分的详细内容,不得对所编制的招标控制价进行上浮或下调。

招标控制价超过批准的概算时,招标人应将其报原概算审批部门审核。投标人的投标报价高于招标控制价的,其投标应予拒绝。

二、编制人

招标控制价应由具有编制能力的招标人或受其委托的工程造价咨询人编制和复核。工程造价咨询人接受招标人委托编制招标控制价,不得再就同一工程接受投标人委托编制投标报价。

三、编制依据

招标控制价应根据下列依据编制与复核:

(1)现行工程量清单计价规范;

(2)国家或省级、行业建设主管部门颁发的计价定额和计价办法;

(3)建设工程设计文件及相关资料;

(4)拟定的招标文件中及招标工程量清单;

(5)与建设项目相关的标准、规范、技术资料;

(6)施工现场情况、工程特点及常规施工方案;

(7)工程造价管理机构发布的工程造价信息,工程造价信息没有发布时,参照市场价;

(8)其他的相关资料。

计价规范规定了编制招标控制价时应遵守的计价规定,并体现招标控制价的计价特点:

（1）使用的计价标准、计价政策应是国家或省级、行业建设主管部门颁布的计价定额和相关政策规定。

（2）采用的材料价格应是工程造价管理机构通过工程造价信息发布的材料单价，工程造价信息未发布材料单价的材料，其材料价格应通过市场调查确定。

（3）国家或省级、行业建设主管部门对工程造价计价中费用或费用标准有政策规定的，应按政策规定执行。

四、招标控制价的编制原则

招标控制价应严格按照计价依据编制，不应上调或下浮。

1. 分部分项工程费的计价原则

（1）采用的工程量，应是依据分部分项工程量清单中提供的工程量。

（2）综合单价中应包括招标文件中划分的投标人应承担的风险范围及其费用。招标文件中没有明确的，如是工程造价咨询人编制，应提请招标人明确；如是招标人编制，应予明确；

（3）暂估价中材料、工程设备单价应按招标工程量清单中列出的单价计入综合单价；

（4）分部分项工程项目，应根据拟定的招标文件和招标工程量清单项目中的特征描述及有关要求确定综合单价计算。

2. 措施项目费的计价依据和原则

（1）措施项目依据招标文件中措施项目清单所列内容；

（2）措施项目中的单价项目，应根据拟定的招标文件招标工程量清单项目中的特征描述及计价规范有关要求确定综合单价计算；

（3）措施项目中的总价项目应根据拟定的招标文件和常规施工方案按综合单价计价；

（4）措施项目中的安全文明施工费必须按国家或省级、行业主管部门的规定计算，不得作为竞争性费用。

3. 其他项目清单费中各项费用的计价原则和要求

（1）暂列金额应按招标工程量清单中列出的金额填写。暂列金额由招标人根据工程复杂程度、设计深度、工程环境条件等特点，一般可以分部分项工程费的 10%～15% 为参考。

（2）暂估价中的材料、工程设备单价应按工程量清单中列出的单价计入综合单价。暂估价中的材料单价按照工程造价管理机构发布的工程造价信息或参考市场价格确定。

（3）暂估价中的专业工程金额应按招标工程量清单中列出的金额填写。专业工程暂估价应分不同专业，按有关计价规定估算。

（4）计日工应按招标工程量清单中列出的项目根据工程特点和有关计价依据确定综合单价计算。招标人应根据工程特点，按照列出的计日工项目和有关计价依据，填写用于计日工计价的人工、材料、机械台班单价并计算计日工费用。

（5）总承包服务费应根据招标工程量清单列出的内容和向总承包人提出的要求计算总承包费，可参照下列标准计算：

①招标人仅要求对分包的专业工程进行总承包管理和协调时，按分包的专业工程估算

造价的 1.5%计算；

②招标人要求对分包的专业工程进行总承包管理和协调并同时要求提供配合服务时，根据招标文件中列出的配合服务内容和提出的要求，按分包的专业工程估算造价的 3%～5%计算；

③招标人自行供应材料的，按招标人供应材料价值的 1%计算。

4. 规费和税金的计取原则

规费和税金必须按国家或省级、行业建设主管部门的有关规定计算。

五、招标控制价的编制程序

招标控制价应按下列程序编制：

(1)熟悉拟订的招标文件及其补充通知、答疑纪要等；

(2)明确工程范围与编制要求；

(3)熟悉工程图纸及有关设计文件和工程量清单；

(4)熟悉与建设工程项目有关的标准、规范及技术资料；

(5)了解施工现场情况、工程特点、周边环境；

(6)依据招标文件确定工程量清单涉及计价要素的信息价格和市场价格；

(7)进行分部分项工程量清单计价；

(8)论证并拟定常规的施工组织设计或施工方案；

(9)进行措施项目工程量清单计价；

(10)进行其他项目、规费项目、税金项目清单计价；

(11)工程造价汇总、分析、审核；

(12)成果文件签字、盖章；

(13)提交成果文件。

六、招标控制价的投诉与处理

投标人经复核认为招标人公布的招标控制价未按照计价规范的规定进行编制的，应在招标控制价公布后 5 天内向招标监督机构和工程造价管理机构投诉。

投诉人投诉时，应当提交由单位盖章和法定代表人或其委托人签名或盖章的书面投诉书。投诉书应包括下列内容：

(1)投诉人与被投诉人的名称、地址及有效联系方式；

(2)投诉的招标工程名称、具体事项及理由；

(3)投诉依据及有关证明材料；

(4)相关的请求及主张。

工程造价管理机构在接到投诉书后应在 2 个工作日内进行审查，对有下列情况之一的，不予受理：

(1)投诉人不是所投诉招标工程招标文件的收受人；

（2）投诉书提交的时间不符合计价规范规定的期限；

（3）投诉书不符合计价规范第 5.3.2 条规定的；

（4）投诉事项已进入行政复议或行政诉讼程序的。

工程造价管理机构应在不迟于结束审查的次日将是否受理投诉的决定书面通知投诉人、被投诉人以及负责该工程招投标监督的招投标管理机构。

工程造价管理机构受理投诉后，应立即对招标控制价进行复查，组织投诉人、被投诉人或其委托的招标控制价编制人等单位人员对投诉问题逐一核对。有关当事人应当予以配合，并应保证所提供资料的真实性。

工程造价管理机构应当在受理投诉的 10 天内完成复查，当招标控制价复查结论与原公布的招标控制价误差大于 ±3% 时，应当责成招标人改正。

招标人根据招标控制价复查结论需要重新公布招标控制价的，其最终公布的时间至招标文件要求提交投标文件截止时间不足 15 天的，应相应延长投标文件的截止时间。

工作任务 10　评标办法的编制

工程建设项目招标评标活动，是工程招标全过程十分重要的环节，直接关系到工程招投标活动能否顺利进行，能否依法择优评出合格的中标人，使工程招标获得成功。而要确保评标活动的质量，必须要有一个科学合理的评标办法。这是因为，一个好的评标办法不仅能使评标做到公平、公正，提高评标工作的质量与效率，而且对于保证工程质量安全，缩短工程建设工期，促进技术进步，提高投资效益等方面都将起到重要作用。

一、评标办法的概念和作用

1. 评标办法的概念

评标就是指评标委员会根据招标文件规定的评标标准和方法，对投标人递交的投标文件进行审查、比较、分析和评判，以确定中标候选人或直接确定中标人的过程。然而，招标投标活动的根本目的，是通过要约和承诺机制，形成并订立一份有较强可执行力的合同，使合同双方对合同的理解高度一致，在合同执行过程中尽可能少甚至不出现争议。招标投标活动本身固有的竞争性决定，投标人总是试图通过对招标文件要求的合理偏差，来争取在竞争中赢得些许优势，当偏差构成实质性不响应招标文件要求时，投标文件会被认定为废标，当偏差属于细微偏差时，也存在招标人能否接受的问题，那些不能为招标人所接受的细微偏差，就需要在评标过程中被发现，并要求投标人在评标结束前进行必要的澄清、说明和补正。在通过招标投标活动形成和订立合同的机制下，要使招标人和投标人对招标文件和投标文件的理解达成一致。

2. 评标办法的作用

评标办法的作用主要体现在以下几个方面。

（1）评标办法是招标人阐明招标目的、体现其在如何选择中标人方面意志的重要文件。

特别是《招标投标法》明确规定,依法必须进行招标的施工项目的评标,"由招标人依法组建的评标委员会负责"。因此,招标人在如何选择中标人方面的意志和权力,主要是通过在评标办法中设立合法、科学、合理、切合招标项目特点的评标标准和条件来实现。

(2)评标办法是评标委员会开展评标工作的最主要依据,是指导评标委员会如何评标的纲领性文件。评标委员会按照招标文件中的评标标准和方法进行评标。一份合法、科学、合理、具备可操作性的评标办法,可以使评标委员会成员能够按照统一的标准和方法进行评标,同时,也是对评标委员会成员自由裁量空间的合理约束,是公开性原则的重要体现,有利于确保评标结果的公平、公正。

(3)评标办法是引导投标人确定投标策略,科学合理地准备投标文件的重要文件。评标办法使得所有投标人在准备和递交投标文件前,能够清晰地了解投标文件的评审细则和定标规则,使所有投标人能够在统一的标准引导下,挖掘竞争潜力,有针对性地编制出高质量的投标文件,有的放矢地科学投标,从而保障投标成果的科学合理。

二、评标办法应遵循的原则

评标办法应当体现《招标投标法》规定的招标投标活动应当遵循的公开、公平和公正原则,以及《评标委员会和评标方法暂行规定》中规定的评标活动应当遵循的公平、公正、科学、择优原则。

1. 公开性原则

公开性原则是"三公"原则中最基础、最重要的原则,没有公开性原则,公正和公平即是无本之木。评标办法的公开性原则主要体现在以下几个方面。

(1)评标委员会构成、来源、产生方式和权责的公开。

(2)评标方法的公开,即明确是采用综合评估法,还是经评审的最低投标价法。

(3)对投标文件的要求以及投标文件有效性判定标准和废标条件的公开。

(4)评审内容的公开,不管采用何种评标办法,均应明确评标活动需要完成的评审工作内容。

(5)评标程序的公开。例如,当要求相关技术部分投标文件以"暗标"形式递交时,如何规定符合性及完整性评审、技术部分评审和商务部分评审的评审程序。

(6)评审标准和条件的公开。采用综合定量评分的,项目的技术部分与商务部分评审及其具体评分值、技术部分与商务部分评分值的权重等均应在评标办法中明确;采用经评审的最低投标价法时,投标人证明其投标价格合理性的证明材料、评标委员会对投标价格各个组成要素进行分析评判的标准、对投标价格是否低于个别成本的评判方法和标准等,均应在评标办法中明确;允许备选方案的,对备选方案进行评审和采纳的标准和条件的公开。最重要的是,所有标准和条件都必须清晰准确,使招标人、投标人、评标委员会成员和招标投标监管人员能够形成一致的认识和理解,不能存在模棱两可的情况,以避免投标人对评标结论产生争议。

(7)评标委员会确定中标候选人或中标人原则的公开。采用综合评估法的招标项目,综合评分值最高的前多少位(最多不超过三名)投标人,为评标委员会推荐给招标人的中标候选人,或是否由评标委员会直接确定排名第一的投标人为中标人,如果评分结果出现并列的情形,体现择优原则以便排序的附加条件也属于应当在评标办法中事先明确的内容。

(8)招标人从中标候选人中选择中标人规则的公开。除非出现符合现行有关法律法规规定的情形,依法应当招标的施工项目均应选择排名第一的中标候选人作为中标人。

(9)对评标活动存有疑义或者争议,并取得有关证据或有效线索的投标人可以寻求投诉等救助途径的公开。

2. 公平性原则

评标办法的公平性原则主要体现在以下几个方面。

(1)评标委员会组成对招标人和投标人双方均是公平的。例如,在招标人委派代表参与评标时,其数量应当符合法律法规的规定,且有熟悉相关业务能力的要求。

(2)所规定的评标原则对所有投标人都是公平的。例如,所有投标人都必须严格按照招标文件的规定,特别是合同条款的具体规定投标;不响应招标文件实质性要求的投标文件均按废标处理等。

(3)所规定的评标标准和方法对投标人都是公平的,评标标准和条件应当客观,不得有利于或者排斥特定的潜在投标人。

(4)评标委员会必须按照招标文件规定的标准和方法进行评标,评标委员会在开标后,也不得修改已经在招标文件中公开了的评标标准和条件,包括对备选标的评标标准和条件。

(5)所规定的评标程序对投标人是公平的。例如,所有评标委员会成员须首先进行投标文件的符合性和完整性评审,以判定是否合格,再对技术部分进行评审以判定是否符合招标文件要求,然后进行商务部分评审以判定投标报价是否合理,最后给出评审结论。

(6)对投标文件的质疑与投标人的澄清、说明和补正机制的设立和遵循,有利于招标人和投标人对招标文件和投标文件的理解达成一致,公平地保证招、投标活动当事人的合法权益。

3. 公正性原则

评标办法的公正性原则主要体现在以下几个方面。

(1)依法必须进行招标的施工项目,必须接受建设行政主管部门的监督。

(2)评标标准和条件的设立,应当符合现行有关法律法规的规定,切合招标项目的特点,贯彻科学合理和择优选择的原则,同时也应包括废标条件。

(3)评标应当严格按照评标办法规定的标准、条件、方法进行,应当体现科学决策原则。例如,按符合性和完整性评审条件而作出的废标判定,必须依据客观存在而不是主观判断;关于投标报价低于成本价的判定,必须经评标委员会全体成员共同作出,并需经过评标委员会和投标人之间互动的质疑及澄清、说明和补正的必要程序,从而获得充分依据,由评标委员会写出书面意见。

(4)评标标准和条件应当尽可能地限制评标委员会成员主观上的自由裁量权。例如,以评分方式评标的,不应当以范围性分值规定方式或额外加分的方式,设定任何评审项目的评分值,以合理约束不同评委对评标的主观随意性。

4. 科学性原则

评标办法的科学性原则主要体现在以下几个方面。

(1)首先要求评标标准、条件和方法的设立或选择,应当符合现行有关法律法规的规定。例如,将投标人获得的各类评比奖项作为评审的标准和条件很容易涉嫌搞地方保护。

(2)评标标准、条件和方法的设立或选择,还应当不违背招投标竞争机制的主旨。例如,为防止投标人之间的恶意串通,抬高标价,可以在评标办法中设立"拦标价"或者公开"招标控制价"。

(3)评标方法的选择以及标准和条件的设立,要切合招标项目的实际要求,切忌不加思考地照搬套用一般适用的评标办法,从而影响到招投标成果的质量。例如,对技术质量有特别要求的工程,就不适合采用经评审的最低投标价法;再如,对一般的住宅工程,则不宜过分强调对施工方案的评审。

(4)所有标准和条件必须是具体和可操作的。例如,对施工方案的评审中,如果仅按"不合格""一般""较好""好""可行"等作为量化评审的标准,而不对不同的标准进行必要的和明确的定义,很容易使评标委员会成员产生对评审标准理解上的差异,也无法合理地限制评标委员会成员的自由裁量空间,最终很可能会影响到分值评定的客观性和中标候选人确定的科学合理性。

(5)评标标准和条件应当充分地鼓励竞争,但又能够有效地防止恶性竞争。例如,在投标价格明显低于标底(设有标底的)或者明显低于其他投标价格时,应当启动质疑与澄清、说明和补正程序,评判是否低于其成本。

(6)评标程序应当符合正常的逻辑顺序,有助于提高评标效率,保证公正、公平。例如,先初步评审、再详细评审,允许备选投标方案的投标,应当在中标候选人排序后只对排名第一的中标候选人的备选投标方案进行评审。

(7)评标程序应当充分地突出"评审",评标绝对不是简单按照评分表格对号打分,必须经过科学的评审过程,才能获得科学合理的招标成果,提高合同的可执行力。例如,对投标价格的评审,首先要分析价格组成的合理性,澄清理解上的偏差,解决计算上的遗漏或错误。

5.择优选择原则

评标办法的择优选择原则主要体现在以下几个方面。

(1)评标标准和条件的设立要体现"襄优贬劣"的原则。例如,以评分方式进行评审的,最符合评标办法规定的标准和条件的,应当获得该项目的最高分。

(2)评标委员会推荐中标候选人要根据最终评审结论的排名次序。中标候选人的产生原则应当遵照相关法规的规定,严格按评标结果排序。

(3)确定中标人要依照评标委员会推荐的中标候选人排序,排序靠前者优先。

三、评标办法的分类与特征

房屋建筑及市政基础设施工程施工招标评标方法分为"综合评估法"和"经评审的最低投标价法"两大类。两类评标办法都必须遵守"但是投标价格低于成本的除外"的规定。

两类评标办法的特征如下。

(1)综合评估法的主要特征。

以投标文件能否最大限度地满足招标文件规定的各项综合评价标准为前提,在全面评审投标价格的合理性、技术标(指施工组织设计,包括施工方案、施工工艺、组织措施、进度计划、人员安排、机械设备的投入等)、投标企业和项目经理等主要技术管理人员的业绩等投标文件内容的基础上,评判投标人关于具体招标项目之技术、施工、管理难点把握的准确程度、技术措施采用的恰当和适用程度、管理资源投入的合理及充分程度等,从而根据招标文件中载明的标准和条件,将投标报价、技术因素和企业业绩、实力等因素的评审结果综合在一起,形成对不同投标文件质量的优劣比较,确定中标候选人排序。一般采用量化评分的办法,并采用设定的权重,根据原建设部《关于加强房屋建筑和市政基础设施项目施工招标投标行政监督工作的若干意见》(建市〔2005〕208 号),商务部分不得低于 60%,技术部分不得高于40%,综合投标价格、施工方案、进度安排、生产资源投入、企业实力和业绩、项目经理等各项因素的评分,按最终得分的高低确定中标候选人排序,原则上综合得分最高的投标人为中标人。

(2)经评审的最低投标价法的主要特征。

评审的内容基本上与综合评估法一致,是以投标文件是否能完全满足招标文件的实质性要求和投标报价是否低于成本价为前提,以经评审的不低于成本的最低投标价为标准,由低向高排序而确定中标候选人。技术部分一般采用合格制评审的方法,在技术部分满足招标文件要求的基础上,最终以投标价格作为决定中标人的唯一因素。

鉴于所谓不低于成本是指投标人的个别成本,对施工企业而言,其成本相对稳定但也随着企业规模、经营情况、对具体工程的计划投入等因素而波动,尤其是在投标阶段的所谓成本是预算成本,因此,对投标价格是否低于个别成本的判断一定要具体情况具体分析,不存在"一刀切"的成本界限。以社会平均成本下浮一定幅度作为成本判定界限的做法本身难说是科学的,既违背相关法规规定的不得妨碍或限制投标人竞争的规定,也不能解释如果投标人投标价格不低于成本但低于所设界限,或者不低于所设界限但实际已经低于成本而构成法定废标的矛盾问题。基于上述的认知,经评审最低投标价法的评标办法应当着力于对构成投标价格的每一个价格要素是否合理的评审,通过设立严谨的评审程序,以及质疑和澄清、说明、补正,及提供相关证明材料的机制,来判定是否存在不合理的价格,以及如果存在不合理价格,计算与合理价格的差值,汇总出总差值,在总差值显示投标价格偏低时,以投标价格中的利润和可能隐含的利润能否消化总差值这一标准来判断是否低于成本。按这种思路编制评标办法实际上是一种程序性的评标办法,需要评标委员会进行大量的、仔细的分析评判工作,可能需要几个轮次的质疑和澄清、说明、补正,以及提供相关证明材料的工作,需要评标委员会专业水平和职业道德的保障。实际上,不管采用何种评标办法,这种评标的思路才是真正体现评审的,也是所有评标都应当遵循的正确思路。

四、两类评标办法的适用范围

1.综合评估法的适用范围

综合评估法强调的是最大限度地满足招标文件的各项要求,将技术和经济因素综合在一起决定投标文件质量优劣,不仅强调价格因素,也强调技术因素和综合实力因素。综合评估法适用于建设规模较大,履约工期较长,技术复杂,质量、工期和成本受不同施工方案影响较大,工程管理要求较高的施工招标的评标。

2.经评审的最低投标价法的适用范围

经评审的最低投标价法强调的是优惠而合理的价格。经评审的最低投标价法一般适用于具有通用技术、性能标准或者招标人对其技术、性能没有特殊要求的招标项目。在所有投标人均能通过投标资格审查、施工方案能够满足招标文件要求和投标价格均不低于成本价的前提下,投标报价的竞争力决定中标的机会大小。经评审的最低投标价法适用于具有通用技术、性能标准或者招标人对其技术、性能没有特殊要求,工期较短,质量、工期、成本受不同施工方案影响较小,工程管理要求一般的施工招标的评标。

五、两类评标办法的选择和应用

在当前招标投标实践中,对评标办法的选择和应用上存在很多认识上的误区。一种误区是无论项目技术复杂与否,不加区别地一律采用经评审的最低投标价法,但又不能科学合理地解决投标价格是否低于成本的评判问题,在实际应用中,就不可避免地演变为最低价中标。施工企业为了生存目的,被迫饮鸩止渴,采用低价策略。在履约过程中,就难免出现这样或那样的问题,严重影响了工程质量和安全,也影响了建筑业的健康发展。另一种是干脆回避是否低于成本评判问题,无论项目规模大小、工期长短、技术复杂与否,均采用综合评估法。

在实行工程量清单计价或通过市场竞争形成工程造价的计价体系的条件下,难以解决合理设立投标报价的评价标准问题。投标人为了在竞争中取得优势,往往不是科学地根据自己的施工组织设计和企业实际情况报价,而是像赌博"押宝"一样,围绕如何使投标报价得到最高分而确定自己的报价金额,既没有成本测算,也没有企业的长远经营发展策略,使投标报价完全失去了其本身应有的科学性。

因此,评标办法的选择,直接关系到投标和评标的工作质量,以及最后评标结论的合理性,实践中应当给予高度的重视。评标办法的选择和应用应当合理考虑以下因素。

1.工程规模和技术复杂程度

一是由项目本身的特点决定,不能片面追求价格的高低而采用经评审的最低投标价法,需要考虑投标人资质等级和是否有类似工程施工经验等因素,应以确保工程质量、顺利完成工程建设项目为目的;二是从评标的可操作性考虑,在当前仍缺乏科学合理解决投标价格是否低于成本问题的评判的情况下,评标委员会成员很难在有限时间内完成规模大、技术要求复杂项目的施工成本评判,如果采用经评审的最低投标价法,不可避免地会演变为最低价中标。

2.工期和合同形式

我国目前仍处于由计划经济体制向市场经济体制转变的过渡期,在今后相当长的一段时期内,生产要素价格的涨落及幅度都很难预测其规律,要求投标人能够合理准确地预测生产要素价格的走势是很难做到的。在项目施工工期较长又选择采用固定总价合同时,如果采用经评审的最低投标价法,投标人一方面难以预测自己将要面临的价格风险,另一方面即使能够预测,又担心因投标价格过高而失去中标机会,不敢在投标价格中充分考虑价格风险,这样形成和订立的合同就不可能是公平的和有可执行力的。

3.计价体系

理论上讲,实行市场竞争形成价格的计价体系的工程,最适用的评标办法就是经评审的最低投标价法。其原因是这种计价体系鼓励投标人根据企业实际和项目特点,充分地进行竞争,只要投标价格不低于成本即可。然而,投标人的情况千差万别,施工组织方法和施工方案也不尽相同,成本必然会有差距,甚至会有相对较大的差距,人为地设定一个投标价格是否低于成本的界限,无疑会引导投标人去迎合该标准以便获得更大的中标机会,从而使招标投标活动失去了本应具有的竞争性和科学性。

4.潜在投标人的竞争水平

采取经评审的最低投标价法时,让企业规模和技术与管理水平差异较大的投标人共同竞标,竞争的基础就是倾斜的,长此以往必然不利于行业的健康发展;实践中采用综合评估法时,应注意避免出现只评分不评审的情况,即对投标报价不进行价格合理性分析,即使是个别投标价格明显低于标底(设有标底时)或者明显低于其他投标价格,也不启动质疑以及澄清、说明和补正程序,仅按评标办法设定的评分标准,计算相应的分值;技术部分评审又受到评标时间和评标委员会成员水平的限制,评标工作仅注重表面化和程序化的符合性及完整性评审,以技术部分文件编排和装订的质量代替对投标文件实质内容的解析和评审,使投标人越来越趋向于将精力注重于技术部分文件的编排和装订上,而不是根据项目特点有针对性地提出自己的解决方案和组织措施,既无谓地增加了投标成本,又影响了招投标机制的质量。

还有一种应当避免的情况是,虽然从形式上采用的是综合评估法,但技术部分和商务部分之间的评分权重以及评分标准设置不合理、不科学,不同投标人技术部分的得分高低差,在理论上都不存在弥补投标报价的得分差的可能,从而形成实质上投标价格决定中标结果的局面;或者投标价格得分差过小,受人为因素影响较大的技术部分得分成为决定中标结果的关键,两种情况均不能达到采用综合评估法的预期目的。

六、评标办法的编制要点

根据九部委 56 号令,招标人编制施工招标文件时,应不加修改地引用《标准施工招标文件》第三章评标办法正文内容。评标办法内容包括:评标办法前附表、评标办法、评审标准、评审程序、评审结果。

1.评标办法前附表

评标办法前附表由招标人根据招标项目具体特点和实际需要编制,用于进一步明确正文中的未尽事宜,但务必与招标文件中其他章节相衔接,并不得与《标准施工招标文件》第三章评标办法正文内容相抵触,否则抵触内容无效。在列举前附表有关内容时,已经考虑了与本招标文件其他章节和本章正文的衔接。

2.评标办法

评标办法规定了此次招标采用的评标方法和评标的基本步骤,即首先按照评标办法前附表初步评审标准对投标文件进行初步评审,然后依据评标办法前附表的详细评审标准对通过初步审查的投标文件进行价格折算,确定其评标价,再按照评标价由低到高的顺序推荐1~3名中标候选人或根据招标人的授权直接确定中标人。

3. 评标标准

评标标准包括初步评审标准和详细评审标准两大部分,初步评审标准又包括形式评审标准、资格评审标准、响应性评审标准、施工组织设计和项目管理机构评审标准四部分。

1)初步评审标准的编制

(1)形式评审标准编制。

《标准施工招标文件》第三章评标办法前附表中规定的评审因素和评审标准是列举性的,并没有包括所有评审因素和标准,招标人应根据项目具体特点和实际需要,进一步删减、补充或细化。这一原则同样适用于评标标准的其他项规定。初步评审的因素一般包括:投标人的名称、投标函的签字盖章、投标文件的格式、联合体投标人、投标报价的唯一性、其他评审因素等。评审标准应当具体明了,具有可操作性。

(2)资格评审标准的编制。

未进行资格预审的,须与第二章投标人须知前附表中对投标人资质、财务、业绩、信誉、项目经理的要求以及其他要求一致,招标人要特别注意在招标文件第二章投标人须知前附表中补充和细化的要求,应在评标办法前附表中体现出来;已进行资格预审的,须与资格预审文件资格审查办法详细审查标准保持一致。在递交资格预审申请文件后、投标截止时间前发生可能影响其资格条件或履约能力的新情况,应按照招标文件第二章"投标人须知"第3.5款规定提交更新或补充资料。

(3)响应性评审标准的编制。

响应性评审标准对应的前附表所列评审因素已经考虑到了与招标文件"投标人须知"等章节的衔接。招标人依据招标项目的特点补充一些响应性评审因素和标准,如:投标人有分包计划的,其分包工作类别及工作量须符合招标文件要求。招标人允许偏离的最大范围和最高项数,应在响应性评审标准中体现出来,作为判定投标是否有效的依据。

(4)施工组织设计和项目管理机构评审标准的编制。

针对不同项目特点,招标人可以对施工组织设计和项目管理机构的评审因素及其标准进行补充、修改和细化,如施工组织设计中可以增加对施工总平面图、施工总承包的管理协调能力等评审指标,项目管理机构中可以增加对项目经理的管理能力,如创优能力、创文明工地能力以及其他一些评审指标等。

2)详细评审标准的编制

本项对应前附表中规定的量化因素和量化标准是列举性的,并没有包括所有量化因素和标准,招标人应根据项目具体特点和实际需要,进一步删减、补充或细化。

4. 评审程序的编制

招标人应按《标准施工招标文件》第三章评标办法中规定的程序确定招标工程的评标程序。需要投标人提交原件以备核验的,招标人应在评标办法前附表中明确需要核验的具体证明和证件。

工作任务 11　踏勘现场与投标预备会

一、踏勘现场

招标人应依据项目特点及招标进程自主决定选择组织或不组织踏勘现场。如果选择前者,则应在投标人须知中进一步明确踏勘的时间和集中地点。招标人不得组织单个或者部分潜在投标人踏勘项目现场。组织踏勘项目现场应当注意对各潜在投标人身份予以保密。

1. 踏勘现场的目的

踏勘现场的主要目的是让投标人了解项目的现场情况、自然条件、施工条件以及周围环境条件,便于编制标书;要求投标人通过自己的实地考察确定投标的原则和策略,避免合同履行过程中以不了解现场情况为由推卸应承担的合同责任。

2. 踏勘现场的时间和答疑形式

踏勘现场后涉及对招标文件进行澄清修改的,应当依据《招标投标法》第二十三条规定,在招标文件要求提交投标文件的截止时间至少 15 日前以书面形式通知所有招标文件收受人。考虑到在踏勘现场后投标人有可能对招标文件部分条款进行质疑,组织投标人踏勘现场的时间一般应在投标截止时间 15 日前及投标预备会召开前进行。

投标人在勘查现场中如有疑问,应在投标预备会前以书面形式向招标人提出,但应给招标人留有解答时间。

二、投标预备会

招标人应根据项目特点及招标进程自主决定选择召开或不召开投标预备会,如果选择后者,则应在投标人须知中进一步明确投标预备会召开的时间和地点。注意澄清涉及对招标文件进行补充、修改的,应当依据《招标投标法》第二十三条规定,在招标文件要求提交投标文件的截止时间至少 15 日前以书面形式通知所有招标文件收受人。考虑到投标预备会后需要将招标文件的澄清、补充和修改书面通知所有购买招标文件的投标人,组织投标预备会的时间一般应在投标截止时间 15 日以前进行。

1. 投标预备会的目的

投标预备会的目的在于澄清招标文件中的疑问,解答投标人对招标文件和勘查现场中所提出的疑问。

2. 投标预备会的内容

①介绍招标文件和现场情况,对招标文件进行介绍或解释;

②在投标预备会上还应对图纸进行交底和解释;

③解答投标人以书面或口头形式对招标文件和在踏勘现场中所提出的各种问题或疑问。

3. 投标预备会的程序

投标预备会应在招标管理机构监督下,由招标单位组织并主持召开,一般包括以下程序:

①所有参加投标预备会的投标人应签到登记,以证明出席投标预备会;

②主持人宣布投标预备会开始;

③介绍出席会议人员;

④介绍解答人,宣布记录人员;

⑤解答投标人的各种问题和对招标文件交底;

⑥整理解答内容,形成会议纪要,并由招标人、投标人签字确认后宣布散会。

投标预备会后,招标人在《投标人须知》前附表规定的时间内,将对投标人所提问题的澄清,以书面方式通知所有购买招标文件的投标人。该澄清内容为招标文件的组成部分。

4. 招标文件澄清、修改时间流程图

招标文件澄清、修改时间流程图如图1-5所示。

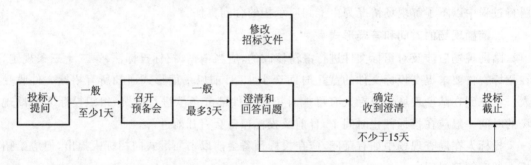

图1-5 招标文件澄清、修改时间流程图

工作任务 12 案例分析

案例 1 施工招标公告发布媒介选择

一、案例简介

某地区一个总投资额4500万元人民币的政府办公楼建设项目,总建筑面积24000 m²,其中地下2层,地上8层,檐口高度42.00 m,招标人采用国内公开招标的方式组织项目施工招标。招标公告编制完成后,招标人为了充分吸纳潜在投标人,分别在当地的有形建筑市场、该省日报、《中国经济导报》和中国工程建设和建筑业信息网上发布了招标公告。在当地的有形建筑市场和中国工程建设和建筑业信息网上发布的招标公告为全文,同时为了减少招标公告的发布费用,招标人对在该省日报和《中国经济导报》上发布的招标公告内容进行了大幅度删减,注明了招标全文见中国工程建设和建筑业信息网,并规定在购买招标文件的同时,潜在投标人须提交50%的投标保证金,即15万元(人民币)后才能够购买,以保证潜在投标人购买招标文件后参与项目投标,防止招标失败。

针对招标人的上述做法,有以下三种观点:

A.招标人选择的公告发布媒介符合国家、行业管理部门的相关管理规定,如《中国经济导报》为国家指定的招标公告发布媒介,"中国工程建设和建筑业信息网"为建设部指定的房屋建筑工程招标公告的发布媒介;

B.工程建设项目的招标公告不能仅在《中国经济导报》上发布,还应该在《中国建设报》上发布;同时,该项目招标公告还需要在"中国采购与招标网"上发布;

C.要求潜在投标人在购买招标文件的同时提交一定比例的投标保证金,可以有效防止招标失败,从而节省人力物力,降低招标成本。

二、问题

1.国家指定的招标公告发布媒介有哪些?

2.分析上述三种观点正确与否,哪一种更合理?为什么?

3.招标人在上述发布招标公告过程中存在哪些不正确行为?

三、参考答案

1.《中国日报》《中国经济导报》《中国建设报》和"中国采购与招标网"。

2.观点 A 符合《国家发展和改革委员会关于指定发布依法必须招标项目招标公告的媒介通知》《招标公告和公示信息发布管理办法》(国家发展和改革委员会 10 号令)中对招标公告发布的规定,同时满足住房和城乡建设部《房屋建筑和市政基础设施工程施工招标投标管理办法》对房屋建筑工程招标公告发布的要求,更有利于吸引潜在投标人投标;相对合理。B 和 C 两种观点不符合国家发展和改革委员会 10 号令的规定,不正确。

3.招标人在发布招标公告过程中,存在以下两种不正确的行为:

①要求潜在投标人提交 15 万元人民币的投标保证金后才能购买招标文件;

②在不同发布媒介上发布的招标公告内容不一致。

案例 2　招标公告发布后调整资格条件

一、案例简介

某国家粮库工程设计采用国内公开招标方式确定设计单位,招标人按照相关规定在指定媒体上发布了招标公告,其中的资格条件为:

(1)在中华人民共和国境内注册的独立法人,注册资本金不少于 1000 万元人民币;

(2)具有建设行政主管部门颁发的工程设计商物粮行业工程设计甲级资质;

(3)近三年完成过仓储规模不少于本次粮库建设规模三项以上的设计业绩;

(4)通过了 ISO 9000 质量体系认证并成功运行两年以上。

招标公告发出三日后,已经有三个潜在投标人购买了招标文件,此时招标人感觉公布的资格条件中"注册资本金不少于 1000 万元人民币"和"近三年完成过仓储规模不少于本次粮库的设计业绩三项以上"要求太高,可能影响潜在投标人参与竞争,于是决定将上面的注册资本金调整为 600 万元人民币,将近三年类似项目的业绩由三项调整为两项,但怎样实施存在以下三种意见。

A.招标公告已经发出了三日,同时已有三个潜在投标人购买了招标文件,为了减少招标时间,可以直接在招标文件的澄清与修改中对上述两项资格条件进行调整,并在开标前15日通知所有购买招标文件的投标人,这样可以保证原开标计划如期进行。

B. 不用告知投标人,仅需在评标过程中灵活掌握就可以了,这样既可以保证原开标计划如期实现,又不至于引起投标人对调整资格条件的各种猜疑,有利于投标人竞争。

C. 重新发布招标公告,在公告和招标文件中同时调整资格条件,并通知已经购买招标文件的潜在投标人更换新的招标文件,开标时间相应顺延。

意见 A 和 B 可以保证原开标计划如期进行,而意见 C 则要顺延开标时间。

二、问题

A、B、C 三种观点哪个正确?为什么?

二、参考答案

观点 C 正确,A 和 B 不正确。依据《中华人民共和国民法典　合同编》和《招标投标法》,招标人在招标公告发布后修改其中的实质性条件的,需要重新发布招标公告,重新确定投标截止时间和开标时间。

案例 3　确定工程施工联合体资格

一、案例简介

某施工招标项目接受联合体投标,其中的资质条件为:钢结构工程专业承包二级和装饰装修专业承包一级施工资质。有两个联合体投标人参加了投标,其中一个联合体由三个成员单位 A、B、C 组成,其具备的资质情况分别是:成员 A 具有钢结构工程专业承包二级和装饰装修专业承包二级施工资质;成员 B 具有钢结构工程专业承包三级和装饰装修专业承包一级施工资质;成员 C 具有钢结构工程专业承包三级和装饰装修专业承包三级施工资质。该联合体成员共同签订的联合体协议书中,成员 A 承担钢结构施工,成员 B、C 承担装饰装修施工。资格审查时,审查委员会对最终确定该联合体的资格是否满足,有以下三种意见:

意见 1:该联合体满足本项目资格要求,因为联合体成员中,分别有钢结构工程专业承包二级的施工企业成员 A 和装饰装修专业承包一级施工资质成员 B;

意见 2:该联合体不满足本项目资格要求。《招标投标法》第三十一条明确规定"联合体各方均应当具备规定的相应资格条件",这里的联合体成员 A、B、C 均不同时满足钢结构工程专业承包二级和装饰装修专业承包一级施工资质。

意见 3:该联合体不满足本项目资格要求。《招标投标法》第三十一条明确规定"由同一专业的单位组成的联合体,按照资质等级较低的单位确定资质等级",本案中,三个单位均具有钢结构和装饰装修专业资质,按照该条规定,该联合体的资质等级应该为钢结构专业承包三级和装饰装修专业承包三级,所以,该联合体的资质不满足本项目资格条件。

二、问题

分析上述三种意见正确与否,说明理由并确定该联合体的资质。

三、参考答案

上述三种意见中,第二、三两种意见的结论正确,但其理由以及第一种意见均不正确。

首先,第一种意见不正确,因为看一个联合体的资质条件是否满足要求,不是看该联合体成员中是否有满足需要的资质等级。第二、三种意见虽然结论正确,但理由不正确,因为《招标投标法》第三十一条中的"联合体各方均应当具备规定的相应资格条件"一句,重点在具备相应的资格条件,而不是所有成员均需要具备所有条件,否则联合体这种模式在工程建设中就没有实际意义。本案中,由于协议分工中联合体成员 A 承担钢结构施工,成员 B、C承担装饰装修施工,所以联合体的钢结构专业施工资质为二级,装饰装修专业承包的施工资质为成员 B 和成员 C 两个成员中资质等级较低的资质,即装饰装修专业施工三级,故该联合体的资质为钢结构专业施工资质为二级、装饰装修专业施工资质为三级,不能通过资格审查。

复习思考题

1. 简述建筑市场的概念和特点。
2. 简述建筑市场的主体、客体。
3. 简述我国建筑市场的准入制度。
4. 简述建设项目运行的一般程序。
5. 简述我国招投标与合同管理的法律体系。
6. 施工招标应具备的条件有哪些?
7. 强制招标的工程范围有哪些?
8. 简述公开招标和邀请招标的区别。
9. 简述施工招标的程序。
10. 办理项目报建手续时应提供哪些材料?
11. 办理招标申请时需提交哪些材料?
12. 建设工程施工招标文件由哪几部分组成?
13. 工程量清单由谁编制? 编制依据有哪些?
14. 简述招标控制价的概念和作用。

教学情境 2　建设工程投标

能力目标:能根据招标工程的特点和招标文件的要求编制一般建筑工程的施工投标文件,灵活运用投标策略和技巧编制有竞争力的投标价格。

知识目标:投标人应具备的条件;投标的程序;建筑工程投标报价的编制;投标文件的组成及编制;投标文件的复核、签字、盖章、密封和提交。

工作任务 1　建设工程投标概述

一、投标人应具备的基本条件

1. 建设工程投标人的概念

建设工程投标人是指响应招标并购买招标文件、参加投标竞争的法人或者其他组织,投标人应具备承担招标项目的能力。招标人的任何不具独立法人资格的附属机构(单位),或者为招标项目的前期准备或者监理工作提供设计、咨询服务的任何法人及其任何附属机构(单位),都无资格参加该招标项目的投标。

建设工程投标人主要是指:工程总承包单位、勘察设计单位、施工企业、工程材料设备供应单位、监理单位、造价咨询单位等。

2. 建设工程投标人一般应具备的条件

建设工程投标人一般应具备的条件如下:

(1)具有招标条件要求的资质证书,并为独立的法人实体;

(2)承担过类似建设项目的相关工作,并有良好的工作业绩和履约记录;

(3)在最近 3 年没有骗取合同以及其他经济方面的严重违法行为;

(4)财产状况良好;

(5)近几年有较好的安全记录,投标当年内没有发生重大质量和特大安全事故。

《招标投标法实施条例》第三十三条规定:投标人参加依法必须进行招标的项目的投标,不受地区或者部门的限制,任何单位和个人不得非法干涉。本条是招标投标的本质要求,十分重要,《中华人民共和国反垄断法》和《中华人民共和国反不正当竞争法》都有相似的规定,但实施效果受现行行政、财税等条块分割管理体制的制约。

《招标投标法实施条例》第三十四条规定:与招标人存在利害关系可能影响招标公正性的法人、其他组织或者个人,不得参加投标;单位负责人为同一人或者存在控股、管理关系的不同单位,不得参加同一标段投标或者未划分标段的同一招标项目投标。否则,相关投标均无效。本条对投标人的限制比原规定(招标人的不具有独立法人资格的附属单位)更加广泛和严格,大型集团企业招标及其尚未分离的下属企业将受到约束。目前理解"利害关系"的含义的关键界定词是"影响公正性"。理想与现实寻求平衡,逐步消除类似"父招子中"的关联情形,根本在于大型国有企业改变自身全面配套、体内循环,市场化配置资源程度不足的现状,其附属企业需要逐步转制和脱钩。

二、建设工程施工投标程序

建设工程投标人取得投标资格并愿意参加投标,其投标工作程序如图 2-1 所示。

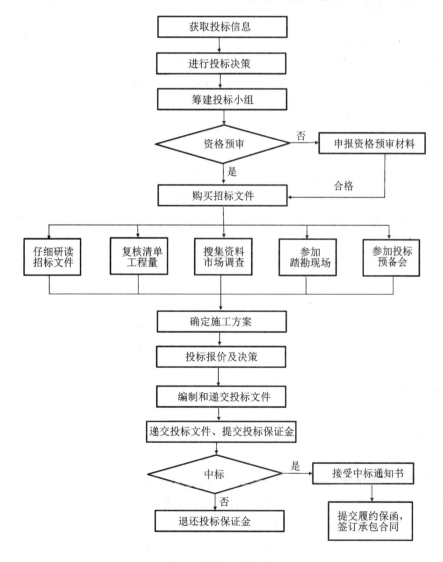

图 2-1　投标工作程序图

建设工程的投标工作程序主要经历以下几个环节:

①获取投标信息,进行投标决策;

②筹建投标小组,委托投标代理人;

③申报资格预审,提供有关资料;

④购买招标文件;

⑤研读招标文件,搜集有关资料;

⑥认真踏勘现场,参加投标预备会;

⑦编制投标文件,制作电子标书;

⑧递交投标文件,提交投标保证金;

⑨接受中标通知书;

⑩提供履约担保,签订承包合同。

(一)获取招标信息

(1)通过工程建设信息网、建筑市场交易中心、报纸、新闻媒体等主动获取招标信息;

(2)根据国家和地区的中长期规划和年度投资计划提前跟踪建设项目信息;

(3)取得老客户的信任,及时掌握关系单位的改建、扩建计划。

(二)进行投标决策

1.分析影响投标决策的主要因素

(1)投标人自身方面的因素:包括企业资质、技术实力、机械设备、财务状况、管理水平、企业信誉等。企业自身条件必须满足招标项目的具体要求,在满足要求的前提下,充分了解竞争对手的情况,并进行对比分析,明确本企业的优势和不足,以便确定切实可行的投标策略。

(2)外部因素:主要包括政治法律、自然条件、市场状况、业主情况、项目情况、竞争对手等。

①政治和法律方面。

投标人首先应当了解在招标投标活动中以及在合同履行过程中有可能涉及的法律,也应当了解与项目有关的政治形势、国家政策等,即国家对该项目采取的是鼓励政策还是限制政策,尤其是涉外项目更要注意这一点。

②自然条件 。

自然条件包括工程所在地的地理位置和地形、地貌,气象状况,包括气温、湿度、主导风向、年降水量等,洪水、台风及其他自然灾害状况等。

③市场状况。

投标人调查市场情况是一项非常艰巨的工作,其内容也非常多,这部分资料更多的应该是靠平时的搜集和积累,并不断更新,这不仅能大大减小市场调查的工作量,更能确保数据的真实性和准确性。主要包括原材料和设备的来源方式,购买的成本,来源国或厂家供货情况;材料、设备购买时的运输、税收、保险等方面的规定、手续、费用;施工设备的租赁、维修费用;使用投标人本地原材料、设备的可能性以及成本比较;劳务市场情况,如工人技术水平、工资水平、有关劳动保护和福利待遇的规定等;金融市场情况,如银行贷款的难易程度以及银行贷款利率等。

④业主情况。

业主情况包括业主的资信情况、履约态度、支付能力,在其他项目上有无拖欠工程款的情况,对实施的工程需求的迫切程度等。

⑤ 项目情况 。

项目情况包括项目的性质、规模、发包范围;工程的技术规模和对材料性能及工人技术水平的要求;总工期及分批竣工交付使用的要求;施工场地的地形、地质、地下水位、交通运输、给排水、供电、通信条件的情况;工程项目资金来源及到位情况;对购买设备和雇佣工人有无限制条件;工程价款的支付方式、外汇所占比例;监理工程师的资历、职业道德和工作作风等。

⑥竞争对手资料。

掌握竞争对手的情况,是投标策略中的一个重要环节,也是投标人参加投标能否获胜的重要因素。投标人在制定投标策略时必须考虑到竞争对手的情况。竞争对手是大型工程承包公司的,适应性较强,能够承包大量的工程;竞争对手是中小型工程公司或当地工程公司的,承包中小型工程的可能性比较大;竞争对手在建工程即将完工,投标资源的投入量可能大些,报价也可能不会高;竞争对手在建工程规模大、时间长,投标价可能很高。

2.做出投标决策

通过对影响投标决策因素的综合分析,做出投标决策。投标决策贯穿在整个投标过程中,在投标前期关键是确定以下两点:一是根据招标信息和所了解的招标项目的具体情况决定是否参与投标;二是根据招标项目的特点和竞争对手情况确定投什么性质的标,如何争取中标。

(三)筹建投标小组,委托投标代理人

投标人做出参与投标的决策后,为了确保在投标竞争中获取胜利,投标人在投标前应建立专门的投标小组,负责投标事宜。

投标小组一般应包括下列三类人员。

(1)经营管理类人员。这类人员一般是从事工程承包经营管理的行家里手,熟悉工程投标活动的筹划和安排,具有相当的决策水平,如项目经理、工长等。

(2)专业技术类人员。这类人员是从事各类专业工程技术的人员,如建造师、总工、造价工程师等。

(3)商务金融类人员。这类人员是从事有关金融、贸易、财税、保险、会计、采购、合同、索赔等工作的人员。

如果投标人的技术、经济方面的技术力量不能满足投标项目的要求,投标人可以委托具有相应资质的工程造价咨询人代为编制投标文件。

(四)申报资格预审

投标人在获悉招标公告或投标邀请后,应当按照招标公告或投标邀请书中所提出的资格审查要求,向招标人申报资格审查。资格审查是投标人投标过程中的第一关。填写资格预审文件应注意以下事项:

(1)严格按资格审查文件的要求填写;

(2)填表时应突出重点,体现企业的优势;

(3)跟踪信息,发现不足,及时补充资料;

(4)积累资料,随时备用。

(五)购买招标文件

投标人在通过资格预审后,就应该在招标公告或投标邀请书规定的时间内,尽可能早地向招标人购买招标文件,以便为投标争取更多的准备时间。

(六)研读招标文件

投标人购买招标文件后,应立即组织投标小组人员仔细研读招标文件,明确工程的招标范围以及招标文件中对投标报价、工期、质量等要求,同时对招标文件中的废标条件、合同主要条款、是否允许分包等主要内容认真进行分析,理解招标文件隐含的含义。对可能发生的疑义或不清楚的地方,应做好记录,准备在招标预备会时向招标人提出。

(七)认真踏勘现场,参加投标预备会

投标人在认真研读招标文件的基础上,有针对性地拟定出踏勘现场提纲,确定重点需要澄清和解答的问题,做到心中有数,然后按照招标文件规定的时间对拟施工的现场进行考察。如果招标人不组织踏勘现场,投标人也应积极与招标人联系,在征得招标人同意的前提下,自己到现场踏勘,掌握施工现场的实际情况。尤其是在工程量清单报价模式下,投标人所报的单价一般被认为是在经过现场踏勘的基础上编制而成的。报价报出后,投标者就无权因为对现场情况了解不细或对各种影响因素考虑不全而提出修改单价或提出索赔等要求。现场踏勘由招标人组织,投标人自愿参加,费用自理。

投标人踏勘现场的内容,主要包括以下几个方面:

①施工现场是否达到招标文件规定的条件;

②施工现场的地理位置和地形、地貌;

③施工现场的地质、土质、地下水位、水文等情况;

④施工现场气候条件,如气温、湿度、风力、年雨雪量等;

⑤现场环境,如交通、饮水、污水排放、生活用电、通信等;

⑥工程在施工现场中的位置或布置;

⑦临时用地、临时设施搭建等。

另外投标人应注意的是:招标人在踏勘现场中介绍的工程场地和相关的周边环境情况,供投标人在编制投标文件时参考,招标人不对投标人据此作出的判断和决策负责。投标人踏勘现场发生的费用自理。除招标人的原因外,投标人自行负责在踏勘现场中所发生的人员伤亡和财产损失。

投标预备会又称答疑会或标前会议,一般在踏勘现场后1~2天内举行。目的是解答投标人对招标文件及踏勘现场中所提出的问题,并对图纸进行交底。投标人在对招标文件认真研读和对现场进行踏勘之后,应尽可能多地将投标过程中可能遇到的问题向招标人提出

疑问,争取得到招标人的解答。招标人对所有投标人提出疑问的书面澄清,是招标文件的组成部分,同时也是投标人投标报价和编制投标文件的重要依据。

(八)编制投标文件,制作电子标书

经过踏勘现场和投标预备会后,投标人可以着手编制投标文件,投标文件的编制具体步骤和要求如下。

1. 结合招标人的答疑材料,进一步分析招标文件

投标人在踏勘现场和参加投标预备会后,结合拟投标项目现场实际情况和招标人的书面答疑,对招标文件中的投标人须知、工程范围、设计图纸、工程量清单、合同专用条款进行更加深入的分析和研究,找出影响工程成本和投标报价的主要因素。

2. 校核清单工程量

采用工程量清单方式招标,工程量清单必须作为招标文件的组成部分,其准确性(数量)和完善性(不缺项、漏项)由招标人负责,如委托工程造价咨询人编制,其责任仍由招标人承担。投标人依据工程量清单进行投标报价,对工程量清单不负有核实义务,更不具有修改和调整的权利。

但是在实际投标过程中,如果时间允许,投标人还是应该根据施工图纸、施工组织设计等资料对清单的工程量进行复核,为准确合理的投标报价提供依据,在工程量复核过程中,如果发现某些工程量有较大的出入或遗漏,应向招标人提出,要求招标人更正或补充,如果招标人不做更正或补充,招标人应根据招标文件规定的合同形式,对相应项目的单价进行调整,以减少实际实施过程中由于工程量调整带来的风险。相反,采取不平衡报价法,往往可以获得超额的利润。

3. 编制施工组织设计

施工组织设计是投标文件的重要组成部分,是招标人了解投标人的施工技术、管理水平、机械装备的主要途径。施工组织设计的主要内容包括施工方案与技术措施,质量管理体系与措施,安全管理体系与措施,环境保护管理体系与措施,工程进度计划与措施,资源配备计划,技术负责人,其他主要人员,施工设备,试验、检测仪器设备。

4. 投标报价

施工方案或施工组织设计确定后,投标人就可以根据拟订的施工方案和施工现场情况,依据企业定额(或参考现行地区统一定额)、有关费用标准和市场询价情况进行自主报价。投标报价的编制应注意以下几点:

(1)报价时不得对工程量清单的数量和内容进行改动;

(2)安全文明施工费、规费、税金等不可竞争费用,必须严格按招标文件和省、市有关规定报价;

(3)暂定金额一定按招标文件的规定计入,千万不可遗漏,否则按废标处理;

(4)材料暂估价和专业工程暂估价要按招标文件给定的价格计入报价,不得擅自改动;

(5)所有清单项目必须填入单价和合价,否则按零处理;

(6)认真检查工程量清单中措施项目是否齐全,如有遗漏投标报价时可做补充;

(7)报价文件扉页必须由注册造价工程师签字、盖章。

5. 根据市场竞争情况,确定投标策略,调整投标报价

投标报价确定后,投标人还应该综合考虑项目的复杂程度、竞争对手情况、材料价格的波动情况、劳动力市场的供应情况、业主的诚信和支付能力、各种风险因素、投标策略等方面对投标报价进行最后的调整,确定最终的投标报价。

6. 投标文件的制作、装订、盖章、密封

在编制好施工组织设计和投标报价的基础上,投标人应按招标文件规定的格式和顺序,整理汇总投标文件,并分别装订成册。按投标人须知的规定,需要签字盖章的地方,必须由相应人员签字、盖执业专用章或单位公章。投标文件编制完成后应由专人进行检查、复核,确认无误后再按招标文件的要求对投标文件进行密封。

(九)递送投标文件,提交投标保证金

1. 递送投标文件

投标人在编制完投标文件后,应按招标文件规定的时间、地点提交投标文件,参加开标会议。开标会应由投标人的法定代表人或其授权代理人参加。如果是法定代表人参加,一般应持有法定代表人资格证明书和本人身份证;如果是委托代理人参加,一般应持有授权委托书和本人身份证。

《招标投标法实施条例》第三十六条规定:未通过资格预审的申请人提交的投标文件,以及逾期送达或者不按照招标文件要求密封的投标文件,招标人应当拒收。招标人应当如实记载投标文件的送达时间和密封情况,并存档备查。

招标人接收投标文件时应审验其密封情况,并应允许投标人在投标截止前修正密封偏差,或记录微小密封偏差后接收。投标文件接收时不审验,开标时招标人或监督代表根据密封状况判别废标是错误的,开标时应由投标人自己审验投标文件密封状况。

2. 提交投保保证金

提交投标文件时,投标人应当按照招标文件要求的方式和金额,将投标保证金提交给招标人。投标人不按招标文件要求提交投标保证金的,该投标文件将被拒绝,作废标处理。

《招标投标法实施条例》第二十六条规定:

(1)招标人在招标文件中要求投标人提交投标保证金的,投标保证金不得超过招标项目估算价的2%。投标保证金有效期应当与投标有效期一致;

(2)依法必须进行招标的项目的境内投标单位,以现金或者支票形式提交的投标保证金应当从其基本账户转出;

(3)招标人不得挪用投标保证金。

招标文件约定的投标保证金形式(汇票、保兑支票等)应有选择余地,部分形式实际操作存在的问题,不采用的保证金形式应明确告知;投标保证金取消80万元限额以及使用基本账户(如何判别)主要是为了增加挂靠串标的难度;估算价的2%是对招标人的最高限额,对投标人而言是最低限额;保证金提交时间可以早于投标文件。对实践中试行联合投标担保或第三方信用担保等方式不作规定。

3. 投标文件的撤回

投标人撤回已提交的投标文件,应当在投标截止时间前书面通知招标人。招标人已收

取投标保证金的,应当自收到投标人书面撤回通知之日起 5 日内退还。

投标截止后投标人撤销投标文件的,招标人可以不退还投标保证金。

(十)接受中标通知书、签订合同、提供履约担保

经过评标,如果投标人被确定为中标人,应接受招标人发出的中标通知书。投标人在收到中标通知书后,应在规定的时间(自中标通知书发出之日起 30 日内)和地点与招标人签订工程承包合同。同时投标人应按招标文件的规定提供履约担保,招标人退还投标保证金。

工作任务 2　建设工程投标报价的编制

投标报价是投标的关键性工作,也是投标书的核心组成部分,招标人往往将投标人的报价作为主要标准来选择中标人,同时也是招标人与中标人就工程标价进行谈判的基础。

一、投标报价的概念

投标报价是投标人投标时响应招标文件要求所报出的对已标价工程量清单汇总后标明的总价。它是在工程采用招标发包的过程中,由投标人或受其委托具有相应资质的工程造价咨询人按照招标文件的要求以及有关计价规定,依据发包人提供的工程量清单、施工设计图纸、结合工程项目特点、施工现场情况及企业自身的施工技术、装备和管理水平,自主确定的工程造价。

投标报价是投标人希望达成工程承包交易的期望价格,但不能高于招标人设定的招标控制价。

二、投标报价的原则

投标报价编制和确定的最基本特征是投标人自主报价,它是市场竞争形成价格的体现。投标人自主决定投标报价应遵循的原则:

(1)遵守有关规范、标准和建设工程设计文件的要求;

(2)遵守国家或省级、行业建设主管部门及其工程造价管理机构制定的有关工程造价政策要求;

(3)遵守招标文件中有关投标报价的要求;

(4)遵守投标报价不得低于成本的要求。

三、投标报价的依据

投标报价应根据招标文件中计价要求,按照下列依据自主报价:

(1)工程量清单计价规范;

(2)国家或省级行业建设主管部门颁发的计价办法；

(3)企业定额,国家或省级行业建设主管部门颁发的计价定额；

(4)招标文件、工程量清单及其补充通知、答疑纪要；

(5)建设工程设计文件及相关资料；

(6)施工现场情况、工程特点及拟订的投标施工组织设计或施工方案；

(7)与建设项目相关的标准、规范等技术资料；

(8)市场价格信息或工程造价管理机构发布的工程造价信息；

(9)其他的相关资料。

四、投标报价的步骤

投标报价的步骤如下：

(1)熟悉招标文件,对工程项目进行调查与现场考察；

(2)制定投标策略；

(3)核算招标项目实际工程量；

(4)编制施工组织设计；

(5)考虑工程承包市场的行情,确定各分部分项工程单价；

(6)分摊项目费用,编制单价分析表；

(7)计算投标基础价；

(8)进行获胜分析、盈亏分析；

(9)提出备选投标报价方案；

(10)编制出合理的报价,以争取中标。

五、投标报价的编制

投标报价的编制是指投标人对拟承建工程项目所要发生的各种费用的计算过程。作为投标计算的必要条件,应预先确定施工方案和施工进度,此外,投标计算还必须与采用的合同形式相一致。

在编制投标报价之前,需要先对清单工程量进行复核。因为工程量清单中的各分部分项工程量并不十分准确,若设计深度不够则可能有较大的误差,而工程量的多少是选择施工方法、安排人力和机械、准备材料必须考虑的因素,自然也影响分部分项工程的单价,因此一定要对工程量进行复核。

投标报价的编制过程,应首先根据招标人提供的工程量清单编制分部分项工程量清单与计价表、措施项目清单与计价表、其他项目清单与计价表、规费和税金项目清单与计价表,计算完毕后汇总而得到单位工程投标报价汇总表,再层层汇总,分别得出单项工程投标报价汇总表和工程项目投标报价汇总表。

工程项目投标报价的编制流程,如图 2-2 所示。

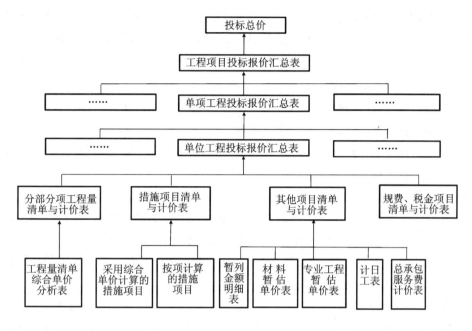

图 2-2　工程项目投标报价编制流程图

(一)综合单价

综合单价中应包括招标文件中划分的应由投标人承担的风险范围及其费用,招标文件中没有明确的,应提请招标人明确。

(二)单价项目

分部分项工程和措施项目中的单价项目中最主要的就是确定综合单价,应根据拟定的招标文件和招投标工程清单项目中的特征描述及有关要求确定综合单价,包括以下内容。

1. 工程量清单项目特征描述

确定分部分项工程和措施项目中的单价项目综合单价的最重要依据是该清单项目的特征描述,投标人报价时应依据招标工程量清单项目的特征描述确定清单项目的综合单价。在招投标过程中,若出现工程量清单特征描述与设计图纸不符,投标人应以招标工程量清单的项目特征描述为准,确定相应项目的综合单价;若施工中施工图纸或设计变更与招标工程量清单项目特征描述不一致,发承包双方应按实际施工的项目特征依据合同约定重新确定综合单价。

2. 企业定额

企业定额是施工企业根据本企业施工技术、机械装备和管理水平而编制的,完成一个规定计量单位的工程项目所需的人工、材料、施工机械台班等的消耗标准,是施工企业内部进行施工管理的标准,也是施工企业投标报价时确定综合单价的重要依据之一。投标企业没有企业定额时可根据企业自身情况参照消耗量定额进行调整。

3. 资源可获取价格

综合单价中的人工费、材料和工程设备费、施工机具使用费是以企业定额的人工、材料和工程设备、施工机具消耗量乘以人工、材料和工程设备、施工机具的实际单价得出的。因此,投标人拟投入的人工、材料和工程设备、施工机具等资源的可获取价格直接影响综合单价的高低。

4. 企业管理费费率、利润率

企业管理费费率可由投标人根据本企业近年的企业管理费核算数据自行测定,当然也可以参照当地造价管理部门发布的平均参考值。

利润率可由投标人根据本企业当前盈利情况、施工水平、拟投标工程的竞争情况以及企业当前经营策略自主确定。

5. 风险费用

招标文件中要求投标人承担的风险费用,投标人应在综合单价中给予考虑,通常以风险费率的形式进行计算。风险费率应根据招标人要求结合投标企业当前风险控制水平进行定量测算。在施工过程中,当出现的风险内容及其范围(幅度)在招标文件规定的范围(幅度)内时,综合单价不得变动,合同价款不作调整。

6. 材料、工程设备暂估价

招标工程量清单中提供了暂估单价的材料、工程设备,按暂估的单价计入综合单价。

(三)总价项目

由于各投标人拥有的施工机具、技术水平和采用的施工方法有所差异,因此投标人应根据自身编制的投标施工组织设计或施工方案确定措施项目,投标人根据投标施工组织设计或施工方案调整和确定的措施项目应通过评标委员会的评审。

(1)措施项目中的总价项目应采用综合单价方式报价,包括除规费、税金外的全部费用。

(2)措施项目中的安全文明施工费应按照国家或省级行业主管部门的规定计算确定。

(四)其他项目费

(1)暂列金额应按照招标工程量清单中列出的金额或计算方法计算后填写,不得变动。

(2)暂估价不得变动和更改。暂估价中的材料、工程设备必须按照暂估单价计入综合单价;专业工程暂估价必须按照招标工程量清单中列出的金额填写。

(3)计日工应按照招标工程量清单列出的项目和估算的数量,自主确定各项综合单价并计算费用。

(4)总承包服务费应根据招标工程量列出的专业工程暂估价内容和供应材料、设备情况,按照招标人提出的协调、配合与服务要求和施工现场管理需要自主确定。

(五)规费和税金

规费和税金必须按国家或省级行业建设主管部门规定的标准计算,不得作为竞争性费用。

(六)投标总价

投标人的投标总价应当与组成招标工程量清单的分部分项工程费、措施项目费、其他项目费和规费、税金的合计金额相一致,即投标人在投标报价时,不能进行投标总价优惠(或降价、让利),投标人对投标报价的任何优惠(或降价、让利)均应反映在相应清单项目的综合单价中。

六、投标报价策略

建筑工程投标报价策略和技巧是指投标人在投标报价中的指导思想和在投标过程中所运用的操作技能和诀窍。它是保证投标人在满足招标文件各项要求的条件下,赢得投标、获得预期效益的关键,常见的投标报价策略主要有以下几种。

1. 结合自身的优势、劣势和项目特点决定报价策略

下列情况一般投标报价可高一些:

(1)施工场地狭窄、地处闹市等施工条件差的工程;

(2)专业要求高的技术密集型工程,而本公司这方面有专长,竞争力较强的工程;

(3)总价低的小工程,以及自己不愿做而被邀请投标时,不便于拒绝投标的工程;

(4)特殊的工程,如港口码头工程、地下开挖工程等;

(5)业主对工期要求急的工程;

(6)投标的竞争对手少的工程;

(7)业主资金不到位,需要垫付工程款的工程。

下述情况投标报价应低一些:

(1)施工条件好、工作简单、工程量大而一般公司都可以做的工程,如住宅楼工程、大型土方工程等;

(2)即将面临没有工程的情况,或根据公司发展需要急于打入新的市场、新的地区时;

(3)附近有工程而本项目可以利用该项工程的设备、劳务或有条件短期内突击完成的;

(4)投标的竞争对手多,竞争较激烈的工程;

(5)非急需工程;

(6)支付条件好,如现汇支付。

2. 不平衡报价法

不平衡报价法,是指在总报价基本确定的前提下,调整内部各个子项的报价,以期既不影响总报价,又在中标后满足资金周转和获得超额利润的需要,取得较理想的经济效益。

通常采用的不平衡报价有下列几种情况:

(1)对能早日结账收回工程款的土方、基础等前期工程项目,单价可适当报高些;对机电设备安装、装饰等后期工程项目,单价可适当报低些;

(2)对预计今后工程量可能会增加的项目,单价可适当报高些;而对工程量可能减少的项目,单价可适当报低些;

(3)对设计图纸内容不明确或有错误,估计修改后工程量要增加的项目,单价可适当报高些;而对工程内容不明确的项目,单价可适当报低些;

(4)对没有工程量只填报单价的项目,或招标人要求采用包干报价的项目,单价宜报高些;对其余的项目,单价可适当报低些;

(5)对暂定项目中实施的可能性大的项目,单价可报高些;预计不一定实施的项目,单价可适当报低些。

优点是有助于对工程量表进行仔细校核和统筹分析,总价相对稳定,不会过高。

缺点是单价报高报低的合理幅度难以掌握,单价报得过低会因执行中工程量增多而造成承包人损失,报得过高会因招标人要求压价而使承包人得不偿失。因此,在运用不平衡报价法时,要特别注意工程量有无错误,具体问题具体分析,避免报价盲目报高或报低。

3. 多方案报价法

多方案报价法是利用工程说明书或合同条款不够明确之处,以争取达到修改工程说明书和合同为目的的一种报价方法。当工程说明书或合同条款有些不够明确之处时,往往使投标人承担较大风险。为了减少风险就必须扩大工程单价,增加"不可预见费",但这样做又会因报价过高而增加被淘汰的可能性;多方案报价法就是为对付这种两难局面而出现的。其具体做法是在标书上报两价目单价,一是按原工程说明书合同条款报一个价,二是加以注解,"如工程说明书或合同条款可作某些改变时",则可降低多少的费用,使报价成为最低,以吸引业主修改说明书和合同条款。

多方案报价法主要适用以下两种情况。

(1)如果发现招标文件中的工程范围不很明确,合同条款内容不清楚或很不公正,或对技术规范的要求过于苛刻,可先按招标文件的要求报一个单价,然后再说明假如招标人对合同要求作某些修改,报价可降低多少。

(2)如发现设计图纸中存在某些不合理并可以改进的地方,或者可以利用某项新技术、新工艺、新材料替代的地方,或者发现自己的技术和设备满足不了招标文件中设计图纸的要求,可以先按设计图纸的要求报一个单价,然后再附上一个修改设计的建议方案,并根据修改的建议方案再报出一个新的单价。

但是,如有规定,政府工程合同的方案是不容许改动的,这个方法就不能使用。

4. 增加建议方案

有时招标文件中规定,可以提一个建议方案,即可以修改原设计方案,提出投标者的方案。投标者这时应抓住机会,组织一批有经验的设计和施工工程师,对原招标文件的设计和施工方案仔细研究,提出更为合理的方案以吸引业主,促成自己的方案中标。这种新的建议方案可以降低总造价或提前竣工或使工程运用更合理,但要注意的是对原招标方案一定也要报价,以供业主比较。

增加建议方案时,不要将方案写得太具体,保留方案的技术关键,防止业主将此方案交给其他承包人,同时要强调的是,建议方案一定要比较成熟,或过去有实践经验,因为投标时间不长,如果仅为中标而匆忙提出一些没有把握的方案,可能引起后患。

5. 突然降价法

突然降价法是指为迷惑竞争对手而采用的一种竞争方法。通常做法为,在准备投标报价的过程中预先考虑好降价的幅度,然后有意散布一些假情报,如打算弃标,按一般情况报价或准备报高价等,等临近投标截止日期前,突然前往投标,并降低报价,以期战胜竞争对手。

6. 无利润算标

缺乏竞争优势的承包人,在不得已的情况下,只好在算标中根本不考虑利润去夺标。这种办法一般是处于以下条件时采用：

（1）有的承包人为了打入某一地区或某一领域，依靠自身实力，采取只求中标的低报价投标策略，一旦中标之后，可以承揽这一地区或这一领域更多的工程任务，达到总体盈利的目的；

（2）有可能在得标后，将大部分工程分包给索价较低的一些分包商；

（3）对于分期建设的项目，先以低价获得首期工程，而后赢得机会创造第二期工程中的竞争优势，并在以后的实施中赚得利润；

（4）较长时期内，承包人没有在建的工程项目，如果再不得标，就难以维持生存。因此，虽然本工程无利可图，只要能有一定的管理费维持公司的日常运转，就可设法渡过暂时的困难，以图将来东山再起。

投标报价的技巧还可以再举出一些。聪明的承包人在多次投标和施工中还会摸索总结出对付各种情况的经验，并不断丰富完善。国际上知名的大牌工程公司，都有自己的投标策略和编标技巧，属于其商业机密，一般不会见之于公开刊物。承包人只有通过自己的实践，积累总结，才能不断提高自己的编标报价水平。

工作任务 3　建设工程投标文件的编制

投标文件是投标人对招标文件提出的实质性要求和条件作出响应，也是评标委员会进行评审和比较的对象，中标的投标文件还和招标文件一起成为招标人和中标人订立合同的法定依据。因此，投标人对投标文件的编制工作应倍加重视。

一、投标文件的编制要求

投标人应按招标文件的要求编制投标文件。投标文件作为要约，必须符合以下的条件：

（1）投标文件应按招标文件、《标准施工招标文件》（2007 年版）和《标准施工招标文件》（2010 年版）"投标文件格式"进行编写；

（2）投标文件应当对招标文件有关工期、投标有效期、质量要求、技术标准和要求、招标范围等实质性内容作出响应；

（3）投标文件应用不褪色的材料书写或打印，并由投标人的法定代表人或其委托代理人签字或盖单位公章；

（4）投标文件正本一份，副本份数见投标人须知前附表。正本和副本的封面上应清楚地标记"正本"或"副本"的字样。当副本和正本不一致时，以正本为准；

（5）投标文件的正本与副本应分别装订成册，并编制目录，具体装订要求见投标人须知前附表规定。

在招标实践中，投标文件有下述情形之一的，属于重大偏差，为未能对招标文件作出实质性响应，会被作为废标处理：

（1）没有按照招标文件要求提供投标担保或者所提供的投标担保存在瑕疵；

（2）投标文件没有投标人授权代表签字和加盖公章；

(3)投标文件载明的招标项目完成期限超过招标文件规定的期限；

(4)明显不符合技术规格、技术标准的要求；

(5)投标文件载明的货物包装方式、检验标准和方法等不符合招标文件的要求；

(6)投标文件附有招标人不能接受的条件；

(7)不符合招标文件中规定的其他实质性要求。

实行电子招标的,投标人应当按照招标文件和电子招标投标交易平台的要求编制并加密投标文件,投标人未按规定加密投标文件的,电子招投标交易平台将拒收并提示。投标人应当在投标截止时间前完成投标文件的传输递交,并可以补充、修改或者撤回投标文件。投标截止时间前未完成投标文件传输的,视为撤回投标文件。

二、投标文件的组成

投标文件一般由以下几部分组成：

(1)投标函及投标函附录；

(2)法定代表人身份证明或附有法定代表人身份证明的授权委托书；

(3)联合体协议书；

(4)投标保证书；

(5)已标价的工程量清单；

(6)施工组织设计；

(7)项目管理机构；

(8)拟分包的项目情况表；

(9)资格审查资料；

(10)按招标文件规定提交的其他资料。

投标人必须使用招标文件提供的投标文件表格格式,但表格可以按同样格式扩展。《行业标准施工招标文件》(2010年版)中所列的投标文件格式主要有投标函及投标函附录、法定代表人身份证明、授权委托书、联合体协议书、投标保证金、已标价的工程量清单、项目管理机构、拟分包的项目情况表、资格审查资料及按招标文件规定提交的其他资料等。

(一)投标函及投标函附录

1. 投标函实例

投 标 函

致：×××公安局

在考察现场并充分研究×××公安局办公楼工程(以下简称"本工程")施工招标文件的全部内容后,我方兹以：

人民币(大写)：<u>捌佰伍拾陆万壹仟壹佰伍拾伍元陆角陆分</u>

RMB：<u>8 561 155.66</u> 元

的投标价格和按合同约定有权得到的其他金额,并严格按照合同约定,施工、竣工和交付本工程并维修其中的任何缺陷。

在我方的上述投标报价中,包括:

安全文明施工费 RMB:153 165.19 元

暂列金额(不包括计日工部分)RMB:300 000.00 元

专业工程暂估价 RMB:0.00 元

如果我方中标,我方保证在2021 年12 月1 日或按照合同约定的开工日期开始本工程的施工,215 天(日历日)内竣工,并确保工程质量达到市优标准。我方同意本投标函在招标文件规定的提交投标文件截止时间后,在招标文件规定的投标有效期期满前对我方具有约束力,且随时准备接受你方发出的中标通知书。

随本投标函递交的投标函附录是本投标函的组成部分,对我方构成约束力。

随同本投标函递交投标保证金一份,金额为人民币(大写):拾万 元(100 000.00 元)。

在签署协议书之前,你方的中标通知书连同本投标函,包括投标函附录,对双方具有约束力。

投标人(盖章):×××第二建筑工程公司

法人代表或委托代理人(签字或盖章):×××

日期:2021 年4 月14 日

备注:采用综合评估法评标,且采用分项报价方法对投标报价进行评分的,应当在投标函中增加分项报价的填报。

2. 投标函附录实例

工程名称:×××公安局办公楼工程

序 号	条款内容	合同条款号	约定内容	备注
1	项目经理	1.1.2.4	姓名:×××	
2	工期	1.1.4.3	215 日历天	
3	缺陷责任期	1.1.4.5		
4	承包人履约担保金额	4.2		
5	分包	4.3.4	见分包项目情况表	
6	逾期竣工违约金	11.5	1000.00 元/天	
7	逾期竣工违约金最高限额	11.5		
8	质量标准	13.1	市优	
9	价格调整的差额计算	16.1.1	见价格指数权重表	
10	预付款额度	17.2.1		
11	预付款保函金额	17.2.2		
12	质量保证金扣留百分比	17.4.1	3%	
	质量保证金额度	17.4.1		
……	……			

备注:投标人在响应招标文件中规定的实质性要求和条件的基础上,可做出其他有利于招标人的承诺。此类承诺可在本表中予以补充填写。

投标人(盖章):×××第二建筑工程公司

法人代表或委托代理人(签字或盖章):×××

日期:2021 年4 月14 日

(二)法定代表人身份证明

法定代表人身份证明

投标人:×××第二建筑工程公司

单位性质:股份合作制

地址:××市南郊街 58 号

成立时间:1985 年 10 月 5 日

经营期限:2019 年 1 月 17 日至 2035 年 1 月 16 日

姓名:×××   性 别:男

年龄:45 岁   职 务:经理

系×××第二建筑工程公司(投标人名称)的法定代表人。

特此证明。

投标人:×××第二建筑工程公司(盖单位章)

2021 年 4 月 14 日

(三)授权委托书

授权委托书

本人×××(姓名)系×××第二建筑工程公司(投标人名称)的法定代表人,现委托×××为我方代理人。代理人根据授权,以我方名义签署、澄清、说明、补正、递交、撤回、修改×××公安局办公楼工程 施工投标文件、签订合同和处理有关事宜,其法律后果由我方承担。

委托期限:2021 年 3 月 1 日 至 2021 年 12 月 30 日。

代理人无转委托权。

附:法定代表人身份证明

投 标 人:×××第二建筑工程公司(盖单位章)

法定代表人:×××(签字)

身份证号码:××××××××××××××××

委托代理人:×× ×(签字)

身份证号码:××××××××××××××××××

2021 年 4 月 14 日

(四)投标保证金

投标保证金(实例)

保函编号:<u>150</u>

<u>×××公安局</u>(招标人名称):

鉴于<u>×××第二建筑工程公司</u>(投标人名称)(以下简称"投标人")参加你方<u>×××公安局办公楼工程</u>(项目名称)的施工投标,<u>×××商业银行</u>(担保人名称)(以下简称"我方")受该投标人委托,在此无条件地、不可撤销地保证:一旦收到你方提出的下述任何一种事实的书面通知,在 7 日内我方无条件地向你方支付总额不超过<u>拾万元</u>(投标保函额度)的任何你方要求的金额:

(1)投标人在规定的投标有效期内撤销或者修改其投标文件。

(2)投标人在收到中标通知书后无正当理由而未在规定期限内与贵方签署合同。

(3)投标人在收到中标通知书后未能在招标文件规定期限内向贵方提交招标文件所要求的履约担保。

本保函在投标有效期内保持有效,除非你方提前终止或解除本保函。要求我方承担保证责任的通知应在投标有效期内送达我方。保函失效后请将本保函交投标人退回我方注销。

本保函项下所有权利和义务均受中华人民共和国法律管辖和制约。

担保人名称:<u>×××商业银行</u>(盖单位章)
法定代表人或其委托代理人:<u>×××</u>(签字)
地　　址:<u>×××站前街 16 号</u>
邮政编码:<u>111000</u>
电话:<u>×××－×××××××</u>
传真:<u>×××－×××××××</u>
　　　　　　<u>2021</u>年<u>4</u>月<u>12</u>日

备注:经过招标人事先的书面同意,投标人可采用招标人认可的投标保函格式,但相关内容不得背离招标文件约定的实质性内容。

(五)已标价工程量清单

已标价工程量清单按招标文件"工程量清单"中的相关清单表格式填写。构成合同文件的已标价工程量清单包括招标文件中工程量清单及计价表、投标报价以及其他说明的内容。

(六)施工组织设计

投标人应根据招标文件和对现场的勘察情况,采用文字并结合图表形式,参考以下要点编制拟投标工程的施工组织设计:

(1)施工方案及技术措施;

(2)质量保证措施和创优计划;

(3)施工总进度计划及保证措施(包括以横道图或标明关键线路的网络进度计划、保障进度计划需要的主要施工机械设备、劳动力需求计划及保证措施、材料设备进场计划及其他保证措施等);

(4)施工安全措施计划;

(5)文明施工措施计划;

(6)施工场地治安保卫管理计划;

(7)施工环保措施计划;

(8)冬季和雨季施工方案;

(9)施工现场总平面布置(投标人应递交一份施工总平面图,绘出现场临时设施布置图表并附文字说明,说明临时设施、加工车间、现场办公、设备及仓储、供电、供水、卫生、生活、道路、消防等设施的情况和布置);

(10)项目组织管理机构(若施工组织设计采用"暗标"方式评审,则在任何情况下,"项目管理机构"不得涉及人员姓名、简历、公司名称等暴露投标人身份的内容);

(11)承包人自行施工范围内拟分包的非主体和非关键性工作(按招标文件中投标人须知的有关规定)、材料计划和劳动力计划;

(12)成品保护和工程保修工作的管理措施和承诺;

(13)任何可能的紧急情况的处理措施、预案以及抵抗风险(包括工程施工过程中可能遇到的各种风险)的措施;

(14)对总包管理的认识以及对专业分包工程的配合、协调、管理、服务方案;

(15)与发包人、监理及设计人的配合;

(16)招标文件规定的其他内容。

若投标人须知规定施工组织设计采用技术"暗标"方式评审,则施工组织设计的编制和装订应按"施工组织设计(技术暗标部分)编制及装订要求"编制和装订施工组织设计。

施工组织设计除采用文字表述外可附下列图表,图表及格式要求附后。若采用技术暗标评审,则下述表格应按照章节内容,严格按给定的格式附在相应的章节中。

附表一:拟投入本工程的主要施工设备表

序号	设备名称	型号规格	数量	国别产地	制造年份	额定功率(kW)	生产能力	用于施工部位	备注

附表二:拟配备本工程的试验和检测仪器设备表

序号	仪器设备 名称	型号 规格	数　量	国别 产地	制造 年份	已使用台 时　数	用　途	备注

附表三:劳动力计划表

单位: 人

工　种	按工程施工阶段投入劳动力情况					

附表四:计划开、竣工日期和施工进度网络图(略)

(1)投标人应递交施工进度网络图或施工进度表,说明按招标文件要求的计划工期进行施工的各个关键日期。

(2)施工进度表可采用网络图和(或)横道图表示。

附表五:施工总平面图(略)

投标人应递交一份施工总平面图,绘出现场临时设施布置图表并附文字说明,说明临时设施、加工车间、现场办公、设备及仓储、供电、供水、卫生、生活、道路、消防等设施的情况和布置。

附表六:临时用地表

用　途	面积(平方米)	位　置	需用时间

附表七:施工组织设计(技术暗标部分)编制及装订要求

(1)施工组织设计中纳入"暗标"部分的内容:＿＿＿＿＿＿＿＿ 。

(2)暗标的编制和装订要求:

①打印纸张要求:＿＿＿＿＿＿＿;

②打印颜色要求:＿＿＿＿＿＿;

③正本封皮(包括封面、侧面及封底)设置及盖章要求:＿＿＿＿;

④副本封皮(包括封面、侧面及封底)设置要求:＿＿＿＿＿;

⑤排版要求:＿＿＿＿＿;

⑥图表大小、字体、装订位置要求:＿＿＿＿＿＿;

⑦所有"技术暗标"必须合并装订成一册,所有文件左侧装订,装订方式应牢固、美观,不得采用活页方式装订,均应采用＿＿＿＿＿＿方式装订;

⑧编写软件及版本要求:Microsoft Word ＿＿＿＿＿＿;

⑨任何情况下,技术暗标中不得出现任何涂改、行间插字或删除痕迹;

⑩除满足上述各项要求外,构成投标文件的"技术暗标"的正文中均不得出现投标人的名称和其他可识别投标人身份的字符、徽标、人员名称以及其他特殊标记等。

备注:"暗标"应当以能够隐去投标人的身份为原则,尽可能简化编制和装订要求。

(七)项目管理机构

1. 项目管理机构组成表

职务	姓名	职称	执业或职业资格证明					备注
			证书名称	级别	证号	专业	养老保险	

2. 主要人员简历表

(1)项目经理简历表。

项目经理应附建造师执业资格证书、注册证书、安全生产考核合格证书、身份证、职称证、学历证、养老保险复印件及未担任其他在施建设工程项目项目经理的承诺书,管理过的项目业绩须附合同协议书和竣工验收备案登记表复印件。类似项目限于以项目经理身份参与的项目。

姓　名		年　龄		学　历	
职　称		职　务		拟在本工程任职	项目经理
注册建造师执业资格等级		级	建造师专业		
安全生产考核合格证书					
毕业学校		年毕业于　学校　专业			
主要工作经历					
时　间	参加过的类似项目名称		工程概况说明		发包人及联系电话

(2)主要项目管理人员简历表。

主要项目管理人员指项目副经理、技术负责人、合同商务负责人、专职安全生产管理人员等岗位人员。应附注册资格证书、身份证、职称证、学历证、养老保险复印件,专职安全生产管理人员应附安全生产考核合格证书,主要业绩须附合同协议书。

姓　名		年　龄		学　历	
职　称		职　务		拟在本合同任职	
毕业学校		年毕业于　学校　专业			
主要工作经历					
时　间	参加过的类似项目		担任职务		发包人及联系电话

(3)承诺书。

承　诺　书

_____(招标人名称):

我方在此声明,我方拟派往_____(项目名称)_____标段(以下简称"本工程")的项目经理_____(项目经理姓名)现阶段没有担任任何在施建设工程项目的项目经理。

我方保证上述信息的真实和准确,并愿意承担因我方就此弄虚作假所引起的一切法律后果。

特此承诺

投标人:_____(盖单位章)

法定代表人或其委托代理人:_____(签字)

___年____月____日

(八)拟分包计划表

序号	拟分包项目名称、范围及理由	拟选分包人				备注
		拟选分包人名称	注册地点	企业资质	有关业绩	
		1				
		2				
		3				

备注:本表所列分包仅限于承包人自行施工范围内的非主体、非关键工程。

日 期:_____年___月___日

(九)资格审查资料

未进行资格预审的需提供以下资料:

①投标人基本情况表;

②近年财务状况表;

③近年完成的类似项目情况表;

④正在施工的和新承接的项目情况表;

⑤近年发生的诉讼和仲裁情况;

⑥企业其他信誉情况表;

⑦主要项目管理人员简历表。

具体内容见教学情境 2 中工作任务 4。

三、投标文件的编制步骤

投标人在领取招标文件后,就要进行投标文件的编制工作。编制投标文件的一般步骤如下。

(1)编制投标文件的准备工作。其内容包括:熟悉招标文件,重点研究投标人须知、专用条款、设计图纸、工程范围以及工程量表等,参加现场踏勘和投标预备会,如有疑问应在投标预备会前以书面形式向招标人提出;调查当地人工、材料、机械租赁的市场供应及价格情况;了解招标人和竞争对手的相关情况;了解当地的水文地质情况和气候状况;了解与招标工程有关的其他情况；

(2)复核招标文件中的清单工程量、计算施工工程量；

(3)根据工程类型编制施工规划或施工组织设计；

(4)根据工程价格构成进行工程估价,确定利润方针,计算和确定报价。投标报价是投标的一个核心环节,投标人要根据工程价格构成对工程进行合理估价,确定切实可行的利润方针,正确计算和确定投标报价。投标人不得以低于成本的报价竞标；

(5)形成、制作投标文件。投标文件应完全按照招标文件的各项要求编制。投标文件应当对招标文件提出的实质性要求和条件作出响应,一般不能带任何附加条件,否则将导致投标无效；

(6)投标文件的复核、签字、盖章、密封。

四、编制投标文件的注意事项

投标文件制作不当,容易产生废标,投标书是评标的主要依据,是事关投标者能否中标的关键要件。因此,投标者在制作投标书过程中,必须对以下几个方面引起足够重视。

(1)封面格式是否与招标文件要求格式一致,文字打印是否有错字；封面的标段、里程是否与所投标段、里程一致；企业法人或委托代理人是否按照规定签字或盖章,是否按规定加盖单位公章,投标单位名称是否与资格审查时的单位名称相符。

(2)授权书、银行保函、信贷证明是否按照招标文件要求格式填写,是否由法人正确签字或盖章,委托代理人是否正确签字或盖章,委托日期是否正确。

(3)投标人编制投标文件时必须使用招标文件提供的投标文件表格格式,但表格可以按同样格式扩展。投标人在编制投标文件时,凡要求填写的空格都必须填写,否则即被视为放弃意见。实质性的项目或数字如:工期、质量等级等未填写,将被作为无效投标文件处理。

(4)工程施工组织设计是中标后施工管理的计划安排和监理工程师监督的依据之一,一定要科学合理、切实可行。一定要严格按招标文件和评标标准的要求来编制施工组织设计,千万不能漏项,内容顺序要尽量按评标标准的项目顺序排序,以便于专家打分。工程施工方案是施工组织设计的关键,直接影响到投标报价及投标的成败,投标单位要根据现场考察情况,初定几套方案进行测算、比较,以确定经济、合理的方案。工期安排至少要比业主限定时间提前,以取得标书评审中工期提前奖励得分。

(5)投标报价应与施工组织设计相统一,施工方案是投标报价的必要依据,投标报价反过来又指导、调整施工方案,两者是相互联系的统一体,不可分离编制。工程量清单所列项目均需填报单价和合价,报价中单价、合价、投标总价一定要计算准确、统一,不可前后矛盾；不可竞争费用如安全文明施工费、规费一定要按当地建设行政主管部门的规定报价；其他项目清单中的暂定金额、暂估价等千万不要漏项,否则按废标处理；单价调整后要及时调整合价及投标总价,避免前后价格不符；投标报价编制完成后要经他人复核、审查,切不可有误。

(6)填报的投标文件应反复校核,保证分项和汇总计算均无错误。全套投标文件均应无涂改和行间插字,除非这些删改是根据招标人的要求进行的,或者是投标人造成的必须修改的错误。修改处应由投标文件签字人签字证明并加盖印鉴。

(7)技术标采用暗标评审的,投标人在编制构成投标文件的"技术暗标"的正文中均不得出现投标人的名称和其他可识别投标人身份的字符、徽标、人员名称以及其他特殊标记等,否则,将按废标处理。

工作任务 4　投标文件的复核、签字、盖章、密封与提交

一、投标文件的复核

投标书制作完成后应组织有经验的人员对标书进行彻底全面的检查,然后才能封袋、盖骑缝章,复核的主要内容如下。

1. 封面

(1)封面格式是否与招标文件要求格式一致,文字打印是否有错字;

(2)封面标段是否与所投标段一致;

(3)企业法人或委托代理人是否按照规定签字或盖章,是否按规定加盖单位公章,投标单位名称是否与资格审查时的单位名称相符;

(4)投标日期是否正确。

2. 目录

(1)目录内容从顺序到文字表述是否与招标文件要求一致;

(2)目录编号、页码、标题是否与内容编号、页码(内容首页)、标题一致。

3. 投标书及投标书附录

(1)投标书格式、标段、里程是否与招标文件规定相符,建设单位名称与招标单位名称是否正确;

(2)报价金额是否与"投标报价汇总表合计""投标报价汇总表""综合报价表"一致,大小写是否一致,国际标中英文标书报价金额是否一致;

(3)投标书所示工期是否满足招标文件要求;

(4)投标书是否已按要求盖公章;

(5)法人代表或委托代理人是否按要求签字或盖章;

(6)投标书日期是否正确,是否与封面所示吻合。

4. 修改报价的声明书(或降价函)

(1)修改报价的声明书是否内容与投标书相同;

(2)降价函是否按招标文件要求装订或单独递送。

5. 授权书、银行保函、信贷证明

(1)授权书、银行保函、信贷证明是否按照招标文件要求格式填写;

(2)上述三项是否由法人正确签字或盖章;

(3)委托代理人是否正确签字或盖章;

(4)委托书日期是否正确;

(5)委托权限是否满足招标文件要求,单位公章加盖完善;

(6)信贷证明中信贷数额是否符合业主明示要求,如业主无明示,是否符合标段总价的一定比例。

6. 报价

(1)报价编制说明要符合招标文件要求,繁简得当;

(2)报价表格式是否按照招标文件要求格式,子目排序是否正确;

(3)"投标报价汇总表合计""投标报价汇总表""综合报价表"及其他报价表是否按照招标文件规定填写,编制人、审核人、投标人是否按规定签字盖章;

(4)"投标报价汇总表合计"与"投标报价汇总表"的数字是否吻合,是否有算术错误;

(5)"投标报价汇总表"与"综合报价表"的数字是否吻合,是否有算术错误;

(6)"综合报价表"的单价与"单项概预算表"的指标是否吻合,是否有算术错误。"综合报价表"费用是否齐全,特别是来回改动时要特别注意;

(7)"单项概预算表"与"补充单价分析表""运杂费单价分析表"的数字是否吻合,工程数量与招标工程量清单是否一致,是否有算术错误;

(8)"补充单价分析表""运杂费单价分析表"是否有偏高、偏低现象,分析原因,所用工、料、机单价是否合理、准确,以免产生不平衡报价;

(9)"运杂费单价分析表"所用运距是否符合招标文件规定,是否符合调查实际;

(10)配合辅助工程费是否与标段设计概算相接近,降低造价幅度是否满足招标文件要求,是否与投标书其他内容的有关说明一致,招标文件要求的其他报价资料是否准确、齐全;

(11)定额套用是否与施工组织设计安排的施工方法一致,机具配置尽量与施工方案相吻合,避免工料机统计表与机具配置表出现较大差异;

(12)定额计量单位、数量与报价项目单位、数量是否相符合;

(13)"工程量清单"表中工程项目所含内容与套用定额是否一致;

(14)"投标报价汇总表""工程量清单"采用 Excel 表自动计算,数量乘单价是否等于合价(合价按四舍五入规则取整);

(15)合计项目反求单价,单价保留两位小数。

二、投标文件的签字、盖章、装订

《工程建设项目施工招标投标办法》七部委 30 号令第 50 条规定:"投标文件无单位盖章并无法定代表人或法定代表人授权的代理人签字或盖章的按废标处理。"同时《标准施工招标文件》评标办法中规定:"投标函应有法定代表人或其委托代理人签字或加盖单位章。"

在实际投标中,投标义件需要签字、盖章的地方很多,投标文件的编制人一定要按招标文件和有关法规、规范的规定认真检查、核对,千万不要遗漏,以免造成废标或引起不必要的争议,下面把施工投标文件需要签字、盖章的地方汇总如下。

1. 封面、投标函及投标函附录

投标文件的封面、投标函、投标函附录均应盖投标人单位公章和法定代表人或其委托的代理人签字或盖章。虽然七部委 30 号令有关废标的条件规定:投标文件无单位盖章并无法定代表人或法定代表人授权的代理人签字或盖章的按废标处理。但是,在实际实施中,招标文件中往往规定投标文件需同时盖单位公章和法人或授权委托人签字或盖章。

2. 法定代表人身份证明

法定代表人身份证明只需盖投标人单位公章。

3. 授权委托书

授权委托书需盖投标人单位公章和法定代表人签字或盖章,并由委托代理签字或盖章。

4. 联合体协议书

联合体协议书需要联合体所有成员盖单位公章和法定代表人或其委托的代理人签字或盖章。由委托代理人签字的,应附法定代表人签字的授权委托书。

5. 投标担保

投标担保应由担保公司出具,并加盖担保公司公章和法定代表人或其委托的代理人签字或盖章,并填写担保人详细地址和联系电话。

6. 投标报价

投标报价的封面应盖投标人单位公章和法定代表人或其委托的代理人签字或盖章,并由注册造价工程师签字、盖执业专用章。

投标报价表应盖投标人单位公章和法定代表人或其委托的代理人签字或盖章。

7. 施工组织设计

施工组织设计封面一般要加盖投标人单位公章。

8. 项目管理机构

项目管理机构表、项目经理简历表、主要人员简历表,应按招标文件的规定,附主要人员的相应建造师证、职称证或岗位资格证、养老保险等材料的复印件或扫描件光盘,提供的复印件一般要加盖投标人单位公章;承诺书须盖投标人单位公章和法定代表人或其委托的代理人签字或盖章。

9. 资格审查资料

实行资格预审的申请函应有法定代表人或其委托代理人签字并加盖单位公章。

资格审查资料中投标人应按招标文件的要求,提供以下资料的复印件或扫描件光盘,如果要求提供复印件的,一般需要在所有的复印件上加盖单位公章。需提供的资料主要有:

(1)"投标人基本情况表"应附投标人年检合格的营业执照副本、资质证书副本、安全生产许可证等材料的复印件或扫描件光盘;

(2)"近年财务状况表"应附经会计师事务所或审计机构审计的财务会计报表,包括资产负债表、损益表、现金流量表、利润表和财务情况说明书等材料的复印件或扫描件光盘;

(3)"正在施工的和新承接的项目情况表"应附中标通知书和合同协议书等材料的复印件或扫描件光盘材料;

(4)"近年完成的类似项目情况表"应附中标通知书和合同协议书、工程验收证书(工程竣工验收证书)等材料的复印件或扫描件光盘。

注意:单位公章必须加盖投标人的企业公章,不得加盖分公司或办事处印章,否则投标无效。

　　投标文件签字、盖章后,应按招标文件的要求分册装订,不得采用活页装订。

三、投标文件的密封

　　投标文件编制人员应仔细阅读并正确理解招标文件中的相关章节,严格按照"投标文件的编制"和"投标文件的提交"中的要求包装,确保章印齐全,密封完好。多标段投标时,更要细致检查,防止错装或混装。一般要求如下:

　　(1)投标文件的正本与副本应分开包装,加贴封条,并在封套的封口处加盖投标人单位章。

　　(2)投标文件的封套上应清楚地标记"正本"或"副本"字样,封套上应按投标人须知写明:招标人的地址、招标人名称、项目名称及标段、"在____年__月__日__时__分前不得开启"等字样。

　　(3)实行电子评标的投标单位在提交纸质投标文件时必须同时提交电子投标文本,文本格式及内容应按招标文件的要求制成光盘,并一起装袋密封、标记后在开标时同时递交。

　　未按招标文件规定编制、密封、标记投标文件,所递交的投标文件招标人有权拒绝。

四、投标文件的提交、修改与撤回

1. 投标文件的提交

　　投标人应在投标截止日期之前,将密封的投标文件连同投标保证金或投标保函递交到投标人须知前附表指定地点,招标人收到投标文件后,向投标人出具签收凭证。逾期送达的或者未送达指定地点的投标文件,招标人不予受理。

　　负责送达投标文件的人员应及早做好准备,提前到场,外地投标人要关注天气和道路交通状况。

2. 投标文件的修改与撤回

　　在投标人须知前附表规定的投标截止时间前,投标人可以修改或撤回已递交的投标文件,但应以书面形式通知招标人。投标人修改或撤回已递交投标文件的书面通知应按招标文件的要求签字或盖章。招标人收到书面通知后,向投标人出具签收凭证。

　　修改的内容为投标文件的组成部分。修改的投标文件应按照招标文件的要求进行编制、密封、标记和递交,并标明"修改"字样。

工作任务5 案例分析

案例1 投标文件接收条件及检查

一、案例简介

某工程货物采购项目定于上午 10:00 投标截止,招标人在招标文件中规定的开标现场内安排专人接收投标文件,填写"投标文件接收登记表"。招标文件规定"投标文件正本、副本分开包装,并在封套上标记'正本'或'副本'字样。同时在开口处加贴封条,在封套的封口处加盖投标人法人章。否则不予受理"。投标人 A 的正本与副本封装在了一个文件箱内;投标人 B 采用档案袋封装的投标文件,一共有 5 个档案袋,上面没有标记正本、副本字样;投标人 C 投标文件在投标截止时间前送达,封装满足要求,但其投标保证金在招标文件规定的投标截止时间后两分钟送达;投标人 D 在招标文件规定的投标截止时间后 1 分钟送到;投标人 E 在投标截止时间前几秒钟,携带全套投标文件跨进了投标文件接收地点某会议室,但距离招标人安排的投标文件接收人员的办公桌还需要走 20 秒,将投标文件递交给投标文件接收人员时,时间已经超过了上午 10:00。其他 F、G、H 投标人递交的投标文件均满足要求。

二、问题

1. 确定上述投标人 A~D 的投标文件哪些应接收?哪些应拒绝接收?为什么?

2. 怎样处理投标人 E 的投标文件?

三、参考答案

1. A、B、D 不能接收,C 的投标文件应接收,但其投标保证金应拒收。应允许 A、B 重新封装和标记,在投标截止时间前递交。

2. 对 E 的投标文件按招标文件规定的外封装条件进行检查。符合规定的予以接收,否则不予受理。

案例2 投标文件的偏差分析

一、案例简介

某国有企业计划投资 800 万元新建一栋办公大楼,建设单位委托了一家符合资质要求的招标代理机构进行该工程的施工招标代理工作,由于招标时间紧,建设单位要求招标代理单位采取内部议标的方式选取中标单位,共有 A、B、C、D、E 五家投标单位参加了投标,开标时出现了如下情形:

1. A 投标单位的投标文件未按招标文件的要求,而是按该企业的习惯做法密封;

2. B 投标单位虽按招标文件的要求编制了投标文件,但有一页文件漏打了页码;

3. C 投标单位投标保证金超过了招标文件中规定的金额;

4. D 投标单位投标文件记载的招标项目完成期限超过了招标文件规定的完成期限;

5.E 投标单位某分项工程的报价有个别漏项。

二、问题

1.采取的内部招标方式是否妥当？说明理由。

2.五家投标单位的投标文件是否有效或应被淘汰？分别说明理由。

三、参考答案

1.不妥。国有投资项目必须采用公开招标方式选择施工单位,特殊情况可选择邀请招标,且具体采用公开招标还是邀请招标必须符合相关文件规定,并办理相关审批或备案手续;

2.A 属于无效投标文件。投标文件必须按照招标文件的要求密封;

B 属于有效标。漏打了一页页码属于细微偏差;

C 属于有效标。投标保证金只要符合招标文件规定的最低投标保证金即可;

D 属于应淘汰的投标书。完成期限超过招标文件规定的完成期限属于重大偏差;

E 属于有效标。个别漏项属于细微偏差,投标人根据要求进行补正即可。

复习思考题

1.建设工程投标人一般应具备哪些条件?

2.建设工程施工投标程序有哪些?

3.投标报价的编制依据有哪些?

4.投标报价的编制方法有哪几种?

5.简述我国工程量清单报价的费用组成及计算方法。

6.投标报价的策略有哪些?

7.施工投标文件由哪些内容组成?

8.简述施工投标文件编制时的注意事项。

教学情境 3　建设工程开标、评标与定标

能力目标:能协助领导组织或参加开标会议,并做好各项准备工作;能根据评标办法对投标书进行评审;能熟悉废标的条件,避免投标中废标情况的出现。

知识目标:开标的时间、地点、开标程序;评标委员会的组成、专家的抽取办法、评标原则、评标程序、评标办法;中标公示、定标方式、中标通知书、履约担保、合同签订程序和相关规定。

工作任务 1　工　程　开　标

开标是指投标截止后,招标人按招标文件所规定的时间和地点,开启投标人提交的投标文件,公开宣布投标人的名称、投标价格及投标文件中的其他主要内容的活动。要素是开标的时间与地点及开标的相关规定(参加人、标书密封的现场认定、当众宣读、记录备查)。

一、开标的时间和地点

招标人应按投标人须知前附表规定的投标截止时间(开标时间)和地点(一般应在当地建设工程交易中心举行)公开开标,并邀请所有投标人的法定代表人或其委托代理人准时参加。投标人少于 3 个的,不得开标;招标人应当重新招标。

电子开标应当按照招标文件确定的时间,在电子招标投标交易平台上公开进行,所有投标人均应当准时在线参加开标。开标时,电子招标投标交易平台自动提取所有投标文件,提示招标人和投标人按招标文件规定方式按时在线解密。解密全部完成后,应当向所有投标人公布投标人名称、投标价格和招标文件规定的其他内容。因投标人原因造成投标文件未解密的,视为撤销其投标文件;因投标人之外的原因造成投标文件未解密的,视为撤回其投标文件,投标人有权要求责任方赔偿因此遭受的直接损失。部分投标文件未解密的,其他投标文件的开标可以继续进行。

《招标投标法》第三十五条规定,开标由招标人主持,邀请所有投标人参加。招标人可以在投标人须知前附表中对此作进一步说明,同时明确投标人的法定代表人或其委托代理人不参加开标的法律后果,如:投标人的法定代表人或其委托代理人不参加开标的,视同该投标人承认开标记录,不得事后对开标记录提出任何异议。通常招标人不应以投标人不参加开标为由将其投标作废标处理。

二、开标程序

开标前招标人应组织投标人提交投标文件、签到、提交投标保证金或投标保函,投标保证金一般在此前通过银行转账到指定的账户(不主张用现金操作)。

1. 主持人按下列程序进行开标

(1)宣布开标纪律;

(2)公布在投标截止时间前递交投标文件的投标人名称,并点名确认投标人是否派人到场;

(3)宣布开标人、唱标人、记录人、监标人等有关人员姓名;

(4)按照投标人须知前附表的规定检查投标文件的密封情况;

(5)按照投标人须知前附表的规定确定并宣布投标文件开标顺序;

(6)设有标底的,公布标底;

(7)按照宣布的开标顺序当众开标,公布投标人名称、标段名称、投标保证金的递交情况、投标报价、质量目标、工期及其他内容,并记录在案;

(8)投标人代表、招标人代表、监标人、记录人等有关人员在开标记录上签字确认;

(9)开标结束。

招标人应在投标人须知前附表中规定开标程序中第(4)、(5)条的具体做法。开标时,由投标人或者其推选的代表检查投标文件的密封情况,也可以由招标人委托的公证机构检查并公证等;可以按照投标文件递交的先后顺序开标,也可以采用其他方式确定开标顺序。

开标过程中,投标人可以对唱标作必要的解释,但所作的解释不得超过投标文件记载的范围或改变投标文件的实质性内容。

2. 对投标人异议的处理

投标人对开标有异议的,应当在开标现场提出,招标人应当当场作出答复,并制作记录。但招标人只需按实记录情况,不要作结论,对投标人异议的处理应当由评标委员会来完成。

三、无效投标文件

投标文件有下列情形之一的,招标人不予受理:

(1)逾期送达的或者未送达指定地点的;

(2)未按招标文件要求密封的。

四、废标条件

有下列情形之一的,评标委员会应当否决其投标:

(1)投标文件未经投标单位盖章和单位负责人签字;

(2)投标联合体没有提交共同投标协议;

(3)投标人不符合国家或者招标文件规定的资格条件;

(4)同一投标人提交两个以上不同的投标文件或者投标报价,但招标文件要求提交备选

投标的除外;

(5)投标报价低于成本或者高于招标文件设定的最高投标限价;

(6)投标文件没有对招标文件的实质性要求和条件作出响应;

(7)投标人有串通投标、弄虚作假、行贿等违法行为。

五、开标记录实例

开标记录实例如下文所示。唱标记录实例见表3-1。

×××公安局办公楼工程开标记录表

开标时间:2021 年4 月15 日9 时30 分

开标地点:×××市建设工程交易中心(××市××路68 号305 室)

(1)唱标记录。

表 3-1 唱标记录实例

序号	投标人	密封情况	投标保证金	投标报价(元)	质量目标	工期(日历天)	项目经理	法定授权人	备注	签名
1	×××东海建筑安装工程有限公司	完好	100,000.00	8,380,457.61	市优	245	×××	×××		
2	×××第二建筑工程公司	完好	100,000.00	8,411,433.99	市优	245				
3	×××通海建筑工程有限公司	完好	100,000.00	8,393,070.73	市优	245				
4	×××建设集团公司	完好	100,000.00	8,411,433.99	市优	245				
5	×××第四建筑工程有限公司	完好	100,000.00	8,393,070.73	市优	245				
	招标控制价			8420351.73						
	招标人编制的标底(如果有)									

招标人代表:×××   记录人:×××   监标人:×××

2021 年 4 月15 日

(2)开标过程中的其他事项记录:无。

(3)出席开标会的单位和人员(附签到表):略。

工作任务 2　工程评标、定标

评标是依据招标文件的规定和要求,对投标文件所进行的审查、评审和比较。评标是审查确定中标人的必经程序,是保证招标成功的重要环节,因此,为了保证评标的公正性,防止招标人左右评标结果,评标不能由招标人或其代理机构独自承担,而应组成一个由有关专家和人员参加的委员会,负责依据招标文件规定的评标标准和方法,对所有投标文件进行评审,向招标人推荐中标候选人或者直接确定中标人。

一、组建评标委员会

1. 评标专家库的建立

《招标投标法实施条例》第四十五条规定:国家实行统一的评标专家专业分类标准和管理办法。具体标准和办法由国务院发展改革部门会同国务院有关部门制定。省级人民政府和国务院有关部门应当组建综合评标专家库。

目前,全国存在不同层级部门、各类招标代理机构、大型国有企业的评标专家库,在招投标活动中发挥了积极作用。但是,实践中一些需求难以在现存评标专家库中得以满足,需要从国家层面搭建综合性的公共服务平台,实现全省乃至全国范围内资源共享。

2. 评标委员会成员的确定

评标委员会由招标人负责组织。根据《招标投标法》第三十七条规定,评标委员会由招标人的代表和有关技术、经济等方面的专家组成,成员人数为 5 人以上单数,其中招标人、招标代理机构以外的技术、经济等方面专家不得少于成员总数的 2/3。

《招标投标法实施条例》第四十六条规定:

(1)除招标投标法第三十七条第三款规定的特殊招标项目外,依法必须进行招标的项目,其评标委员会的专家成员应当从评标专家库内相关专业的专家名单中以随机抽取方式确定。

(2)任何单位和个人不得以明示、暗示等任何方式指定或者变相指定参加评标委员会的专家成员。

(3)依法必须进行招标的项目的招标人非因招标投标法和招标投标法实施条例规定的事由,不得更换依法确定的评标委员会成员。更换评标委员会的专家成员应当依照前款规定进行。

(4)评标委员会成员与投标人有利害关系的,应当主动回避。

(5)有关行政监督部门应当按照规定的职责分工,对评标委员会成员的确定方式、评标专家的抽取和评标活动进行监督。行政监督部门的工作人员不得担任本部门负责监督项目的评标委员会成员。

《招标投标法实施条例》第四十七条规定:招标投标法第三十七条第三款所称特殊招标项目,是指对技术复杂、专业性强或者国家有特殊要求,采取随机抽取方式确定的专家难以保证胜任评标工作的项目。特殊招标项目可以由招标人从评标专家库内或库外直接选聘确定。

3. 评标专家的抽取

为了防止招标人在选定评标专家时的主观随意性,招标人应从国务院或省级人民政府有关部门提供的专家名册或者招标代理机构的专家库中,确定评标专家。一般招标项目可以采取随机抽取的方式确定,有些特殊的招标项目,如科研项目、技术特别复杂的项目等,由于采取随机抽取的方式确定的专家不能胜任评标工作,或者只有少数专家能够胜任评标工作,因此招标人可以直接确定专家人选。专家名册或专家库,也称人才库,是根据不同的专业分别设置的该专业领域的专家名单或数据库。进入该名单或数据库中的专家,应该是在该领域具备上述条件的所有专家,而非少数或个别专家。

评标委员会设主任 1 人,可以由招标人直接指定或者由评标委员会协商产生评标委员会主任。

评标委员会成员有下列情形之一的,应当回避:

(1)招标人或投标人的主要负责人的近亲属;

(2)项目主管部门或者行政监督部门的人员;

(3)与投标人有经济利益关系,可能影响对投标公正评审的;

(4)曾因在招标、评标以及其他与招标投标有关活动中从事违法行为而受过行政处罚或刑事处罚的。

二、评标原则

评标活动应遵循公平、公正、科学和择优的原则。

电子评标应当在有效监控和保密的环境下在线进行。根据国家规定应当进入依法设立的招标投标交易场所的招标项目,评标委员会成员应当在依法设立的招标投标交易场所登录招标项目所使用的电子招标投标交易平台进行评标。

三、评标方法

《招投标法》和《标准施工招标文件》规定了两种评标方法:经评审的最低投标价法和综合评标法。

1. 经评审的最低投标价法

所谓经评审的最低投标价法,就是投标报价最低的中标,但前提条件是该投标符合招标文件的实质性要求。如果投标不符合招标文件的要求而被招标人所拒绝,则投标价格再低,也不在考虑之列。在采取这种方法选择中标人时,必须注意的是,投标价不得低于成本。这里所指的成本,应该理解为招标人自己的个别成本,而不是社会平均成本。由于招标人技术和管理等方面的原因,其个别成本有可能低于社会平均成本。投标人以低于社会平均成本但不低于其个别成本的价格投标,是应该受到保护和鼓励的。如果招标人的价格低于自己的个别成本,则意味着投标人取得合同后,可能为了节省开支而想方设法偷工减料、粗制滥造,给招标人造成不可挽回的损失。如果投标人以排挤其他竞争对手为目的,而以低于个别成本的价格投标,则构成低价倾销的不正当竞争行为,违反我国《价格法》和《反不正当竞争法》的有关规定。因此,投标人投标价格低于自己个别成本的,不得中标。

2. 综合评标法

所谓综合评标法,就是按照价格标准和非价格标准对投标文件进行总体评估和比较。采用这种综合评标法时,一般将价格以外的有关因素折成货币或给予相应的加权计算,以确定最低评标价(也称估值最低的投标)或最佳的投标。被评为最低评标价或最佳的投标,即可认定为该投标获得最佳综合评价。所以,投标价格最低的不一定中标。采用这种评标方法时,应尽量避免在招标文件中只笼统地列出价格以外的其他有关标准,但对如何折成货币或给予相应的加权计算并没有规定下来,而在评标时才制定出具体的评标计算因素及其量化计算方法,带有明显有利于某一投标的倾向性。

四、评标标准

(一)初步评审标准

初步评审标准包括:形式评审标准、资格评审标准、响应性评审标准、施工组织设计和项目管理机构评审标准四部分,具体评审因素和评审标准见表 3-2。

表 3-2　初步评审标准

序号	条款号	评审因素	评审标准
1	形式评审标准	投标人名称	与营业执照、资质证书、安全生产许可证一致
		投标函签字盖章	有法定代表人或其委托代理人签字并加盖单位章
		投标文件格式	符合招标文件"投标文件格式"的要求
		联合体投标人(如有)	提交联合体协议书,并明确联合体牵头人
		报价唯一	只能有一个有效报价
		……	……
2	资格评审标准	营业执照	具备有效的营业执照
		安全生产许可证	具备有效的安全生产许可证
		资质等级	符合招标文件"投标人须知"相关规定
		财务状况	符合招标文件"投标人须知"相关规定
		类似项目业绩	符合招标文件"投标人须知"相关规定
		信誉	符合招标文件"投标人须知"相关规定
		项目经理	符合招标文件"投标人须知"相关规定
		其他要求	符合招标文件"投标人须知"相关规定
		联合体投标人(如有)	符合招标文件"投标人须知"相关规定
		……	……

序号	条款号	评审因素	评审标准
3	响应性评审标准	投标内容	符合招标文件"投标人须知"相关规定
		工期	符合招标文件"投标人须知"相关规定
		工程质量	符合招标文件"投标人须知"相关规定
		投标有效期	符合招标文件"投标人须知"相关规定
		投标保证金	符合招标文件"投标人须知"相关规定
		权利义务	符合招标文件"投标人须知"相关规定
		已标价工程量清单	符合招标文件"工程量清单"给出的子目编码、子目名称、子目特征、计量单位和工程量
		技术标准和要求	符合招标文件"技术标准和要求"规定
		投标价格	□ 低于(含等于)拦标价， 　拦标价＝标底价×(1+　%)。 □ 低于(含等于)招标文件"投标人须知"前附表载明的招标控制价
		分包计划	符合招标文件"投标人须知"相关规定
		……	……
4	施工组织设计和项目管理机构评审标准	施工方案与技术措施	……
		质量管理体系与措施	……
		安全管理体系与措施	……
		环境保护管理体系与措施	……
		工程进度计划与措施	……
		资源配备计划	……
		技术负责人	……
		其他主要人员	……
		施工设备	……
		试验、检测仪器设备	……
		……	……

(二)详细评审标准

(1)经评审的最低投标价格法详细评审标准,见表3-3。

表 3-3　经评审的最低投标价格法详细评审标准

序号	条款号	评审因素	评审方法
1	详细评审标准	单价遗漏	……
		不平衡报价	……
		……	……

（2）综合评标法分值构成与评分标准，见表 3-4。

表 3-4　综合评标法分值构成与评分标准

序　号		条 款 内 容	编 列 内 容
1		分值构成 （总分 100 分）	施工组织设计：　　　分 项目管理机构：　　　分 投标报价：　　　分 其他评分因素：　　　分
2		评标基准价计算方法	
3		投标报价的偏差率 计算公式	偏差率＝100％×（投标人报价－评标基准价）/评标基准价
条款号		评分因素	评分标准
4.1	施工组织 设计评分 标　准	内容完整性和编制水平	……
		施工方案与技术措施	……
		质量管理体系与措施	……
		安全管理体系与措施	……
		环保管理体系与措施	……
		工程进度计划与措施	……
		资源配备计划	……
		……	……
4.2	项目管理 机构评分 标　准	项目经理资格与业绩	……
		技术负责人资格与业绩	……
		其他主要人员	……
		……	……
4.3	投标报价 评分标准	偏差率	……
		……	……
4.4	其他因素 评分标准	……	……

五、评标程序

评标活动将按以下五个步骤进行：评标准备；初步评审；详细评审；澄清、说明或补正；推荐中标候选人或者直接确定中标人及提交评标报告。

（一）评标准备

1. 评标委员会成员签到

评标委员会成员到达评标现场时应在签到表上签到以证明其出席。评标委员会签到表见表 3-5。

表 3-5　评标委员会签到表

工程名称：　　　(项目名称)　　标段　　评标时间：　年　月　日

序号	姓名	职称	工作单位	专家证号码	签到时间
1					
2					
3					

2.评标委员会的分工

评标委员会首先推选一名评标委员会主任。招标人也可以直接指定评标委员会主任。评标委员会主任负责评标活动的组织领导工作。评标委员会主任在与其他评标委员会成员协商的基础上,可以将评标委员会划分为技术组和商务组。

3.熟悉文件资料

(1)评标委员会主任应组织评标委员会成员认真研究招标文件,了解和熟悉招标目的、招标范围、主要合同条件、技术标准和要求、质量标准和工期要求等,掌握评标标准和方法,熟悉《标准施工招标文件》第三章及附件中包括的评标表格的使用,如果《标准施工招标文件》第三章及附件所附的表格不能满足评标所需时,评标委员会应补充编制评标所需的表格,尤其是用于详细分析计算的表格。未在招标文件中规定的标准和方法不得作为评标的依据。

(2)招标人或招标代理机构应向评标委员会提供评标所需的信息和数据,包括招标文件、未在开标会上当场拒绝的各投标文件、开标会记录、资格预审文件及各投标人在资格预审阶段递交的资格预审申请文件(适用于已进行资格预审的)、招标控制价或标底(如果有)、工程所在地工程造价管理部门颁布的工程造价信息、定额(如作为计价依据时)、有关的法律、法规、规章、国家标准以及招标人或评标委员会认为必要的其他信息和数据。

4.对投标文件进行基础性数据分析和整理工作(清标)

(1)在不改变投标人投标文件实质性内容的前提下,评标委员会应当对投标文件进行基础性数据分析和整理(简称为"清标"),从而发现并提取其中可能存在的对招标范围理解的偏差、投标报价的算术性错误、错漏项、投标报价构成不合理、不平衡报价等存在明显异常的问题,并就这些问题整理形成清标成果。评标委员会对清标成果审议后,决定需要投标人进行书面澄清、说明或补正的问题,形成质疑问卷,向投标人发出问题澄清通知(包括质疑问卷)。

(2)在不影响评标委员会成员的法定权利的前提下,评标委员会可委托由招标人专门成立的清标工作小组完成清标工作。在这种情况下,清标工作可以在评标工作开始之前完成,也可以与评标工作平行进行。清标工作小组成员应为具备相应执业资格的专业人员,且应当符合有关法律法规对评标专家的回避规定和要求,不得与任何投标人有利益、上下级等关系,不得代行依法应当由评标委员会及其成员行使的权利。清标成果应当经过评标委员会的审核确认,经过评标委员会审核确认的清标成果视同是评标委员会的工作成果,并由评标委员会以书面方式追加对清标工作小组的授权,书面授权委托书必须由评标委员会全体成员签名。

(3)投标人接到评标委员会发出的问题澄清通知后,应按评标委员会的要求提供书面澄清资料并按要求进行密封,在规定的时间递交到指定地点。投标人递交的书面澄清资料由评标委员会开启。

(二)初步评审

1.形式评审

评标委员会根据评标办法前附表中规定的评审因素和评审标准,对投标人的投标文件进行形式评审,并使用表3-6记录评审结果。

表 3-6　形式评审记录表

工程名称:　　　　(项目名称)　　　标段

序号	评审因素	投标人名称及评审意见				
1	投标人名称					
2	投标函签字盖章					
3	投标文件格式					
4	联合体投标人					
5	报价唯一					
6	……					

评标委员会全体成员签名:　　　　　　　　　　　日期:　年　月　日

2.资格评审

(1)评标委员会根据评标办法前附表中规定的评审因素和评审标准,对投标人的投标文件进行资格评审,并使用表3-7记录评审结果(适用于未进行资格预审的)。

表 3-7　资格评审记录表

工程名称:　　　　(项目名称)　　　标段

序号	评审因素	投标人名称及评审意见				
1	营业执照					
2	安全生产许可证					
3	资质等级					
4	财务状况					
5	类似项目业绩					
6	信誉					
7	项目经理					
8	其他要求					
9	联合体投标人(如果有)					
10	……					

评标委员会全体成员签名:　　　　　　　　　　　日期:　年　月　日

（2）当投标人资格预审申请文件的内容发生重大变化时，评标委员会依据资格预审文件中规定的标准和方法，对照投标人在资格预审阶段递交的资格预审文件中的资料以及在投标文件中更新的资料，对其更新的资料进行评审（适用于已进行资格预审的）。其中：

①资格预审采用"合格制"的，投标文件中更新的资料应当符合资格预审文件中规定的审查标准，否则其投标作废标处理；

②资格预审采用"有限数量制"的，投标文件中更新的资料应当符合资格预审文件中规定的审查标准，其中以评分方式进行审查的，其更新的资料按照资格预审文件中规定的评分标准评分后，其得分应当保证即便在资格预审阶段仍然能够获得投标资格，且没有对未通过资格预审的其他资格预审申请人构成不公平，否则其投标作废标处理。

3. 响应性评审

（1）评标委员会根据评标办法前附表中规定的评审因素和评审标准，对投标人的投标文件进行响应性评审，并使用附表 3-8 记录评审结果。

表 3-8　响应性评审记录表

工程名称：　　　　　　　（项目名称）　　　　　标段

序号	评审因素	投标人名称及评审意见					
1	投标内容						
2	工期						
3	工程质量						
4	投标有效期						
5	投标保证金						
6	权利义务						
7	已标价工程量清单						
8	技术标准和要求						
9	投标价格						
10	……						

评标委员会全体成员签名：　　　　　　　　　　　　　　　日期：　年　月　日

（2）投标人投标价格不得超出（不含等于）按照本章前附表的规定计算的"拦标价"，凡投标人的投标价格超出"拦标价"的，该投标人的投标文件不能通过响应性评审。（适用于设立拦标价的情形）。

（3）投标人投标价格不得超出（不含等于）按照招标文件"投标人须知"前附表第 10.2 款载明的招标控制价，凡投标人的投标价格超出招标控制价的，该投标人的投标文件不能通过响应性评审。（适用于设立招标控制价的情形）。

4. 施工组织设计和项目管理机构评审

评标委员会根据评标办法前附表中规定的评审因素和评审标准，对投标人的施工组织设计和项目管理机构进行评审，并使用表 3-9 记录评审结果。

表 3-9 施工组织设计和项目管理机构评审记录表

工程名称： (项目名称) 标段

序号	评 分 项 目	标准分	投标人名称代码		
1	内容完整性和编制水平				
2	施工方案与技术措施				
3	质量管理体系与措施				
4	安全管理体系与措施				
5	环境保护管理体系与措施				
6	工程进度计划与措施				
7	资源配备计划				
8	……				
施工组织设计得分合计 A(满分)					

评标委员会成员签名： 日期： 年 月 日

5. 判断投标是否为废标

评标委员会按招标文件评标办法中规定的初步评审标准对投标文件进行初步评审,有一项不符合评审标准的,作废标处理。

投标人或其投标文件有下列情形之一的,其投标作废标处理:

(1)有招标文件"投标人须知"规定有关废标条件的任何一种情形的;

(2)有串通投标或弄虚作假或有其他违法行为的;

(3)不按评标委员会要求澄清、说明或补正的;

(4)不同投标人的投标文件分部、分项报价错漏一致,且没有合理解释的;

(5)不同投标人的投标文件载明的项目管理班子成员出现同一人的;

(6)不同投标人的投标文件相互混装的;

(7)不同投标人使用同一人或者同一企业资金交纳投标保证金或者投标函的反担保的;

(8)不同投标人聘请同一人为其提供技术或者经济咨询服务的,但招标工程本身要求采用专有技术的除外;

(9)其他不应有的雷同;

(10)其他情况能够证明有陪标行为的;

(11)当投标人资格预审申请文件的内容发生重大变化时,其在投标文件中更新的资料,未能通过资格评审的(适用于已进行资格预审的);

(12)投标报价文件(投标函除外)未经有资格的工程造价专业人员签字并加盖执业专用章的;

(13)在施工组织设计和项目管理机构评审中,评标委员会认定投标人的投标未能通过此项评审的;

(14)评标委员会认定投标人以低于成本报价竞标的;

(15)投标人未按"投标人须知"规定出席开标会的。

6. 算术错误修正

投标报价有算术错误的,评标委员会按以下原则对投标报价进行修正,并根据算术错误修正结果计算评标价。修正的价格经投标人书面确认后具有约束力。投标人不接受修正价格的,其投标作废标处理。

(1)投标文件中的大写金额与小写金额不一致的,以大写金额为准;

(2)总价金额与依据单价计算出的结果不一致的,以单价金额为准修正总价,但单价金额小数点有明显错误的除外。

(三)详细评审

只有通过了初步评审、被判定为合格的投标方可进入详细评审。

1. 经评审的最低投标价格法详细评审

(1)施工组织设计和项目管理机构评审(技术标)。

评标委员会根据评标办法前附表中规定的评审因素和评审标准,对投标人的施工组织设计和项目管理机构进行评审,并用表 3-10 记录评审结果。

表 3-10　施工组织设计和项目管理机构评审记录表

工程名称:　　　　　　　　　(项目名称)　　　　　　标段

序号	评审因素	投标人名称及评审意见				
1	施工方案与技术措施					
2	质量管理体系与措施					
3	安全管理体系与措施					
4	环境保护管理体系与措施					
5	工程进度计划与措施					
6	资源配备计划					
7	技术负责人					
8	其他主要人员					
9	施工设备					
10	试验、检测仪器设备					
11	……					
	评审结果汇总					
	是否通过评审					

评标委员会成员签名:　　　　　　　　　　　　　日期:　　　年　　月　　日

(2)价格折算(经济标)。

评标委员会根据招标文件评标办法规定的程序、标准和方法,以及算术错误修正结果,对投标报价进行价格折算,计算出评标价,并使用表 3-11 记录评标价折算结果。

表 3-11　投标报价评分记录表

工程名称：　　　　　　(项目名称)　　　　标段　　　　　　　　　　　　单位：人民币

项　　目	投标人名称			
投标报价				
偏差率				
投标报价得分 C(满分　)				
基准价				
标底(如果有)				

评标委员会成员签名：　　　　　　　　　　　　日期：　　年　月　日

（3）判断投标报价是否低于成本。

评标委员会根据招标文件中规定的程序、标准和方法，判断投标报价是否低于其成本。由评标委员会认定投标人以低于成本竞标的，其投标作废标处理。

（4）从业人员资格与业绩评审(综合标)。

评标委员会对投标人主要从业人员资格与业绩以及相关资料进行评审并打分。对投标提供的各类资料应与数据库的信息进行核对。

2. 综合评估法详细评审

（1）施工组织设计评审和评分。

按照评标办法前附表中规定的分值设定、各项评分因素、评分标准，对施工组织设计进行评审和评分。

（2）项目管理机构评审和评分。

按照评标办法前附表中规定的分值设定、各项评分因素、评分标准，对项目管理机构进行评审和评分。

（3）投标报价评审和评分。

按照评标办法对明显低于其他投标人的投标报价，或者在设有标底时，明显低于标底的投标报价，判断是否低于其个别成本。

（4）其他因素评审和评分。

根据评标办法前附表中规定的分值设定、各项评分因素和相应的评分标准，对其他因素(如果有)进行评审和评分。

（5）汇总评分结果。

(四)澄清、说明或补正

在初步评审和详细评审过程中，评标委员会应当就投标文件中不明确的内容要求投标人进行澄清、说明或者补正。投标人应当根据问题澄清通知要求，以书面形式予以澄清、说明或者补正。

(五)推荐中标候选人或者直接确定中标人

1. 汇总评标结果

投标报价评审工作全部结束后，评标委员会应按照表 3-12 的格式填写评标结果汇总表。

表 3-12 评标结果汇总表

工程名称：　　　　　　　(项目名称)　　　　标段

序号	投标人名称	初步评审		详细评审				备注
		合格	不合格	投标报价	是否低于成本	评标价	排序(评标价由低至高)	
1								
2								
3								
4								
5								
最终推荐的中标候选人及其排序	第一名：							
	第二名：							
	第三名：							

评标委员会全体成员签名：　　　　　　　　　　日期：　　　年　　月　　日

2. 推荐中标候选人

评标完成后,评标委员会应当向招标人提交书面评标报告和中标候选人名单。中标候选人应当不超过 3 个,并标明排序。

3. 直接确定中标人

招标文件"投标人须知"前附表授权评标委员会直接确定中标人的,评标委员会对有效的投标按照评标价由低至高的次序排列,并确定排名第一的投标人为中标人。

4. 编制及提交评标报告

评标报告应当由评标委员会全体成员签字。对评标结果有不同意见的评标委员会成员应当以书面形式说明其不同意见和理由,评标报告应当注明该不同意见。评标委员会成员拒绝在评标报告上签字又不书面说明其不同意见和理由的,视为同意评标结果。

评标报告应当包括以下内容：

(1)基本情况和数据表；

(2)评标委员会成员名单；

(3)开标记录；

(4)符合要求的投标一览表；

(5)废标情况说明；

(6)评标标准、评标方法或者评标因素一览表；

(7)经评审的价格一览表(包括评标委员会在评标过程中所形成的所有记载评标结果、结论的表格、说明、记录等文件)；

(8)经评审的投标人排序；

(9)推荐的中标候选人名单(如果招标文件"投标人须知"前附表授权评标委员会直接确定中标人,则为"确定的中标人")与签订合同前要处理的事宜；

(10)澄清、说明或补正事项纪要。

(六)特殊情况的处置程序

1.关于评标活动暂停

评标委员会应当执行连续评标的原则,按评标办法中规定的程序、内容、方法、标准完成全部评标工作。只有发生不可抗力导致评标工作无法继续时,评标活动方可暂停。

发生评标暂停情况时,评标委员会应当封存全部投标文件和评标记录,待不可抗力的影响结束且具备继续评标的条件时,由原评标委员会继续评标。

2.关于评标中途更换评标委员会成员

除非发生下列情况之一,评标委员会成员不得在评标中途更换:

(1)因不可抗拒的客观原因,不能到场或需在评标中途退出评标活动;

(2)根据法律法规规定,某个或某几个评标委员会成员需要回避。

退出评标的评标委员会成员,其已完成的评标行为无效。由招标人根据本招标文件规定的评标委员会成员产生方式另行确定替代者进行评标。

3.记名投票

在任何评标环节中,需评标委员会就某项定性的评审结论做出表决的,由评标委员会全体成员按照少数服从多数的原则,以记名投票方式表决。

工作任务 3　工程定标及签订合同

一、工程定标

1.确定中标人

定标亦称决标,是指招标人最终确定中标单位的行为。除特殊情况外,评标和定标应当在投标有效期结束日 30 个工作日前完成。招标文件应当载明投标有效期。投标有效期从提交投标文件截止日起计算。

招标人根据评标委员会提出的书面评标报告和推荐的中标候选人确定中标人,也可以授权评标委员会直接确定中标人。在确定中标人之前,招标人不得与投标人就投标价格、投标方案等实质性内容进行谈判。

国有资金占控股或者主导地位的依法必须进行招标的项目,招标人应当确定排名第一的中标候选人为中标人。排名第一的中标候选人放弃中标、因不可抗力不能履行合同、或者招标文件规定应当提交履约保证金而在规定的期限内未能提交,或者被查实存在影响中标结果的违法行为等情形,不符合中标条件的,招标人可以按照评标委员会提出的中标候选人名单排序依次确定其他中标候选人为中标人。依次确定其他中标候选人与招标人预期差距较大,或者对招标人明显不利的,招标人可以重新招标。

招标人可以授权评标委员会直接确定招标人,国务院对招标人的确定另有规定的,从其规定。

2. 中标结果公示

依法必须进行招标的项目,招标人应当自收到评标报告之日起 3 日内公示中标候选人,公示期不得少于 3 日。中标结果公示应包括以下内容:

(1)招标人名称;

(2)工程名称;

(3)结构类型;

(4)工程规模;

(5)招标方式;

(6)中标价;

(7)开标时间;

(8)中标人名称;

(9)公示开始时间;

(10)公示结束时间。

投标人或者其他利害关系人对依法必须进行招标的项目的评标结果有异议的,应当在中标候选人公示期间提出。招标人应当自收到异议之日起 3 日内作出答复;作出答复前,应当暂停招标投标活动。

3. 中标结果备案

招标人自确定中标人之日起 15 日内,向有关行政监督部门提交招标投标情况的书面报告。

4. 违约责任

招标人不按照规定确定中标人的,由有关行政监督部门责令改正,可以处中标项目金额 10‰以下的罚款;给他人造成损失的,依法承担赔偿责任;对单位直接负责的主管人员和其他直接责任人员依法给予处分。

二、发出中标通知书

中标人确定后,招标人应当向中标人发出中标通知书,同时通知未中标人,中标通知书对招标人和中标人具有法律约束力。

招标人无正当理由不发出中标通知书或中标通知书发出后无正当理由改变中标结果的,由有关行政监督部门责令改正,可以处中标项目金额 10‰以下的罚款;给他人造成损失的,依法承担赔偿责任;对单位直接负责的主管人员和其他直接责任人员依法给予处分。

三、签订合同

1. 合同签订

招标人和中标人应当在投标有效期内并在自中标通知书发出之日起 30 日内,按照招标文件和招标人的投标文件订立书面合同。合同的标的、价款、质量、履行期限等主要条款应当与招标文件和中标人的投标文件的内容一致。招标人和中标人不得再行订立背离合同实质性内容的其他协议。

2.投标保证金和履约保证

（1）投标保证金的退还。

招标人最迟应在与中标人签订合同后 5 日内，向中标人和未中标的投标人退还投标保证金及银行同期存款利息。

（2）提交履约保证。

招标文件要求中标人提交履约保证金的，中标人应当按照招标文件提交。履约保证金不得超过中标合同金额的 10％。若中标人不能按时提供履约保证，可以视为投标人违约，没收其投标保证金，招标人再与下一位候选中标人商签合同。招标人要求中标人提供履约保证金或其他形式履约担保的，招标人应当同时向中标人提供工程款支付担保。

四、中标通知书实例

中标通知书

_____（中标人名称）：

你方于_____（投标日期）所递交的_____（项目名称）_____ 标段施工投标文件已被我方接受，被确定为中标人。

中标价：_____元。

工期：_____日历天。

工程质量:符合_____标准。

项目经理：_____（姓名）。

请你方在接到本通知书后的_____日内到_____（指定地点）与我方签订施工承包合同，在此之前按招标文件第二章"投标人须知"第 7.3 款规定向我方提交履约担保。

特此通知。

招标人：　　　　　　　　（盖单位章）

法定代表人：　　　　　（签字）

年　　　月　　　日

五、未中标结果通知书实例

未中标结果通知书

_____(未中标人名称):

我方已接受_____(中标人名称)于_____(投标日期)所递交的_____(项目名称)_____标段施工投标文件,确定_____(中标人名称)为中标人。

感谢你单位对我方工作的大力支持!

招标人: (盖单位章)

法定代表人: (签字)

年 月 日

工作任务 4 工程招投标活动投诉的处理

投标人和其他利害关系人认为招投标活动不符合法律、法规和规章规定的,有权依法向发展改革、建设、水利、交通、铁道、民航、信息产业(通信、电子)等招投标活动行政监督部门投诉。对国家重大建设项目(含工业项目)招投标活动的投诉,由国家发展改革委受理并依法作出处理决定。对国家重大建设项目招标投标活动的投诉,有关行业行政监督部门已经受理的,应当通报国家发展改革委,国家发展改革委不再受理。

一、工程招标投标活动的违规行为

(一)中标无效

有下列情形之一的,中标无效,给他人造成损失的,依法承担赔偿责任。其中依法必须进行施工招标的项目,应当依照招标投标法规定的中标条件,从其余投标人中重新确定中标人或者依照招标投标法的规定重新招标:

(1)招标代理机构违反招标投标法规定,泄露应当保密的与招标投标活动有关的情况和资料的,或者与招标人、投标人串通损害国家利益、社会公共利益或者他人合法权益的,以上行为影响中标结果,并且中标人为以上行为的受益人的;

(2)依法必须进行招标的项目的招标人向他人透露已获取招标文件的潜在投标人的名称、数量或者可能影响公平竞争的有关招标投标的其他情况的,或者泄露标的,其行为影响

中标结果,并且中标人为以上行为的受益人的;

(3)投标人相互串通投标或者与招标人串通投标的,投标人以向招标人或者评标委员会成员行贿手段谋取中标的;

(4)投标人以他人名义投标或者以其他方式弄虚作假,骗取中标的;

(5)依法必须进行招标的项目,招标人违反招标投标法规定,与投标人就投标价格、投标方案等实质性内容进行谈判的,以上行为影响中标结果的;

(6)招标人在评标委员会依法推荐的中标候选人以外确定中标人的,依法必须进行招标的项目在所有投标被评标委员会否决后自行确定中标人的。

(二)串通投标

1. 投标人的串通投标

《招标投标法实施条例》第三十九条规定,有下列情形之一的,属于投标人相互串通投标:

(1)投标人之间协商投标报价等投标文件的实质性内容;

(2)投标人之间约定中标人;

(3)投标人之间约定部分投标人放弃投标或者中标;

(4)属于同一集团、协会、商会等组织成员的投标人按照该组织要求协同投标;

(5)投标人之间为谋取中标或者排斥特定投标人而采取的其他联合行动。

以上是从主体行为意识和目的界定串标。

2. 投标人串通投标的情形

《招标投标法实施条例》第四十条规定,有下列情形之一的,视为投标人相互串通投标:

(1)不同投标人的投标文件由同一单位或者个人编制;

(2)不同投标人委托同一单位或者个人办理投标事宜;

(3)不同投标人的投标文件载明的项目管理成员为同一人;

(4)不同投标人的投标文件异常一致或者投标报价呈规律性差异;

(5)不同投标人的投标文件相互混装;

(6)不同投标人的投标保证金从同一单位或者个人的账户转出。

出现上述客观事实结果,无条件视为串标。

3. 招标人与投标人串通投标

《招标投标法实施条例》第四十一条规定,有下列情形之一的,属于招标人与投标人串通投标:

(1)招标人在开标前开启投标文件并将有关信息泄露给其他投标人;

(2)招标人直接或者间接向投标人泄露标底、评标委员会成员等信息;

(3)招标人明示或者暗示投标人压低或者抬高投标报价;

(4)招标人授意投标人撤换、修改投标文件;

(5)招标人明示或者暗示投标人为特定投标人中标提供方便;

(6)招标人与投标人为谋求特定投标人中标而采取的其他串通行为。

以上六条是从主体行为意识目的以及事实结果两方面界定双方串标。

(三)弄虚作假

使用通过受让或者租借等方式获取的资格、资质证书投标的,属于《招标投标法》第三十三条规定的以他人名义投标。

投标人有下列情形之一的,属于《招标投标法》第三十三条规定的以其他方式弄虚作假的行为:

(1)使用伪造、变造的许可证件;

(2)提供虚假的财务状况或者业绩;

(3)提供虚假的项目负责人或者主要技术人员简历、劳动关系证明;

(4)提供虚假的信用状况;

(5)其他弄虚作假的行为。

投标人以他人名义投标或者以其他方式弄虚作假,骗取中标的,中标无效,给招标人造成损失的,依法承担赔偿责任;构成犯罪的,依法追究刑事责任;尚不构成犯罪的,依照《招标投标法》第五十四条的规定处罚。依法必须进行招标的项目的投标人有前款所列行为尚未构成犯罪的,处中标项目金额5‰以上10‰以下的罚款,对单位直接负责的主管人员和其他直接责任人员处单位罚款数额百分之五以上百分之十以下的罚款;有违法所得的,并处没收违法所得;情节严重的,取消其1年至3年内参加依法必须进行招标的项目的投标资格并予以公告,直至由工商行政管理机关吊销营业执照。

投标人有下列行为之一的,属于《招标投标法》第五十四条规定的情节严重行为,由有关行政监督部门取消其1年至3年内参加依法必须进行招标的项目的投标资格:

(1)伪造、变造资格、资质证书或者其他许可证件骗取中标;

(2)3年内2次以上使用他人名义投标;

(3)弄虚作假骗取中标给招标人造成直接经济损失30万元以上;

(4)其他弄虚作假骗取中标情节严重的行为。

投标人自本条第(2)款规定的处罚执行期限届满之日起3年内又有该款所列违法行为之一的,或者弄虚作假骗取中标情节特别严重的,由工商行政管理机关吊销营业执照。

《招标投标法》五十四条规定,投标人弄虚作假给招标人造成损失的,依法承担民事赔偿责任。为此,招标文件可以事先约定发生上述行为者,不退还投标保证金。

(四)有关评标的违法、违规行为及其处理规则

1.违法组建评标委员会

依法必须进行招标的项目的招标人不按照规定组建评标委员会,或者确定、更换评标委员会成员违反《招标投标法》和本条例规定的,由有关行政监督部门责令改正,可以处10万元以下的罚款,对单位直接负责的主管人员和其他直接责任人员依法给予处分;违法确定或者更换的评标委员会成员作出的评审结论无效,依法重新进行评审。

国家工作人员以任何方式非法干涉选取评标委员会成员的,依照本条例第八十一条的规定追究法律责任。

2.评标成员违规行为

评标委员会成员有下列行为之一的,由有关行政监督部门责令改正;情节严重的,禁止

其在一定期限内参加依法必须进行招标的项目的评标;情节特别严重的,取消其担任评标委员会成员的资格:

(1)应当回避而不回避;

(2)擅离职守;

(3)不按照招标文件规定的评标标准和方法评标;

(4)私下接触投标人;

(5)向招标人征询确定中标人的意向或者接受任何单位或者个人明示或者暗示提出的倾向或者排斥特定投标人的要求;

(6)对依法应当否决的投标不提出否决意见;

(7)暗示或者诱导投标人作出澄清、说明或者接受投标人主动提出的澄清、说明;

(8)其他不客观、不公正履行职务的行为。

3. 评标成员收受贿赂

评标委员会成员收受投标人的财物或者其他好处的,没收收受的财物,处 3000 元以上 5 万元以下的罚款,取消担任评标委员会成员的资格,不得再参加依法必须进行招标的项目的评标;构成犯罪的,依法追究刑事责任。

(五)有关中标的违法违规行为及其处理规则

1. 中标人违规行为及处理

中标人不履行与招标人订立的合同的,履约保证金不予退还,给招标人造成的损失超过履约保证金数额的,还应当对超过部分予以赔偿;没有提交履约保证金的,应当对招标人的损失承担赔偿责任。中标人不按照与招标人订立的合同履行义务,情节严重的,取消其 2 年至 5 年内参加依法必须进行招标的项目的投标资格并予以公告,直至由工商行政管理机关吊销营业执照。因不可抗力不能履行合同的,不适用前两款规定。

2. 招标人违规行为及处理

招标人和中标人不按照招标文件和中标人的投标文件订立合同,合同的主要条款与招标文件、中标人的投标文件的内容不一致,或者招标人、中标人订立背离合同实质性内容的协议的,由有关行政监督部门责令改正,可以处中标项目金额 5‰以上 10‰以下的罚款。

3. 中标人违约行为及处理

中标人将中标项目转让给他人的,将中标项目肢解后分别转让给他人的,违反《招标投标法》和本条例规定将中标项目的部分主体、关键性工作分包给他人的,或者分包人再次分包的,转让、分包无效,处转让、分包项目金额 5‰以上 10‰以下的罚款;有违法所得的,并处没收违法所得;可以责令停业整顿;情节严重的,由工商行政管理机关吊销营业执照。

二、投诉主体

投标人和其他利害关系人认为招标投标活动不符合法律、法规和规章规定的,有权依法向有关行政监督部门投诉。其他利害关系人是指投标人以外的,与招标项目或者招标活动有直接和间接利益关系的法人、其他组织和个人。

投诉人应当在知道或者应当知道其权益受到侵害之日起 10 日内提出书面投诉。

投诉人可以直接投诉,也可以委托代理人办理投诉事务。代理人办理投诉事务时,应将授权委托书连同投诉书一并提交给行政监督部门。授权委托书应当明确有关委托代理权限和事项。

三、投诉书的编写内容

投诉书的编写内容如下:

(1)投诉人的名称、地址及有效联系方式;

(2)被投诉人的名称、地址及有效联系方式;

(3)投诉事项的基本事实;

(4)相关请求及主张;

(5)有效线索和相关证明材料。

投诉人是法人的,投诉书必须由其法定代表人或者授权代表签字并盖章;其他组织或者个人投诉的,投诉书必须由其主要负责人或者投诉人本人签字,并附有效身份证明复印件。

投诉书有关材料是外文的,投诉人应当同时提供其中文译本。

四、投诉受理

投诉人就同一事项向两个以上有权受理的行政监督部门投诉的,由最先收到投诉的行政监督部门负责处理。行政监督部门收到投诉书后,应当在 3 个工作日内进行审查,视情况分别做出以下处理决定:

(1)不符合投诉处理条件的,决定不予受理,并将不予受理的理由书面告知投诉人;

(2)对符合投诉处理条件,但不属于本部门受理的投诉,书面告知投诉人向其他行政监督部门提出投诉;

(3)对于符合投诉处理条件并决定受理的,收到投诉书之日即为正式受理。

有下列情形之一的投诉,不予受理:

(1)投诉人不是所投诉招标投标活动的参与者,或者与投诉项目无任何利害关系;

(2)投诉事项不具体,且未提供有效线索,难以查证的;

(3)投诉书未署具投诉人真实姓名、签字和有效联系方式的;以法人名义投诉的,投诉书未经法定代表人签字并加盖公章的;

(4)超过投诉时效的;

(5)已经作出处理决定,并且投诉人没有提出新的证据的;

(6)投诉事项已进入行政复议或者行政诉讼程序的。

行政监督部门负责投诉处理的工作人员,有下列情形之一的,应当主动回避:

(1)近亲属是被投诉人、投诉人,或者是被投诉人、投诉人的主要负责人;

(2)在近三年内本人曾经在被投诉人单位担任高级管理职务;

(3)与被投诉人、投诉人有其他利害关系,可能影响对投诉事项公正处理的。

行政监督部门受理投诉后,应当调取、查阅有关文件,调查、核实有关情况。对情况复杂、涉及面广的重大投诉事项,有权受理投诉的行政监督部门可以会同其他有关的行政监督部门进行联合调查,共同研究后由受理部门做出处理决定。

行政监督部门调查取证时,应当由两名以上行政执法人员进行,并做笔录,交被调查人签字确认。在投诉处理过程中,行政监督部门应当听取被投诉人的陈述和申辩,必要时可通知投诉人和被投诉人进行质证。

五、投诉书的撤回

投诉处理决定做出前,投诉人要求撤回投诉的,应当以书面形式提出并说明理由,由行政监督部门视以下情况,决定是否准予撤回:

(1)已经查实有明显违法行为的,应当不准撤回,并继续调查直至做出处理决定;

(2)撤回投诉不损害国家利益、社会公共利益或者其他当事人合法权益的,应当准予撤回,投诉处理过程终止。投诉人不得以同一事实和理由再提出投诉。

六、投诉处理

行政监督部门应当自收到投诉之日起 3 个工作日内决定是否受理投诉,并自受理投诉之日起 30 个工作日内作出书面处理决定;需要检验、检测、鉴定、专家评审的,所需时间不计算在内。

投诉人捏造事实、伪造材料或者以非法手段取得证明材料进行投诉的,行政监督部门应当予以驳回。

投诉处理决定应当包括下列主要内容:

(1)投诉人和被投诉人的名称、住址;

(2)投诉人的投诉事项及主张;

(3)被投诉人的答辩及请求;

(4)调查认定的基本事实;

(5)行政监督部门的处理意见及依据。

行政监督部门应当建立投诉处理档案,并做好保存和管理工作,接受有关方面的监督检查。

七、责任追究

行政监督部门在处理投诉过程中,发现被投诉人单位直接负责的主管人员和其他直接责任人员有违法、违规或者违纪行为的,应当建议其行政主管机关、纪检监察部门给予处分;情节严重构成犯罪的,移送司法机关处理。

对招标代理机构有违法行为,且情节严重的,依法暂停直至取消招标代理资格。

当事人对行政监督部门的投诉处理决定不服或者行政监督部门逾期未做处理的,可以依法申请行政复议或者向人民法院提起行政诉讼。

投诉人故意捏造事实、伪造证明材料的,属于虚假恶意投诉,由行政监督部门驳回投诉,并给予警告;情节严重的,可以并处一万元以下罚款。

行政监督部门工作人员在处理投诉过程中徇私舞弊、滥用职权或者玩忽职守,对投诉人打击报复的,依法给予行政处分;构成犯罪的,依法追究刑事责任。

行政监督部门在处理投诉过程中,不得向投诉人和被投诉人收取任何费用。

对于性质恶劣、情节严重的投诉事项,行政监督部门可以将投诉处理结果在有关媒体上公布,接受舆论和公众监督。

工作任务5　案例分析

案例 1　开标组织过程及特殊事件处理分析

一、案例简介

某依法必须进行招标的工程施工项目采用资格后审组织公开招标,在投标截止时间前,招标人共受理了6份投标文件,随后组织有关人员对投标人的资格进行审查,查对有关证明、证件的原件。有一个投标人没有派人参加开标会议,还有一个投标人少携带了一个证件的原件,没能通过招标人组织的资格审查。招标人对通过资格审查的投标人A、B、C、D组织了开标。投标人A没有递交投标保证金,招标人当场宣布A的投标文件为无效投标文件,不进入唱标程序。唱标过程中,投标人B的投标函上有两个投标报价,招标人要求其确认了其中一个报价进行唱标;投标人C在投标函上填写的报价,大写玖拾捌万元人民币与小写980000.00元不一致,招标人查对了其投标文件中工程报价汇总表,发现投标函上报价的小写数值与投标报价汇总表一致,在开标会上要求该投标人改正,按照其投标函上小写数值进行了唱标;投标人D的投标函没有盖投标人单位章,同时又没有法定代表人或其委托代理人签字,招标人唱标后,当场宣布D的投标为废标。这样仅剩B、C两个人的投标,招标人认为有效投标少于三家,不具有竞争性,否决了所有投标。

二、问题

1.开标过程中,组织有关公证人员或投标人代表检查投标文件密封情况的目的是什么?

2.招标人确定进入开标或唱标投标人的做法是否正确?为什么?如不正确,正确的做法应怎样做?

3.招标人在唱标过程中针对一些特殊情况的处理是否正确?为什么?

4.开标会议上,招标人是否有权否决所有投标?为什么?给出正确的做法。

三、参考答案

1.确定拟开标投标文件与受理的投标文件的一致性。

2.本案中,招标人确定进入开标或唱标投标人的做法不正确。《招标投标法》第三十六条规定,招标人在招标文件要求提交投标文件的截止时间前收到的所有投标文件,开标时都应当当众予以拆封、宣读。招标人采用投标截止时间后,先行组织有关人员对投标人进行资格审查,查对有关证明、证件的原件的做法不符合该条规定,因为资格后审属于对投标文件的评审和比较内容,由评标委员会在初步审查过程中完成。正确的做法是将所有受理的投标文件均纳入唱标。

3.招标人开标过程中对一些特殊情况处理不正确。B 的投标函上有两个投标报价,招标人应直接宣读投标人在投标函(正本)上填写的两个报价,不能要求该投标人确认其报价是这中间的哪一个报价,否则其行为相当于允许该投标人二次报价,违反了投标报价一次性的原则;针对 C 在投标函上填写的报价,大写与小写不一致,招标人在开标会议上无需去查对工程报价汇总表,也无须该投标人确认,仅需按照投标函(正本)上的大写数值唱标即可;针对投标人 D 的投标函没有盖投标人单位章,同时又没有法定代表人或其委托代理人签字,招标人仅需按照招标文件规定的唱标内容进行唱标即可,而招标人唱标后宣布 D 的投标为废标的行为属于招标人越权。

4.招标人在开标会议上没有权力否决所有投标。

正确的做法是,招标人应组织接受的 6 份投标文件开标,然后将这 6 份投标文件交由其依法组建的评标委员会进行评审和比较。

案例 2　开标、评标分析

一、案例简介

某大学新建教学楼,工程投资额总价 1.2 亿元人民币。该学校委托招标代理机构代理施工招标,招标范围为:全部建筑安装工程。招标文件规定采用资格后审和工程量清单计价。招标代理服务费用由中标人支付。

在投标截止时间前,招标人共受理了 10 份投标文件,随后组织有关人员对投标人的资格进行审查,查对有关证明、证件的原件。有一个投标人没有派人参加开标会议,还有一个投标人少携带了一个证件的原件,没能通过招标人组织的资格审查。招标人对通过资格审查的投标人 A、B、C、D、E、F、G、H 组织了开标。

唱标过程中,投标人 A 没有递交投标保证金,招标人当场宣布 A 的投标文件为无效投标文件,不进入唱标程序;投标人 D 的投标函没有盖投标人单位章,同时又没有法定代表人或其委托代理人签字招标人当场宣布 D 的投标为废标;投标人 B 的投标函上有两个投标报价,招标人要求其确认了其中一个报价进行唱标;投标人 C 在投标函上填写的报价,大写与小写不一致,招标人查对了其投标文件中工程报价汇总表,发现投标函上报价的小写数值与投标报价汇总表一致,于是按照其投标函上小写数值进行了唱标。

评标委员会采用了以下评标程序对投标文件进行了评审和比较:

(1)评标委员会成员签到;

(2)选举评标委员会的主任委员;

(3)学习招标文件,讨论并通过招标代理机构提出的评标细则,该评标细则对招标文件中评标标准和方法中的一些指标进行了具体量化;

(4)对投标文件的封装进行检查,确认封装合格后进行拆封;

(5)逐一查验投标人的营业执照、资质证书、安全生产许可证、建造师证书、项目经理部主要人员执业/职业证书、业绩工程合同及获奖证书的原件等,按评标细则,并据此对投标人资质、业绩、项目管理机构等评标因素进行打分;

(6)按评标细则,对投标报价进行评审打分;

(7)按评标细则,对施工组织设计进行打分;

(8)评分汇总;

(9)推荐中标候选人,完成并签署评标报告;

(10)评标结束。

由于种种原因,通过初步评审的投标人仅有两家且明显缺乏竞争,于是评标委员会否决了所有投标。为此,招标人拒绝支付给招标代理机构招标代理服务费用。招标代理机构认为根据双方签订的招标代理合同,里面明确约定招标人支付相关费用。而招标人却反驳道:招标文件中已规定招标代理服务费用由投标人支付,而且这个规定和国家发展改革委的文件一致,是有效的,招标人完全不用支付招标代理服务费用。

二、问题

1.招标人组织的资格审查工作是否妥当?说明理由。

2.评标委员会的组成是否妥当?说明理由。

3.指出上述评标程序的不妥之处,逐一说明理由。

4.招标人在唱标过程中针对一些特殊情况的处理是否妥当?说明理由。

5.开标会议上,招标人是否有权否决所有投标?说明理由,并给出正确做法。

6.本次招标中的招标代理服务费用应由谁承担?说明理由。

三、参考答案

1.招标人组织的资格审查工作不妥。

理由:该招标项目的资格审查采用资格后审方式,资格审查应当由评标委员会在评标时负责完成。

2.评标委员会的组成合法。

理由:总人数7人,为5人以上单数,招标人和招标代理机构各派了1个人参加评标,所占比例并没超过总人数的三分之一,且专家从政府组建的综合性评标专家库抽取,符合相关法律规定。

3.评标程序中的不妥之处及相应理由如下。

(1)讨论并通过招标代理机构提出的评标细则的做法不妥。

理由:评标委员会必须按照招标文件规定的评标标准和方法评标。

(2)评标委员会对投标文件外封装检查不妥。

理由:应当由招标人代表或招标人委托的公证机构检查外封装。

(3)评标委员会依据其讨论通过的评标细则进行打分的做法不妥。

理由:应以招标文件中的评标标准和方法作为评标依据。

4.招标人开标过程中对一些特殊情况处理不正确。针对B的投标函上有两个投标报价,招标人应直接宣读投标人在投标函(正本)上填写的两个报价,不能要求该投标人确认其报价是这中间的哪一个报价,否则其行为相当于允许该投标人二次报价;针对C在投标函上填写的报价,大写与小写不一致,招标人在开标会议上无需查对工程报价汇总表,仅需按照投标函(正本)上的大写数值唱标即可;针对投标人 D 的投标函没有盖投标人单位章,同时又没有法定代表人或其委托代理人签字,招标人仅需按照招标文件规定的唱标内容进行唱标即可,而招标人唱标后宣布 D 的投标为废标的行为属于招标人越权。

5.招标人在开标会议没有权力否决所有投标。

理由:应当由评标委员会评审并决定是否否决所有投标。

6.招标代理服务费用应由招标人支付。

理由:招标人、招标代理机构与投标人约定由中标人支付的,从其约定。但由于全部废标导致约定无法实现且不可归责于招标代理机构的,招标人应支付相关招标代理服务费。

案例 3 评标投诉处理分析

一、案例简介

某酒店区域及写字楼大堂施工装修工程,采用邀请招标方式,共分三个标段,于 2020 年 7 月 29 日在某市交易中心进行开标、评标。该项目采用综合评标法,评标委员会由技术组(7 人:业主 2 人、专家库专家 5 人)和经济组(5 人:业主 1 人、专家库专家 4 人)组成。甲投标单位在参加某酒店区域及写字楼大堂装修工程招标项目投标后,于 2020 年 8 月 14 日对该项目评标委员会(技术组)在评标过程的行为提起投诉。具体原因为:(一)有评委为了打压甲公司在第三标段的得分优势,将甲公司技术标得分降至 50 多分;(二)乙投标人在经济标得分落后的情况下,有评委帮其修改,使乙经济标分数增加;(三)本项目评委会成员对同一水准的技术标评分相差非常大,甚至有评委给某个投标单位技术标打 100 分。

二、处理结果

招标管理部门的处理结果如下:

1.在第三标段技术标评标中,某评委在给其他投标单位打分上虽偏低,但比甲投诉人得分低的单位还有三家,因此不存在专门给甲投诉人打低分的问题。

2.评标委员会根据招标文件对投标人的报价进行算术校核,并根据招标文件规定对投标总价进行修正,不存在投诉人反映的有评委在某单位经济分落后的情况下帮其修改得分的问题。

3.某评委对"乙投标单位"打 100 分,在招标文件规定的范围之内,没有违反评标规定。

综上,根据《工程建设项目招标投标活动投诉处理办法》(国家发展改革委等部委 11 号令)第二十条(一)的规定,驳回投诉。

三、分析

根据《招标投标法》第四十条规定:"评标委员会应当按照招标文件确定的评标标准和方法,对投标文件进行评审和比较",《评标委员会和评标方法暂行办法》的第十三条规定:"评标委员会成员应当客观、公正地履行职责,遵守职业道德,对所提出的评审意见承担个人责任。"评委评标时必须严格按照招标文件独立评审;招标文件没有规定的标准,一律不得作为评标依据。在评标委员会中,每一位成员的地位都是相同的,每个人都有表达自己意见的权利,不能因意见不一时就向别人乱扣"帽子"。每个评委都应该独立评审,不应该将自己的意见强加于其他评委或将自己的评审意见与其他评委作比较。评委打分,应按照招标文件的规定,评分应在招标文件的规定范围之内,不能随意打分和主观打分。相关规定充分说明评标委员会成员的评标依据是招标文件及答疑澄清,客观公正地进行评标是每个评委的职责。评委在评标过程应当遵循公平、公正、择优的原则。

复习思考题

1.建设工程开标的程序是什么?

2.对建设工程评标委员会有哪些基本要求?

3.初步评审的内容有哪些?

4.简述评标的程序。

5.关于中标、合同签订有哪些法律规定?

6.工程招投标活动常见的违规行为有哪些?

教学情境 4　建设工程施工合同管理

能力目标：能初步运用法律、法规，规范施工合同的签订和履行；能根据施工合同的变更程序处理一般工程变更；能按照施工合同索赔的程序处理一般现场施工索赔事件；能选择适当的方式解决合同签订和履行过程中的争议问题。

知识目标：建设工程施工合同的概念、类型；施工合同示范文本；标准施工招标文件有关合同条款；合同的谈判与签订；施工合同的变更管理；施工合同的索赔管理；合同争议的解决方法。

工作任务 1　建设工程合同概述

一、建设工程合同的概念

1.合同的概念

合同又称契约，合同的概念有广义和狭义之分。

广义的合同泛指发生一定权利义务关系的协议；狭义的合同专指双方或多方当事人关于设立、变更、终止民事法律关系的协议。

合同的法律关系由三部分组成，即主体、客体和内容。

主体是指签订及履行合同的双方或多方当事人，又称民事权利义务主体；客体是指主体享有的权利和承担义务所共同指向的对象，包括物、行为和智力成果；内容是指合同约定和法律规定的权利和义务，是合同的具体要求。

2.建设工程合同的概念

建设工程合同是指在工程建设过程中发包人与承包人依法订立的、明确双方权利义务关系的协议。

在建设工程合同中，承包人的主要义务是进行工程建设，权利是得到工程价款；发包人的主要义务是支付工程价款，权利是得到完整、符合约定的建筑产品。

在建设工程中，主要的建设工程合同关系如图 4-1 所示。

二、建设工程合同的类别

建设工程合同包括勘察合同、设计合同、施工合同、委托监理合同、物资采购合同等。

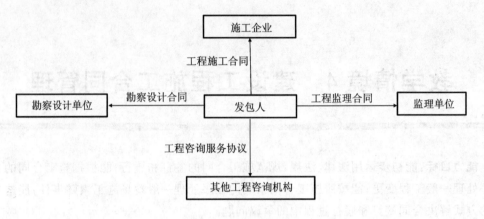

图 4-1　建设工程合同关系

(1)建设工程勘察合同。

建设工程勘察合同指根据建设工程的要求,查明、分析、评价建设场地的地质地理环境特征和岩土工程条件,编制建设工程勘察文件的协议。

(2)建设工程设计合同。

建设工程设计合同是指根据建设工程的要求,对建设工程所需要的技术、经济、资源、环境等条件进行综合分析、论证,编制建设工程设计文件的协议。

(3)建设工程施工合同。

建设工程施工合同是指发包人与承包人就完成具体工程项目的建筑施工、设备安装、设备调试、工程保修等工作内容,而签订的明确双方权利和义务的协议。

(4)建设工程委托监理合同。

建设工程委托监理合同是指委托人与监理人就委托的工程项目管理内容签订的明确双方权利、义务的协议。

(5)建设工程物资采购合同。

建设工程物资采购合同是指平等主体的自然人、法人、其他组织之间,为实现建设工程物资买卖,设立、变更、终止相互权利义务关系的协议。

三、建设工程合同的形式

《中华人民共和国民法典　合同编》明确指出,建设工程合同应当采用书面形式。建设工程合同可以采用的书面形式包括以下内容。

(1)合同的确认书。

合同的确认书即通过信件、电报、电传等方式签订的合同,事后双方以书面形式加以确认的合同形式。

(2)定式合同。

定式合同指合同条款由当事人一方预先拟订,对方只能表示全部同意或全部不同意的合同。

(3)签证形式。

签证形式即当事人约定或依照法律规定,以国家合同管理机关对合同内容的真实性和合法性进行审查并予以证明的方式作为合同的有效要件的形式。

四、加强建设工程合同管理的现实意义

1. 加强建设工程合同管理是市场经济的要求

随着市场经济机制的发育和完善,要求政府管理部门转变政府职能,更多地应用法律、法规和经济手段调节和管理市场,而不是用行政命令干预市场,承包人作为建筑市场的主体,进行建筑生产与管理活动,必须按照市场规律要求,健全和完善内部各项管理制度,合同管理制度是其管理制度的关键内容之一。施工合同是调节业主和承包人经济活动关系的法律依据。加强建设工程施工合同的管理,是市场经济规律的必然要求。

2. 加强建设工程合同管理是规范建设各方行为的需要

目前,从建筑市场经济活动及交易行为看,少数工程建设的参与各方缺乏市场经济所必需的法制观念和诚信意识,不正当竞争行为时有发生,承发包双方合同自律行为较差,加之市场机制难以发挥应有的功能,从而加剧了建筑市场经济秩序的不规范。因此,政府行政管理部门必须加强建设工程施工合同的管理,规范市场主体的交易行为,促进建筑市场的健康稳定发展。

3. 加强建设工程合同管理是建筑业迎接国际性竞争的需要

我国加入 WTO 后,建筑市场全面开放。国外承包人进入我国建筑市场,如果业主不以平等市场主体进行交易,仍然盲目压价、压工期和要求垫支工程款,就会被外国承包人援引"非歧视原则"而引起贸易纠纷。另外,由于我们不能及时适应国际市场规则,特别是对FIDIC 条款的认识和经验不足,我国的建筑企业丧失大量参与国际竞争的机会。同时,工程发包商认识不到遵守规则的重要性,造成巨大经济损失。因此,承发包双方应尽快树立国际化意识,遵循市场规则和国际惯例,加强建设工程施工合同的规范管理,建立行之有效的合同管理制度。

工作任务 2 施工合同的类型和示范文本

一、施工合同的概念和特点

(一)施工合同的概念

建设工程施工合同是发包人与承包人就完成具体工程项目的建筑施工、设备安装、设备调试、工程保修等工作内容,而签订的明确双方权利和义务的协议。其订立和管理的依据是《中华人民共和国民法典 合同编》《中华人民共和国建筑法》《建设工程施工合同(示范文本)》以及其他有关法律、法规。

施工合同是建设工程合同的一种,它与其他建设工程合同一样是双方有偿合同,在订立

时应遵守自愿、公平、诚实信用等原则。

建设工程施工合同是建设工程的主要合同之一,其标的是将设计图纸变为满足功能、质量、进度、投资等发包人投资预期目的的建筑产品。

(二)施工合同的特点

1.合同标的的特殊性

施工合同的标的是各类建筑产品,建筑产品是不动产,建造过程中往往受到自然条件、地质水文条件、社会条件、人为条件等因素的影响。这就决定了每个施工合同的标的物不同于工厂批量生产的产品,具有单件性的特点。

2.合同履行期限的长期性

在较长的合同期内,双方履行义务往往会受到不可抗力、履行过程中法律法规政策的变化、市场价格的浮动等因素的影响,必然导致合同的内容约定、履行管理都很复杂。

3.合同内容的复杂性

虽然施工合同的当事人只有两方,但履行过程中涉及的主体却有许多种,内容的约定还需与其他相关合同相协调,如设计合同、供货合同、本工程的其他施工合同等。

二、建设工程施工合同的类型

按照承包工程计价方式分类,将建设工程施工合同分为单价合同、总价合同和成本加酬金合同。

1.单价合同

当发包工程的内容和工程量一时尚不能明确、具体地予以规定时,则可以采用单价合同形式。单价合同的特点是单价优先,例如 FIDIC(国际咨询工程师联合会)土木工程施工合同中,业主给出的工程量清单表中的数字是参考数字,而实际工程款则按实际完成的工程量和承包人投标时所报的单价计算。虽然在投标报价、评标以及签订合同中,人们常常注重总价格,但在工程款结算中单价优先,对于投标书中明显的数字计算错误,业主有权先作修改再评标,当总价和单价的计算结果不一致时,以单价为准调整总价。

单价合同主要有以下几种类型:

(1)估计工程量单价合同。

业主在准备此类合同的招标文件时,委托咨询单位按分部分项工程列出工程量表并填入估算的工程量,承包人投标时在工程量表中填入各项的单价,据之计算出总价作为投标报价之用。但在每月结账时,以实际完成的工程量结算。在工程全部完成时以竣工图最终结算工程的总价格。

有的合同上规定,当某一单项工程的实际工程量比招标文件上的工程量相差一定百分比(一般为±15%到±30%)时,双方可以讨论改变单价,但单价调整的方法和比例最好在订合同时即写明,以免以后发生纠纷。为了减少由于单项工程工程量增减经常引起的争论,FIDIC 合同规定工程量增减 15% 时再调整。

（2）纯单价合同。

在设计单位还来不及提供施工详图，或虽有施工详图但由于某些原因不能比较准确地计算工程量时采用这种合同。

招标文件只向投标人给出各分项工程内的工作项目一览表、工程范围及必要的说明，而不提供工程量，承包人只要给出表中各项目的单价即可，将来施工时按实际工程量计算。

有时也可由业主一方在招标文件中列出单价，而投标一方提出修正意见，双方磋商后确定最后的承包单价。

（3）单价与包干混合式合同。

以单价合同为基础，但对某些不易计算工程量的分项工程采用包干办法，而对能用某种单位计算工程量的，均要求报单价，按实际完成工程量及合同上的单价结账。很多大型土木工程都采用这种方式。

单价合同对业主方的主要优点：可以减少招标准备工作，缩短招标准备时间，能鼓励承包人通过提高工效等手段从成本节约中提高利润，业主只按工程量表的项目开支，可减少意外开支，只需对少量遗漏的项目在执行合同过程中再报价，结算程序比较简单，业主方存在的风险在于工程的总造价一直到工程结束前都是个未知数，特别是当设计师对工程量的估算偏低，风险就会更大，因而设计师比较正确地估算工程量和减少项目实施中的变更可为业主避免大量的风险。

对承包人而言，这种合同避免了总价合同中的许多风险因素，比总价合同风险小。

2. 总价合同

所谓总价合同，是指根据合同规定的工程施工内容和有关条件，业主应付给承包人的款额是一个规定的金额，即明确的总价。这种合同一般要求投标人按照招标文件要求报一个总价，在这个价格下完成合同规定的全部项目。总价合同也称作总价包干合同，根据施工招标时的要求和条件，当施工内容和有关条件不发生变化时，业主付给承包人的价款总额就不发生变化。如果由于承包人的失误导致投标价计算错误，合同总价格也不予调整。

总价合同又分固定总价合同和变动总价合同两种。

（1）固定总价合同。

承包人的报价以业主方详细的设计图纸及计算为基础，并考虑到一些费用的上升因素，如图纸及工程要求不变动则总价固定，但当施工中图纸或工程质量要求有变更，或工期要求提前，则总价也应改变。固定总价合同适用于工期较短（一般不超过一年），对工程项目要求十分明确的项目。

在固定总价合同中，承包人将承担全部风险，将为许多不可预见的因素付出代价，因而报价一般较高。

（2）变动总价合同。

变动总价合同又称为可调总价合同，合同价格是以图纸及规定、规范为基础，按照时价进行计算，得到包括全部工程任务和内容的暂定合同价格。它是一种相对固定的价格，在合同执行过程中，由于通货膨胀等原因而使所使用的工、料成本增加时，可以按照合同约定对合同总价进行相应的调整。当然，一般由于设计变更、工程量变化或其他工程条件变化所引起的费用变化也可以进行调整。因此，通货膨胀等不可预见因素的风险由业主承担，对承包人而言,其风险相对较小,但对业主而言,不利于其进行投资控制,突破投资的风险就增大了。

在工程施工承包招标时,施工期限一年左右的项目一般实行固定总价合同,通常不考虑价格调整问题,以签订合同时的单价和总价为准,物价上涨的风险全部由承包人承担。但是对建设周期一年半以上的工程项目,则应考虑下列因素引起的价格变化问题:

①劳务工资以及材料费用的上涨;

②其他影响工程造价的因素,如运输费、燃料费、电力等价格的变化;

③外汇汇率的不稳定;

④国家或者省、市立法的改变引起的工程费用的上涨。

(3)总价合同特点和应用。

显然,采用总价合同时,对发包工程的内容及其各种条件都应基本清楚、明确,否则,承发包双方都有蒙受损失的风险。因此,一般是在施工图设计完成,施工任务和范围比较明确,业主的目标、要求和条件都清楚的情况下才采用总价合同。对业主来说,由于设计花费时间长,因而开工时间较晚,开工后的变更容易带来索赔,而且在设计过程中也难以吸收承包人的建议。

总价合同的特点是:

①发包单位可以在报价竞争状态下确定项目的总造价,可以较早确定或者预测工程成本;

②业主的风险较小,承包人将承担较多的风险;

③评标时易于迅速确定最低报价的投标人;

④在施工进度上能极大地调动承包人的积极性;

⑤发包单位能更容易、更有把握地对项目进行控制;

⑥必须完整而明确地规定承包人的工作;

⑦必须将设计和施工方面的变化控制在最小限度内。

3. 成本加酬金合同

成本加酬金合同也称为成本补偿合同,这是与固定总价合同正好相反的合同,工程施工的最终合同价格将按照工程的实际成本再加上一定的酬金进行计算。在合同签订时,工程实际成本往往不能确定,只能确定酬金的取值比例或者计算原则。

采用这种合同,承包人不承担任何价格变化或工程量变化的风险,这些风险主要由业主承担,对业主的投资控制很不利。而承包人则往往缺乏控制成本的积极性,常常不仅不愿意控制成本,甚至还会期望提高成本以提高自己的经济效益,因此这种合同容易被那些不道德或不称职的承包人滥用,从而损害工程的整体效益。所以,应该尽量避免采用这种合同。

成本加酬金合同通常用于如下情况:一是工程特别复杂,工程技术、结构方案不能预先确定,或者尽管可以确定工程技术和结构方案,但是不可能进行竞争性的招标活动并以总价合同或单价合同的形式确定承包人,如研究开发性质的工程项目;二是时间特别紧迫,如抢险、救灾工程,来不及进行详细的计划和商谈。

对业主而言,这种合同形式也有一定优点,如:

①可以通过分段施工缩短工期,而不必等待所有施工图完成才开始招标和施工;

②可以减少承包人的对立情绪,承包人对工程变更和不可预见条件的反应会比较积极和快捷;

③可以利用承包人的施工技术专家,帮助改进或弥补设计中的不足;

④业主可以根据自身力量和需要,较深入地介入和控制工程施工和管理;

⑤也可以通过确定最大保证价格约束工程成本不超过某一限值,从而转移一部分风险。

对承包人来说,这种合同比固定总价合同的风险低,利润比较有保证,因而比较有积极性。其缺点是合同的不确定性大,由于设计未完成,无法准确确定合同的工程内容、工程量以及合同的终止时间,有时难以对工程计划进行合理安排。

成本加酬金合同主要有以下几种形式。

(1)成本加固定费用合同。

根据双方讨论同意的工程规模、估计工期、技术要求、工作性质及复杂性、所涉及的风险等来考虑确定一笔固定数目的报酬金额作为管理费及利润,对人工、材料、机械台班等直接成本则实报实销。如果设计变更或增加新项目,当直接费超过原估算成本的一定比例(如10%)时,固定的报酬也要增加。在工程总成本一开始估计不准,可能变化不大的情况下,可采用此合同形式,有时可分几个阶段谈判付给的固定报酬。这种方式虽然不能鼓励承包人降低成本,但为了尽快得到酬金,承包人会尽力缩短工期。有时也可在固定费用之外根据工程质量、工期和节约成本等因素,给承包人另加奖金,以鼓励承包人积极工作。

(2)成本加固定比例费用合同。

工程成本中直接费加一定比例的报酬费,报酬部分的比例在签订合同时由双方确定。这种方式的报酬费用总额随成本加大而增加,不利于缩短工期和降低成本。一般在工程初期很难描述工作范围和性质或工期紧迫,无法按常规编制招标文件招标时采用。

(3)成本加奖金合同。

奖金是根据报价书中的成本估算指标制定的,在合同中对这个估算指标规定一个底点和顶点,分别为工程成本估算的 $60\%\sim75\%$ 和 $110\%\sim135\%$。承包人在估算指标的顶点以下完成工程则可得到奖金,超过顶点则要对超出部分支付罚款。如果成本在底点之下,则可加大酬金值或酬金百分比。采用这种方式通常规定,当实际成本超过顶点对承包人罚款时,最大罚款限额不超过原先商定的最高酬金值。

在招标时,当图纸、规范等准备不充分,不能据以确定合同价格,而仅能制定一个估算指标时可采用这种形式。

(4)最大成本加费用合同。

在工程成本总价基础上加固定酬金费用的方式,即当设计深度达到可以报总价的深度,投标人报一个工程成本总价和一个固定的酬金(包括各项管理费、风险费和利润)。如果实际成本超过合同中规定的工程成本总价,由承包人承担所有的额外费用,若实施过程中节约了成本,节约的部分归业主,或者由业主与承包人分享,在合同中要确定节约分成比例。在非代理型(风险型)CM 模式的合同中就采用这种方式。

在国际上,许多项目管理合同、咨询服务合同等也多采用成本加酬金合同方式。在施工承包合同中采用成本加酬金计价方式时,业主与承包人应该注意以下问题。

①必须有一个明确的如何向承包人支付酬金的条款,包括支付时间和金额百分比。如

果发生变更或其他变化,酬金支付如何调整。

②应该列出工程费用清单,要规定一套详细的工程现场有关的数据记录、信息存储甚至记账的格式和方法,以便对工地实际发生的人工、机械和材料消耗等数据认真而及时地记录。应该保留有关工程实际成本的发票或付款的账单、表明款额已经支付的记录或证明等,以便业主进行审核和结算。

4. 三种合同计价方式的选择

不同的合同计价方式具有不同的特点、应用范围,对设计深度的要求也是不同的,其比较如表 4-1 所示。

表 4-1　三种合同计价方式的比较

	总价合同	单价合同	成本加酬金合同
应用范围	广泛	工程量暂不确定的工程	紧急工程、保密工程等
业主的投资控制工作	容易	工作量较大	难度大
业主的风险	较小	较大	很大
承包人的风险	大	较小	无

工作任务 3　施工合同的谈判与订立

施工合同中所确定的发包人、承包人的权利、义务及其合同的标的、质量、工期和价款,是影响施工企业利益最主要的因素,而合同谈判是承包人维护自身合法权益和获得尽可能多利益的最好机会。合同签订前,合同当事人可以利用法律赋予的平等权利,进行对等谈判,在专用条款中对合同内容进行必要的修改和补充。但合同一经确定,只要其合法、有效,即具有法律约束力,就受到法律保护。因而合同谈判的效果如何,直接关系到承包人的切身利益,因此,做好合同谈判工作十分重要。

一、施工合同的谈判

施工合同谈判是工程施工合同签订双方对是否签订合同以及合同具体内容达成一致的协商过程。通过谈判,能够充分了解对方及项目的情况,为高层决策提供信息和依据。

(一)合同谈判的准备工作

鉴于合同谈判的重要性,发包人和承包人方面毫无疑问地都要认真做好合同谈判的各项准备工作。这里仅从承包人角度简要地讲述合同谈判的准备工作。

1. 组建谈判小组

主要包括谈判组的成员组成和谈判组长的人选确定。谈判小组应由具有多年施工合同管理经验、并参加了该项目投标文件编制的技术人员和商务人员组成。谈判小组的每一个人都应充分熟悉原招标文件的商务和技术条款,同时还要熟悉本企业投标文件的内容。谈判小组的成员应根据个人特长和谈判的需要做好分工,使其具有一定的专业优势。小组负责人即首席谈判代表是决定合同谈判成功与否的关键人物,应认真选定。该负责人应具有丰富的合同管理经验和谈判经验,并应具有较宽的知识面和较强沟通协调能力。

另外,聘请具有较丰富工程合同纠纷处理经验的律师参加谈判小组,是非常必要的,在合同谈判和敲定合同文字时,由律师把关,可以减少由于合同漏掉而引起的不必要的合同纠纷。国际工程谈判时还要配备熟悉当地情况、工程操作模式和较强外文写作能力的翻译。谈判组员以 3～5 人为宜,可根据谈判不同阶段的要求,进行阶段性的人员更换,以确保谈判小组的知识结构与能力素质的针对性,取得最佳的效果。

2.合同谈判的准备

(1)谈判资料准备。

谈判准备工作的首要任务就是要收集整理有关合同对方及项目的各种基础资料和背景材料。这些资料的内容包括对方的资信状况、履约能力、发展阶段、已有成绩等,包括工程项目的来源、土地获得情况、项目的进展情况、资金来源等。资料准备可以起到双重作用:其一是双方在某一具体问题上争执不休时,提供有利证据资料、背景资料,可起到事半功倍的作用;其二是防止谈判小组成员在谈判中出现口径不一的情况,以免造成被动。

(2)进行一定的分析。

①对本方的分析。签订工程施工合同之前,首先要确定工程施工合同的标的物,即拟建工程项目。发包方必须运用科学研究的成果,对拟建工程项目的投资进行综合分析和论证。对各种方案进行比较,筛选出最佳方案。依据获得批准的项目建议书和可行性研究报告,编制项目设计任务书并选择建设地点。委托设计单位进行设计,然后再进行招标。对于承包方,在获得发包方发出招标公告后,不是盲目地投标,而是应该作一系列调查研究工作。主要考察的问题有:工程建设项目是否确实由发包方立项? 项目的规模如何? 是否适合自身的资质条件? 发包方的资金实力如何? 这些问题可以通过审查有关文件,比如发包方的法人营业执照、项目可行性研究报告、立项批复、建设用地规划许可证等加以解决。承包方为承接项目,可以主动提出某些让利的优惠条件,但是,在项目是否真实,发包方主体是否合法,建设资金是否落实等原则性问题上不能让步,否则,即使在竞争中获胜,中标承包了项目,一旦发生问题,合同的合法性和有效性也得不到保证,此种情况下,受损害最大的往往是承包方。

②对对方谈判人员的分析:主要了解对手的谈判组由哪些人员组成,了解他们的身份、地位、性格、喜好、权限等,以注意与对方建立良好的关系,发展谈判双方的友谊,争取在到达谈判以前就有了亲切感和信任感,为谈判创造良好的氛围;对对方实力的分析:主要是指对对方诚信、技术、财力、物力等状况的分析。可以通过各种渠道和信息传递手段取得有关资料。

③对谈判目标进行可行性分析。分析工作中还包括分析自身设置的谈判目标是否正确合理、是否切合实际、是否能被对方接受,以及对方设置的谈判目标是否合理。如果自身设置的谈判目标有疏漏或错误,就盲目接受对方的不合理谈判目标,同样会造成项目实施过程中的后患。在实际中,承包方中标心切,往往接受发包方极不合理的要求,比如带资、垫资、工期短等,造成其在今后发生回收资金、获取工程款、工期反索赔方面的困难。

④对双方地位进行分析。对在此项目上与对方相比己方所处的地位的分析也是必要

的。这一地位包括整体的与局部的优劣势。如果己方在整体上存在优势,而在局部存有劣势,则可以通过以后的谈判等弥补局部的劣势。但如果己方在整体上已显劣势,则除非能有契机转化这一情势,否则就不宜再耗时耗资去进行无利的谈判。

(3)确定基本谈判方针。

谈判小组应收集信息,分析发包人方面可能提出的问题,并对其认真进行研究和分析;此外还应尽量收集潜在竞争对手的投标情况并进行分析;对关键问题制定出希望达到的上、中、下目标(因为既然是谈判就不可能事事都符合自己的理想目标,既要有据理力争的信心又要有妥协"退而求其次"的思想准备和"最后防线"的目标),最好写出谈判准备大纲,并得到公司的批准。

(4)认真准备提交的文件。

一般情况下,如果发包人方首先提出了谈判要点,承包人应就此准备一份书面材料(包括图表)进行答复。为了使发包人对承包人的能力增强信心,在该材料中还应进一步说明承包人有成熟的技术准备,有充分的能力,能按照项目需要及时动员人力和物力,以便让发包人相信承包人能够按时、按质量要求圆满实施合同。

(二)合同谈判的主要内容

1.工程内容和范围的确认

所说的工程范围指的就是承包人需要完成的工作。对此,承包人必须要予以确认。这个确认后的内容和范围不仅包括招标文件中谈到的范围,还将包括将来涉及的合同变更所涉及的范围。谈判中应使施工、设备采购、安装与调试、材料采购、运输与贮存等工作的范围具体明确,责任分明,以防报价漏项及引发施工过程中的矛盾。如有的合同条件规定:"除另有规定外的一切工程""承包人可以合理推知需要提供的为本工程服务所需的一切辅助工程"等,其中不确定的内容,可作无限制的解释的,应该在合同中加以明确,或争取写明"未列入本合同中的工程量表和价格清单的工程内容,不包括在合同总价内"。再如,在某些材料供应合同中,常规是写:"……材料送到现场"。但是有些工地现场范围极大,对方只要送进工地围墙以内,就理解为"送到现场"。这对施工单位很不利,要增加两次搬运费。严密的写法,应写成:"……材料送到操作现场"。

2.合同文件

对当事人来说合同文件就是法律文书,应该使用严谨、周密的法律语言,不能使用日常通俗语言或"工程语言",以防一旦发生争端合同中无准确依据,影响合同的履行。对拟定的合同文件中的缺欠,经双方一致同意后,可进行修改和补充,并应整理为正式的"补遗"或"附录",由双方签字作为合同的组成部分,注明哪些条件由"补遗"或"附录"中的相应条款替代,以免发生矛盾与误解,在实施过程中发生争端。合同文件尽管采用的是标准合同文本,在签字前都必须全面检查,对于关键词语和数字更应反复核对,不得有任何差错。

3.工程的开工和工期

工期与工程内容、工程质量及价格一样是工程成交的要素之一,在合同谈判中双方一定要在原投标报价条件基础上重新核实和确认,并在合同文件中明确。对于可以允许延长工期的条件,也应该确认并落实到合同之中。工期确定是否合理,直接影响着承包人的经济效益问题,影响业主所投资的工程项目能否早日投入使用,因此工期确定一定要讲究科学性、可操作性,同时要注意以下问题出现。

(1)不能把工期混同于合同期。

合同期是表明一个合同的有效期间,以合同生效之日到合同终止。而工期是对承包人完成其工作所规定的时间。在工程承包合同中,通常施工期虽已结束,但合同期并未终止。

(2)应明确规定保证开工的措施。

要保证工程按期竣工,首先要保证按时开工。将发包方影响开工的因素列入合同条件之中。如果由于发包方的原因导致承包方不能如期开工,则工期应顺延。

(3)由于发包人及其他非承包人原因造成工期延长,承包人有权提出延长工期要求。

在施工过程中,如发包人未按时交付合格的现场、图纸及批准承包人的施工方案,增加工程量或修改设计内容,或发包人不能按时验收已完成工程而迫使承包人中断施工等,承包人有权要求延长工期,要在合同中明确规定。

4.关于工程的变更和增减

主要涉及工程变更与增减的基本要求,由于工程变更导致的经济支出,承包人核实的确定方法,发包人应承担的责任,延误的工期处理等内容。

5.缺陷责任期

在合同专用条款中应当对工程的维修范围和维修责任及维修期的开始和结束时间有明确的说明。承包人应力争以维修保函来代替发包人扣留的质量保证金,维修保函对承包人有利,主要是因为可提前取回被扣留的现金,而且保函是有时效的,期满将自动作废。同时,它对发包人并无风险,真正发生维修费用,发包人可凭保函向银行索回款项。因此,这一做法是比较公平的。维修期满后应及时从发包人处撤回保函。

6.合同款支付方式的条款

工程合同的付款分四个阶段进行,即:预付款、工程进度款、最终付款和退还质量保证金。

预付款是在承包合同签字后,在预付款保函的抵押下由发包人无息地向承包人预先支付的项目初期准备费。当没有预付款支付条件时,承包人在合同谈判时有理由要求按动员费的形式支付。预付款的偿还因发包人要求和合同规定而异,一般是随工程进度付款而分期分批由发包人扣还,或是工程进度应付款达到合同总金额的一定比例后开始偿还,或是到一定期限后开始偿还。如何偿还需要协商并确定下来,写入合同之中。

工程进度付款是随着工程的实施按一定时间内(通常以月计)完成的工程量支付的款项。应该对付款的方式、时间等相关内容落实下来,同时约定违约条款。

最终付款是最后结算性的付款,它是在工程完工并且如有维修期,在维修期期满后经发包人代表验收并签发最终竣工证书后进行。关于最终付款的相关内容也要落实到合同之中。关于退还质量保证金问题,承包人争取降低扣留金额的数额,使之不超过合同总价的5%;并争取工程竣工验收合格后全部退回,或者用维修保函代替扣留的应付工程款。

7.关于工程验收

验收主要包括对中间和隐蔽工程的验收、竣工验收和对材料设备的验收。在审查验收条款时,应注意的问题是验收范围、验收时间和验收质量标准等问题是否在合同中明确表明。因为验收是承包工程实施过程中的一项重要工作,它直接影响工程的工期和质量问题,需要认真对待。

8.关于违约责任

为了确认违约责任,处罚得当,在审查违约责任条款时,应注意以下两点。

(1)要明确不履行合同的行为,如合同到期后未能完工,或施工过程中施工质量不符合要求,或劳务合同中的人员素质不符合要求,或发包人不能按期付款等。在对自己一方确定违约责任时,一定要同时规定对方的某些行为是自己一方履约的先决条件,否则不应构成违约责任。

(2)针对自己关键性的权利,即对方的主要义务,应向对方规定违约责任。如承包人必须按期、按质完工;发包人必须按合同约定付款等,都要详细规定各自的履约义务和违约责任。规定对方的违约责任就是保证自己享有的权利。

需要谈判的内容很多,而且双方均以维护自身利益为核心进行谈判,更增加了谈判的难度和复杂性。就某一具体谈判而言由于受项目的特点,不同的谈判的客观条件等因素决定,在谈判内容上通常是有所侧重,需谈判小组认真仔细地研究,进行具体谋划。

(三)合同谈判的规则与策略

1.合同谈判的规则

(1)谈判前应作好充分准备,如备齐文件和资料,拟好谈判的内容和方案。

(2)在合同中要预防对方把工程风险转嫁本方。如果发现,要有同样的相应的条款来抵御。

(3)谈判的主要负责人不宜急于表态,应先让副手主谈,正手在旁视听,从中找出问题的症结,以备进攻。

(4)谈判中要抓住实质性问题,不要在枝节问题上争论不休。实质性问题不轻易让步,枝节问题要表现宽宏大量的风度。

(5)谈判要有礼貌,态度要诚恳、友好、平易近人;发言要稳重,少说空话、大话。当意见不一致时不能急躁,更不能感情冲动,甚至使用侮辱性语言。一旦出现僵局时,可暂时休会。

(6)对等让步的原则。当对方已作出一定让步时,自己也应考虑作出相应的让步。

(7)谈判时必须记录,但不宜录音,否则使对方情绪紧张,影响谈判效果。

2.合同谈判的策略

谈判是通过会晤确定各方权利、义务的过程,它直接关系到谈判桌上各方最终利益的得失。因此,谈判绝不是一项简单的机械性工作,而是集合了策略与技巧的艺术。

(1)高起点战略。有经验的谈判者在谈判之初会有意识向对方提出苛求的谈判条件。这样对方会过高估计本方的谈判底线,从而在谈判中更多做出让步。

(2)掌握谈判的进程。在充满合作气氛的阶段,展开自己所关注的议题的商讨,从而抓住时机,达成有利于己方的协议。而在气氛紧张时,则引导谈判进入双方具有共识的议题,一方面缓和气氛,另一方面缩小双方差距,推进谈判进程。

(3)合理分配谈判时间。对于各议题的商讨时间应得当,不要过多拘泥于细节性问题。这样可以缩短谈判时间,降低交易成本。

（4）注意谈判氛围。遇有僵持的局面必须适时采取相应策略,拖延和休会;私下个别接触;设立专门小组,由双方的专家或组员去分组协商,提出建议。一方面可使僵持的局面缓解,另一方面可提高工作效率,使问题得以圆满解决。

（5）求同存异。谈判时应尽快摸清对方的意图,关注的重点,以便在谈判中做到对症下药,有的放矢。争论中保持心平气和的态度,临阵不乱、镇定自若、据理力争。要避免不礼貌的提问,以防引起对方反感甚至导致谈判破裂。应努力求同存异,创造和谐气氛逐步接近。

（6）避实就虚。利用对方的弱点,猛烈攻击,迫其就范,做出妥协。而对于己方的弱点,则要尽量注意回避。

（7）对等让步策略。主动在某问题上让步时,同时对对方提出相应的让步条件,一方面可争得谈判的主动,另一方面又可促使对方让步条件的达成。

（8）充分利用专家的作用。充分发挥各领域专家的作用,既可以在专业问题上获得技术支持,又可以利用专家的权威性给对方以心理压力。

二、施工合同的签订

在原报价文件的基础上,经过双方几个回合的讨论和妥协,双方合同谈判结束时已经就整个合同达成了基本一致的结论,这时就要共同确定最终合同文本和签署合同。最终双方签署的合同应是在原投标文件的基础上,补充合同澄清阶段承包人确认的内容和合同谈判阶段双方达成一致的内容,而后形成一个正式文本。除工程量表有时因为有变动需要重新核定编制形成一个新的工程量表外,其他在投标后双方同意变动的内容一般是以合同补遗的形式确定下来,与原合同文件一起共同构成一个完整的承包合同。投标文件所附的合同文本及其他技术商务文件一般在投标阶段都已经多次研究,比较熟悉,而合同补遗则是在合同谈判后根据谈判结果形成的,而且按一般法律惯例合同补遗优先于合同其他文件,因此双方对合同补遗的起草、定稿都相当重视。

（一）合同文件内容

合同文件包括合同协议书,中标通知书,投标函及其附录,专用合同条款及其附件,通用合同条款,技术标准和要求,图纸,已标价工程量清单或预算书,其他合同文件。

在合同订立及履行过程中形成的与合同有关的文件均构成合同文件组成部分。

上述各项合同文件包括合同当事人就该项合同文件所作出的补充和修改,属于同一类内容的文件,应以最新签署的为准。专用合同条款及其附件须经合同当事人签字或盖章。

（二）关于合同协议的补遗

如前所述,在合同谈判阶段双方谈判的结果一般以合同补遗的形式,有时也可以以合同谈判纪要形式,形成书面文件。这一文件将成为合同文件中极为重要的组成部分,因为它最终确认了合同签订人之间的意志,所以它在合同解释中优先于其他文件。

（三）签订合同

发包人或监理工程师在合同谈判结束后,应按上述内容和形式完成一个完整的合同文本草案,并经承包人授权代表认可后正式形成文件,承包人代表应认真审核合同草案的全部内容,尤其是对修改后的新工程量和价格表以及合同补遗,要反复核实是否正确,是否符合双方谈判时达成的一致意见及对谈判中修改或对原合同修正的部分是否已经明确地表示清楚,尤其对数字要核对无误。当双方认为满意并核对无误后,由双方代表草签,至此合同谈判阶段即告结束。此时,承包人应及时准备和递交履约保函,准备正式签署承包合同。

当具备合同正式签字条件时,签字前承包人代表或其助手要对准备签字的正式文本与草签的文本再重新复核。对建设工程承包合同事前采取"慎之又慎"的态度是必要的。合同正式签字之前请自己的合同律师全面地复审合同是必要的。

三、施工合同的主要条款

(一)发包人

1. 许可或批准

发包人应遵守法律,并办理法律规定由其办理的许可、批准或备案,包括但不限于建设用地规划许可证、建设工程规划许可证、建设工程施工许可证、施工所需临时用水、临时用电、中断道路交通、临时占用土地等许可和批准。发包人应协助承包人办理法律规定的有关施工证件和批件。

因发包人原因未能及时办理完毕前述许可、批准或备案,由发包人承担由此增加的费用和(或)延误的工期,并支付承包人合理的利润。

2. 发包人代表

发包人应在专用合同条款中明确其派驻施工现场的发包人代表的姓名、职务、联系方式及授权范围等事项。发包人代表在发包人的授权范围内,负责处理合同履行过程中与发包人有关的具体事宜。发包人代表在授权范围内的行为由发包人承担法律责任。发包人更换发包人代表的,应提前7天书面通知承包人。

发包人代表不能按照合同约定履行其职责及义务,并导致合同无法继续正常履行的,承包人可以要求发包人撤换发包人代表。

不属于法定必须监理的工程,监理人的职权可以由发包人代表或发包人指定的其他人员行使。

3. 发包人人员

发包人应要求在施工现场的发包人人员遵守法律及有关安全、质量、环境保护、文明施工等规定,并保障承包人免于承受因发包人人员未遵守上述要求给承包人造成的损失和责任。

发包人人员包括发包人代表及其他由发包人派驻施工现场的人员。

4. 施工现场、施工条件和基础资料的提供

(1)提供施工现场。

除专用合同条款另有约定外,发包人应最迟于开工日期7天前向承包人移交施工现场。

（2）提供施工条件。

除专用合同条款另有约定外,发包人应负责提供施工所需要的条件,包括:

①将施工用水、电力、通讯线路等施工所必需的条件接至施工现场内;

②保证向承包人提供正常施工所需要的进入施工现场的交通条件;

③协调处理施工现场周围地下管线和邻近建筑物、构筑物、古树名木的保护工作,并承担相关费用;

④按照专用合同条款约定应提供的其他设施和条件。

（3）提供基础资料。

发包人应当在移交施工现场前向承包人提供施工现场及工程施工所必需的毗邻区域内供水、排水、供电、供气、供热、通信、广播电视等地下管线资料,气象和水文观测资料,地质勘察资料,相邻建筑物、构筑物和地下工程等有关基础资料,并对所提供资料的真实性、准确性和完整性负责。

按照法律规定确需在开工后方能提供的基础资料,发包人应尽其努力及时地在相应工程施工前的合理期限内提供,合理期限应以不影响承包人的正常施工为限。

（4）逾期提供的责任。

因发包人原因未能按合同约定及时向承包人提供施工现场、施工条件、基础资料的,由发包人承担由此增加的费用和(或)延误的工期。

5.资金来源证明及支付担保

除专用合同条款另有约定外,发包人应在收到承包人要求提供资金来源证明的书面通知后 28 天内,向承包人提供能够按照合同约定支付合同价款的相应资金来源证明。

除专用合同条款另有约定外,发包人要求承包人提供履约担保的,发包人应当向承包人提供支付担保。支付担保可以采用银行保函或担保公司担保等形式,具体由合同当事人在专用合同条款中约定。

6.支付合同价款

发包人应按合同约定向承包人及时支付合同价款。

7.组织竣工验收

发包人应按合同约定及时组织竣工验收。

8.现场统一管理协议

发包人应与承包人、由发包人直接发包的专业工程的承包人签订施工现场统一管理协议,明确各方的权利义务。施工现场统一管理协议作为专用合同条款的附件。

(二)承包人

1.承包人的一般义务

承包人在履行合同过程中应遵守法律和工程建设标准规范,并履行以下义务:

(1)办理法律规定应由承包人办理的许可和批准,并将办理结果书面报送发包人留存;

(2)按法律规定和合同约定完成工程,并在保修期内承担保修义务;

(3)按法律规定和合同约定采取施工安全和环境保护措施,办理工伤保险,确保工程及人员、材料、设备和设施的安全;

(4)按合同约定的工作内容和施工进度要求,编制施工组织设计和施工措施计划,并对所有施工作业和施工方法的完备性和安全可靠性负责;

(5)在进行合同约定的各项工作时,不得侵害发包人与他人使用公用道路、水源、市政管网等公共设施的权利,避免对邻近的公共设施产生干扰,承包人占用或使用他人的施工场地,影响他人作业或生活的,应承担相应责任;

(6)按照环境保护约定负责施工场地及其周边环境与生态的保护工作;

(7)按照安全文明施工约定采取施工安全措施,确保工程及其人员、材料、设备和设施的安全,防止因工程施工造成的人身伤害和财产损失;

(8)将发包人按合同约定支付的各项价款专用于合同工程,且应及时支付其雇用人员工资,并及时向分包人支付合同价款;

(9)按照法律规定和合同约定编制竣工资料,完成竣工资料立卷及归档,并按专用合同条款约定的竣工资料的套数、内容、时间等要求移交发包人;

(10)应履行的其他义务。

2. 项目经理

(1)项目经理应为合同当事人所确认的人选,并在专用合同条款中明确项目经理的姓名、职称、注册执业证书编号、联系方式及授权范围等事项,项目经理经承包人授权后代表承包人负责履行合同。项目经理应是承包人正式聘用的员工,承包人应向发包人提交项目经理与承包人之间的劳动合同,以及承包人为项目经理缴纳社会保险的有效证明。承包人不提交上述文件的,项目经理无权履行职责,发包人有权要求更换项目经理,由此增加的费用和(或)延误的工期由承包人承担。

项目经理应常驻施工现场,且每月在施工现场时间不得少于专用合同条款约定的天数。项目经理不得同时担任其他项目的项目经理。项目经理确需离开施工现场时,应事先通知监理人,并取得发包人的书面同意。项目经理的通知中应当载明临时代行其职责的人员的注册执业资格、管理经验等资料,该人员应具备履行相应职责的能力。

承包人违反上述约定的,应按照专用合同条款的约定,承担违约责任。

(2)项目经理按合同约定组织工程实施。在紧急情况下为确保施工安全和人员安全,在无法与发包人代表和总监理工程师及时取得联系时,项目经理有权采取必要的措施保证与工程有关的人身、财产和工程的安全,但应在 48 小时内向发包人代表和总监理工程师提交书面报告。

(3)承包人需要更换项目经理的,应提前 14 天书面通知发包人和监理人,并征得发包人书面同意。通知中应当载明继任项目经理的注册执业资格、管理经验等资料,继任项目经理继续履行约定的职责。未经发包人书面同意,承包人不得擅自更换项目经理。承包人擅自更换项目经理的,应按照专用合同条款的约定承担违约责任。

(4)发包人有权书面通知承包人更换其认为不称职的项目经理,通知中应当载明要求更换的理由。承包人应在接到更换通知后 14 天内向发包人提出书面的改进报告。发包人收到改进报告后仍要求更换的,承包人应在接到第二次更换通知的 28 天内进行更换,并将新任命的项目经理的注册执业资格、管理经验等资料书面通知发包人。继任项目经理继续履行约定的职责。承包人无正当理由拒绝更换项目经理的,应按照专用合同条款的约定承担违约责任。

(5)项目经理因特殊情况授权其下属人员履行其某项工作职责的,该下属人员应具备履行相应职责的能力,并应提前 7 天将上述人员的姓名和授权范围书面通知监理人,并征得发包人书面同意。

3. 承包人注意事项

(1)除专用合同条款另有约定外,承包人应在接到开工通知后 7 天内,向监理人提交承包人项目管理机构及施工现场人员安排的报告,其内容应包括合同管理、施工、技术、材料、质量、安全、财务等主要施工管理人员名单及其岗位、注册执业资格等,以及各工种技术工人的安排情况,并同时提交主要施工管理人员与承包人之间的劳动关系证明和缴纳社会保险的有效证明。

(2)承包人派驻到施工现场的主要施工管理人员应相对稳定。施工过程中如有变动,承包人应及时向监理人提交施工现场人员变动情况的报告。承包人更换主要施工管理人员时,应提前 7 天书面通知监理人,并征得发包人书面同意。通知中应当载明继任人员的注册执业资格、管理经验等资料。

特殊工种作业人员均应持有相应的资格证明,监理人可以随时检查。

(3)发包人对于承包人主要施工管理人员的资格或能力有异议的,承包人应提供资料证明被质疑人员有能力完成其岗位工作或不存在发包人所质疑的情形。发包人要求撤换不能按照合同约定履行职责及义务的主要施工管理人员的,承包人应当撤换。承包人无正当理由拒绝撤换的,应按照专用合同条款的约定承担违约责任。

(4)除专用合同条款另有约定外,承包人的主要施工管理人员离开施工现场每月累计不超过 5 天的,应报监理人同意;离开施工现场每月累计超过 5 天的,应通知监理人,并征得发包人书面同意。主要施工管理人员离开施工现场前应指定一名有经验的人员临时代行其职责,该人员应具备履行相应职责的资格和能力,且应征得监理人或发包人的同意。

(5)承包人擅自更换主要施工管理人员,或前述人员未经监理人或发包人同意擅自离开施工现场的,应按照专用合同条款约定承担违约责任。

4. 承包人现场查勘

承包人应对基于发包人提交的基础资料所做出的解释和推断负责,但因基础资料存在错误、遗漏导致承包人解释或推断失实的,由发包人承担责任。

承包人应对施工现场和施工条件进行查勘,并充分了解工程所在地的气象条件、交通条件、风俗习惯以及其他与完成合同工作有关的其他资料。因承包人未能充分查勘、了解前述情况或未能充分估计前述情况所可能产生后果的,承包人承担由此增加的费用和(或)延误的工期。

5. 分包

(1)分包的一般约定。

承包人不得将其承包的全部工程转包给第三人,或将其承包的全部工程支解后以分包的名义转包给第三人。承包人不得将工程主体结构、关键性工作及专用合同条款中禁止分包的专业工程分包给第三人,主体结构、关键性工作的范围由合同当事人按照法律规定在专用合同条款中予以明确。

承包人不得以劳务分包的名义转包或违法分包工程。

(2)分包的确定。

承包人应按专用合同条款的约定进行分包,确定分包人。已标价工程量清单或预算书中给定暂估价的专业工程,按照暂估价确定分包人。按照合同约定进行分包的,承包人应确保分包人具有相应的资质和能力。工程分包不减轻或免除承包人的责任和义务,承包人和分包人就分包工程向发包人承担连带责任。除合同另有约定外,承包人应在分包合同签订后7天内向发包人和监理人提交分包合同副本。

(3)分包管理。

承包人应向监理人提交分包人的主要施工管理人员表,并对分包人的施工人员进行实名制管理,包括但不限于进出场管理、登记造册以及各种证照的办理。

(4)分包合同价款。

①除本项第(2)条约定的情况或专用合同条款另有约定外,分包合同价款由承包人与分包人结算,未经承包人同意,发包人不得向分包人支付分包工程价款;

②生效法律文书要求发包人向分包人支付分包合同价款的,发包人有权从应付承包人工程款中扣除该部分款项。

(5)分包合同权益的转让。

分包人在分包合同项下的义务持续到缺陷责任期届满以后的,发包人有权在缺陷责任期届满前,要求承包人将其在分包合同项下的权益转让给发包人,承包人应当转让。除转让合同另有约定外,转让合同生效后,由分包人向发包人履行义务。

6. 工程照管与成品、半成品保护

(1)除专用合同条款另有约定外,自发包人向承包人移交施工现场之日起,承包人应负责照管工程及工程相关的材料、工程设备,直到颁发工程接收证书之日止。

(2)在承包人负责照管期间,因承包人原因造成工程、材料、工程设备损坏的,由承包人负责修复或更换,并承担由此增加的费用和(或)延误的工期。

(3)对合同内分期完成的成品和半成品,在工程接收证书颁发前,由承包人承担保护责任。因承包人原因造成成品或半成品损坏的,由承包人负责修复或更换,并承担由此增加的费用和(或)延误的工期。

7. 履约担保

发包人需要承包人提供履约担保的,由合同当事人在专用合同条款中约定履约担保的方式、金额及期限等。履约担保可以采用银行保函或担保公司担保等形式,具体由合同当事人在专用合同条款中约定。

因承包人原因导致工期延长的,继续提供履约担保所增加的费用由承包人承担;非因承包人原因导致工期延长的,继续提供履约担保所增加的费用由发包人承担。

8. 联合体

(1)联合体各方应共同与发包人签订合同协议书。联合体各方应为履行合同向发包人承担连带责任。

(2)联合体协议经发包人确认后作为合同附件。在履行合同过程中,未经发包人同意,不得修改联合体协议。

（3）联合体牵头人负责与发包人和监理人联系，并接受指示，负责组织联合体各成员全面履行合同。

（三）监理人

1. 监理人的一般规定

工程实行监理的，发包人和承包人应在专用合同条款中明确监理人的监理内容及监理权限等事项。监理人应当根据发包人授权及法律规定，代表发包人对工程施工相关事项进行检查、查验、审核、验收，并签发相关指示，但监理人无权修改合同，且无权减轻或免除合同约定的承包人的任何责任与义务。

除专用合同条款另有约定外，监理人在施工现场的办公场所、生活场所由承包人提供，所发生的费用由发包人承担。

2. 监理人员

发包人授予监理人对工程实施监理的权利由监理人派驻施工现场的监理人员行使，监理人员包括总监理工程师及监理工程师。监理人应将授权的总监理工程师和监理工程师的姓名及授权范围以书面形式提前通知承包人。更换总监理工程师的，监理人应提前 7 天书面通知承包人；更换其他监理人员，监理人应提前 48 小时书面通知承包人。

3. 监理人的指示

监理人应按照发包人的授权发出监理指示。监理人的指示应采用书面形式，并经其授权的监理人员签字。紧急情况下，为了保证施工人员的安全或避免工程受损，监理人员可以口头形式发出指示，该指示与书面形式的指示具有同等法律效力，但必须在发出口头指示后 24 小时内补发书面监理指示，补发的书面监理指示应与口头指示一致。

监理人发出的指示应送达承包人项目经理或经项目经理授权接收的人员。因监理人未能按合同约定发出指示、指示延误或发出了错误指示而导致承包人费用增加和（或）工期延误的，由发包人承担相应责任。除专用合同条款另有约定外，总监理工程师不应将应由总监理工程师作出确定的权力授权或委托给其他监理人员。

承包人对监理人发出的指示有疑问的，应向监理人提出书面异议，监理人应在 48 小时内对该指示予以确认、更改或撤销，监理人逾期未回复的，承包人有权拒绝执行上述指示。

监理人对承包人的任何工作、工程或其采用的材料和工程设备未在约定的或合理期限内提出意见的，视为批准，但不免除或减轻承包人对该工作、工程、材料、工程设备等应承担的责任和义务。

4. 商定或确定

合同当事人进行商定或确定时，总监理工程师应当会同合同当事人尽量通过协商达成一致，不能达成一致的，由总监理工程师按照合同约定审慎做出公正的确定。

总监理工程师应将确定以书面形式通知发包人和承包人，并附详细依据。合同当事人对总监理工程师的确定没有异议的，按照总监理工程师的确定执行。任何一方合同当事人有异议，按照争议解决约定处理。争议解决前，合同当事人暂按总监理工程师的确定执行；争议解决后，争议解决的结果与总监理工程师的确定不一致的，按照争议解决的结果执行，由此造成的损失由责任人承担。

(四)工程质量

1. 质量要求

(1)工程质量标准必须符合现行国家有关工程施工质量验收规范和标准的要求。有关工程质量的特殊标准或要求由合同当事人在专用合同条款中约定。

(2)因发包人原因造成工程质量未达到合同约定标准的,由发包人承担由此增加的费用和(或)延误的工期,并支付承包人合理的利润。

(3)因承包人原因造成工程质量未达到合同约定标准的,发包人有权要求承包人返工直至工程质量达到合同约定的标准为止,并由承包人承担由此增加的费用和(或)延误的工期。

2. 质量保证措施

(1)发包人的质量管理。

发包人应按照法律规定及合同约定完成与工程质量有关的各项工作。

(2)承包人的质量管理。

承包人按照施工组织设计约定向发包人和监理人提交工程质量保证体系及措施文件,建立完善的质量检查制度,并提交相应的工程质量文件。对于发包人和监理人违反法律规定和合同约定的错误指示,承包人有权拒绝实施。

承包人应对施工人员进行质量教育和技术培训,定期考核施工人员的劳动技能,严格执行施工规范和操作规程。

承包人应按照法律规定和发包人的要求,对材料、工程设备以及工程的所有部位及其施工工艺进行全过程的质量检查和检验,并作详细记录,编制工程质量报表,报送监理人审查。此外,承包人还应按照法律规定和发包人的要求,进行施工现场取样试验、工程复核测量和设备性能检测,提供试验样品、提交试验报告和测量成果以及其他工作。

(3)监理人的质量检查和检验。

监理人按照法律规定和发包人授权对工程的所有部位及其施工工艺、材料和工程设备进行检查和检验。承包人应为监理人的检查和检验提供方便,包括监理人到施工现场,或制造、加工地点,或合同约定的其他地方进行察看和查阅施工原始记录。监理人为此进行的检查和检验,不免除或减轻承包人按照合同约定应当承担的责任。

监理人的检查和检验不应影响施工正常进行。监理人的检查和检验影响施工正常进行的,且经检查检验不合格的,影响正常施工的费用由承包人承担,工期不予顺延;经检查检验合格的,由此增加的费用和(或)延误的工期由发包人承担。

3. 隐蔽工程检查

(1)承包人自检。

承包人应当对工程隐蔽部位进行自检,并经自检确认是否具备覆盖条件。

(2)检查程序。

除专用合同条款另有约定外,工程隐蔽部位经承包人自检确认具备覆盖条件的,承包人应在共同检查前48小时书面通知监理人检查,通知中应载明隐蔽检查的内容、时间和地点,并应附有自检记录和必要的检查资料。

监理人应按时到场并对隐蔽工程及其施工工艺、材料和工程设备进行检查。经监理人检查确认质量符合隐蔽要求，并在验收记录上签字后，承包人才能进行覆盖。经监理人检查质量不合格的，承包人应在监理人指示的时间内完成修复，并由监理人重新检查，由此增加的费用和（或）延误的工期由承包人承担。

除专用合同条款另有约定外，监理人不能按时进行检查的，应在检查前 24 小时向承包人提交书面延期要求，但延期不能超过 48 小时，由此导致工期延误的，工期应予以顺延。监理人未按时进行检查，也未提出延期要求的，视为隐蔽工程检查合格，承包人可自行完成覆盖工作，并作相应记录报送监理人，监理人应签字确认。监理人事后对检查记录有疑问的，可按重新检查的约定重新检查。

（3）重新检查。

承包人覆盖工程隐蔽部位后，发包人或监理人对质量有疑问的，可要求承包人对已覆盖的部位进行钻孔探测或揭开重新检查，承包人应遵照执行，并在检查后重新覆盖恢复原状。经检查证明工程质量符合合同要求的，由发包人承担由此增加的费用和（或）延误的工期，并支付承包人合理的利润；经检查证明工程质量不符合合同要求的，由此增加的费用和（或）延误的工期由承包人承担。

（4）承包人私自覆盖。

承包人未通知监理人到场检查，私自将工程隐蔽部位覆盖的，监理人有权指示承包人钻孔探测或揭开检查，无论工程隐蔽部位质量是否合格，由此增加的费用和（或）延误的工期均由承包人承担。

4. 不合格工程的处理

（1）因承包人原因造成工程不合格的，发包人有权随时要求承包人采取补救措施，直至达到合同要求的质量标准，由此增加的费用和（或）延误的工期由承包人承担。无法补救的，按照拒绝接收全部或部分工程约定执行。

（2）因发包人原因造成工程不合格的，由此增加的费用和（或）延误的工期由发包人承担，并支付承包人合理的利润。

5. 质量争议检测

合同当事人对工程质量有争议的，由双方协商确定的工程质量检测机构鉴定，由此产生的费用及因此造成的损失，由责任方承担。

合同当事人均有责任的，由双方根据其责任分别承担。合同当事人无法达成一致的，按照第 4.4 款[商定或确定]执行。

（五）安全文明施工与环境保护

1. 安全文明施工

（1）安全生产要求。

合同履行期间，合同当事人均应当遵守国家和工程所在地有关安全生产的要求，合同当事人有特别要求的，应在专用合同条款中明确施工项目安全生产标准化达标目标及相应事项。承包人有权拒绝发包人及监理人强令承包人违章作业、冒险施工的任何指示。

在施工过程中，如遇到突发的地质变动、事先未知的地下施工障碍等影响施工安全的紧急情况,承包人应及时报告监理人和发包人,发包人应当及时下令停工并报政府有关行政管理部门采取应急措施。

因安全生产需要暂停施工的,按照暂停施工的约定执行。

(2)安全生产保证措施。

承包人应当按照有关规定编制安全技术措施或者专项施工方案,建立安全生产责任制度、治安保卫制度及安全生产教育培训制度,并按安全生产法律规定及合同约定履行安全职责,如实编制工程安全生产的有关记录,接受发包人、监理人及政府安全监督部门的检查与监督。

(3)特别安全生产事项。

承包人应按照法律规定进行施工,开工前做好安全技术交底工作,施工过程中做好各项安全防护措施。承包人为实施合同而雇用的特殊工种的人员应受过专门的培训并已取得政府有关管理机构颁发的上岗证书。

承包人在动力设备、输电线路、地下管道、密封防震车间、易燃易爆地段以及临街交通要道附近施工时,施工开始前应向发包人和监理人提出安全防护措施,经发包人认可后实施。

实施爆破作业,在放射、毒害性环境中施工(含储存、运输、使用)及使用毒害性、腐蚀性物品施工时,承包人应在施工前7天以书面形式通知发包人和监理人,并报送相应的安全防护措施,经发包人认可后实施。

需单独编制危险性较大分部分项专项工程施工方案的,及要求进行专家论证的超过一定规模的危险性较大的分部分项工程,承包人应及时编制和组织论证。

(4)治安保卫。

除专用合同条款另有约定外,发包人应与当地公安部门协商,在现场建立治安管理机构或联防组织,统一管理施工场地的治安保卫事项,履行合同工程的治安保卫职责。

发包人和承包人除应协助现场治安管理机构或联防组织维护施工场地的社会治安外,还应做好包括生活区在内的各自管辖区的治安保卫工作。

除专用合同条款另有约定外,发包人和承包人应在工程开工后7天内共同编制施工场地治安管理计划,并制定应对突发治安事件的紧急预案。在工程施工过程中,发生暴乱、爆炸等恐怖事件,以及群殴、械斗等群体性突发治安事件的,发包人和承包人应立即向当地政府报告。发包人和承包人应积极协助当地有关部门采取措施平息事态,防止事态扩大,尽量避免人员伤亡和财产损失。

(5)文明施工。

承包人在工程施工期间,应当采取措施保持施工现场平整,物料堆放整齐。工程所在地有关政府行政管理部门有特殊要求的,按照其要求执行。合同当事人对文明施工有其他要求的,可以在专用合同条款中明确。

在工程移交之前,承包人应当从施工现场清除承包人的全部工程设备、多余材料、垃圾和各种临时工程,并保持施工现场清洁整齐。经发包人书面同意,承包人可在发包人指定的地点保留承包人履行保修期内的各项义务所需要的材料、施工设备和临时工程。

(6)安全文明施工费。

安全文明施工费由发包人承担,发包人不得以任何形式扣减该部分费用。因基准日期后合同所适用的法律或政府有关规定发生变化,增加的安全文明施工费由发包人承担。

承包人经发包人同意采取合同约定以外的安全措施所产生的费用,由发包人承担。未经发包人同意的,如果该措施避免了发包人的损失,则发包人在避免损失的额度内承担该措施费。如果该措施避免了承包人的损失,由承包人承担该措施费。

除专用合同条款另有约定外,发包人应在开工后 28 天内预付安全文明施工费总额的 50%,其余部分与进度款同期支付。发包人逾期支付安全文明施工费超过 7 天的,承包人有权向发包人发出要求预付的催告通知,发包人收到通知后 7 天内仍未支付的,承包人有权暂停施工,并按发包人违约的情形执行。

承包人对安全文明施工费应专款专用,承包人应在财务账目中单独列项备查,不得挪作他用,否则发包人有权责令其限期改正;逾期未改正的,可以责令其暂停施工,由此增加的费用和(或)延误的工期由承包人承担。

(7)紧急情况处理。

在工程实施期间或缺陷责任期内发生危及工程安全的事件,监理人通知承包人进行抢救,承包人声明无能力或不愿立即执行的,发包人有权雇佣其他人员进行抢救。此类抢救按合同约定属于承包人义务的,由此增加的费用和(或)延误的工期由承包人承担。

(8)事故处理。

工程施工过程中发生事故的,承包人应立即通知监理人,监理人应立即通知发包人。发包人和承包人应立即组织人员和设备进行紧急抢救和抢修,减少人员伤亡和财产损失,防止事故扩大,并保护事故现场。需要移动现场物品时,应作出标记和书面记录,妥善保管有关证据。发包人和承包人应按国家有关规定,及时如实地向有关部门报告事故发生的情况,以及正在采取的紧急措施等。

(9)安全生产责任。

① 发包人的安全责任。

发包人应负责赔偿以下各种情况造成的损失:

a.工程或工程的任何部分对土地的占用所造成的第三者财产损失;

b.由于发包人原因在施工场地及其毗邻地带造成的第三者人身伤亡和财产损失;

c.由于发包人原因对承包人、监理人造成的人员人身伤亡和财产损失;

d.由于发包人原因造成的发包人自身人员的人身伤害以及财产损失。

② 承包人的安全责任。

由于承包人原因在施工场地内及其毗邻地带造成的发包人、监理人以及第三者人员伤亡和财产损失,由承包人负责赔偿。

2.职业健康

(1)劳动保护。

承包人应按照法律规定安排现场施工人员的劳动和休息时间,保障劳动者的休息时间,并支付合理的报酬和费用。承包人应依法为其履行合同所雇用的人员办理必要的证件、许可、保险和注册等,承包人应督促其分包人为分包人所雇用的人员办理必要的证件、许可、保险和注册等。

承包人应按照法律规定保障现场施工人员的劳动安全,提供劳动保护,并应按国家有关劳动保护的规定,采取有效的防止粉尘、降低噪声、控制有害气体和保障高温、高寒、高空作业安全等劳动的保护措施。承包人雇佣人员在施工中受到伤害的,承包人应立即采取有效措施进行抢救和治疗。

承包人应按法律规定安排工作时间,保证其雇佣人员享有休息和休假的权利。因工程施工的特殊需要占用休假日或延长工作时间的,应不超过法律规定的限度,并按法律规定给予补休或付酬。

(2)生活条件。

承包人应为其履行合同所雇用的人员提供必要的膳宿条件和生活环境;承包人应采取有效措施预防传染病,保证施工人员的健康,并定期对施工现场、施工人员生活基地和工程进行防疫和卫生的专业检查和处理,在远离城镇的施工场地,还应配备必要的伤病防治和急救的医务人员与医疗设施。

3. 环境保护

承包人应在施工组织设计中列明环境保护的具体措施。在合同履行期间,承包人应采取合理措施保护施工现场环境。对施工作业过程中可能引起的大气、水、噪音以及固体废物污染采取具体可行的防范措施。

承包人应当承担因其原因引起的环境污染侵权损害赔偿责任,因上述环境污染引起纠纷而导致暂停施工的,由此增加的费用和(或)延误的工期由承包人承担。

(六)工期和进度

1. 施工组织设计

(1)施工组织设计的内容。

施工组织设计应包含以下内容:

①施工方案;

②施工现场平面布置图;

③施工进度计划和保证措施;

④劳动力及材料供应计划;

⑤施工机械设备的选用;

⑥质量保证体系及措施;

⑦安全生产、文明施工措施;

⑧环境保护、成本控制措施;

⑨合同当事人约定的其他内容。

(2)施工组织设计的提交和修改。

除专用合同条款另有约定外,承包人应在合同签订后 14 天内,但至迟不得晚于开工通知中载明的开工日期前 7 天,向监理人提交详细的施工组织设计,并由监理人报送发包人。除专用合同条款另有约定外,发包人和监理人应在监理人收到施工组织设计后 7 天内确认或提出修改意见。对发包人和监理人提出的合理意见和要求,承包人应自费修改完善。根据工程实际情况需要修改施工组织设计的,承包人应向发包人和监理人提交修改后的施工组织设计。

施工进度计划的编制和修改按照施工进度计划执行。

2. 施工进度计划

(1)施工进度计划的编制。

承包人应按照施工组织设计约定提交详细的施工进度计划,施工进度计划的编制应当符合国家法律规定和一般工程实践惯例,施工进度计划经发包人批准后实施。施工进度计划是控制工程进度的依据,发包人和监理人有权按照施工进度计划检查工程进度情况。

(2)施工进度计划的修订。

施工进度计划不符合合同要求或与工程的实际进度不一致的,承包人应向监理人提交修订的施工进度计划,并附具有关措施和相关资料,由监理人报送发包人。除专用合同条款另有约定外,发包人和监理人应在收到修订的施工进度计划后 7 天内完成审核和批准或提出修改意见。发包人和监理人对承包人提交的施工进度计划的确认,不能减轻或免除承包人根据法律规定和合同约定应承担的任何责任或义务。

3. 开工

(1)开工准备。

除专用合同条款另有约定外,承包人应按照施工组织设计约定的期限,向监理人提交工程开工报审表,经监理人报发包人批准后执行。开工报审表应详细说明按施工进度计划正常施工所需的施工道路、临时设施、材料、工程设备、施工设备、施工人员等落实情况以及工程的进度安排。

除专用合同条款另有约定外,合同当事人应按约定完成开工准备工作。

(2)开工通知。

发包人应按照法律规定获得工程施工所需的许可。经发包人同意后,监理人发出的开工通知应符合法律规定。监理人应在计划开工日期 7 天前向承包人发出开工通知,工期自开工通知中载明的开工日期起算。

除专用合同条款另有约定外,因发包人原因造成监理人未能在计划开工日期之日起 90 天内发出开工通知的,承包人有权提出价格调整要求,或者解除合同。发包人应当承担由此增加的费用和(或)延误的工期,并向承包人支付合理利润。

4. 测量放线

(1)除专用合同条款另有约定外,发包人应在至迟不得晚于开工通知中载明的开工日期前 7 天通过监理人向承包人提供测量基准点、基准线和水准点及其书面资料。发包人应对其提供的测量基准点、基准线和水准点及其书面资料的真实性、准确性和完整性负责。

承包人发现发包人提供的测量基准点、基准线和水准点及其书面资料存在错误或疏漏的,应及时通知监理人。监理人应及时报告发包人,并会同发包人和承包人予以核实。发包人应就如何处理和是否继续施工作出决定,并通知监理人和承包人。

(2)承包人负责施工过程中的全部施工测量放线工作,并配置具有相应资质的人员、合格的仪器、设备和其他物品。承包人应矫正工程的位置、标高、尺寸或准线中出现的任何差错,并对工程各部分的定位负责。

施工过程中对施工现场内水准点等测量标志物的保护工作由承包人负责。

5. 工期延误

(1)因发包人原因导致工期延误。

在合同履行过程中,因下列情况导致工期延误和(或)费用增加的,由发包人承担由此延误的工期和(或)增加的费用,且发包人应支付承包人合理的利润:

①发包人未能按合同约定提供图纸或所提供图纸不符合合同约定的;

②发包人未能按合同约定提供施工现场、施工条件、基础资料、许可、批准等开工条件的;

③发包人提供的测量基准点、基准线和水准点及其书面资料存在错误或疏漏的;

④发包人未能在计划开工日期之日起7天内同意下达开工通知的;

⑤发包人未能按合同约定日期支付工程预付款、进度款或竣工结算款的;

⑥监理人未按合同约定发出指示、批准等文件的;

⑦专用合同条款中约定的其他情形。

因发包人原因未按计划开工日期开工的,发包人应按实际开工日期顺延竣工日期,确保实际工期不低于合同约定的工期总日历天数。因发包人原因导致工期延误需要修订施工进度计划的,按照施工进度计划的修订执行。

(2)因承包人原因导致工期延误。

因承包人原因造成工期延误的,可以在专用合同条款中约定逾期竣工违约金的计算方法和逾期竣工违约金的上限。承包人支付逾期竣工违约金后,不免除承包人继续完成工程及修补缺陷的义务。

6. 不利物质条件

不利物质条件是指有经验的承包人在施工现场遇到的不可预见的自然物质条件、非自然的物质障碍和污染物,包括地表以下物质条件和水文条件以及专用合同条款约定的其他情形,但不包括气候条件。

承包人遇到不利物质条件时,应采取克服不利物质条件的合理措施继续施工,并及时通知发包人和监理人。通知应载明不利物质条件的内容以及承包人认为不可预见的理由。监理人经发包人同意后应当及时发出指示,指示构成变更的,按变更约定执行。承包人因采取合理措施而增加的费用和(或)延误的工期由发包人承担。

7. 异常恶劣的气候条件

异常恶劣的气候条件是指在施工过程中遇到的,有经验的承包人在签订合同时不可预见的,对合同履行造成实质性影响的,但尚未构成不可抗力事件的恶劣气候条件。合同当事人可以在专用合同条款中约定异常恶劣的气候条件的具体情形。

承包人应采取克服异常恶劣的气候条件的合理措施继续施工,并及时通知发包人和监理人。监理人经发包人同意后应当及时发出指示,指示构成变更的,按变更约定办理。承包人因采取合理措施而增加的费用和(或)延误的工期由发包人承担。

8. 暂停施工

(1)发包人原因引起的暂停施工。

因发包人原因引起暂停施工的,监理人经发包人同意后,应及时下达暂停施工指示。情况紧急且监理人未及时下达暂停施工指示的,按照紧急情况下的暂停施工执行。

因发包人原因引起的暂停施工,发包人应承担由此增加的费用和(或)延误的工期,并支付承包人合理的利润。

(2)承包人原因引起的暂停施工。

因承包人原因引起的暂停施工,承包人应承担由此增加的费用和(或)延误的工期,且承包人在收到监理人复工指示后 84 天内仍未复工的,视为承包人违约的情形中约定的承包人无法继续履行合同的情形。

(3)指示暂停施工。

监理人认为有必要时,并经发包人批准后,可向承包人作出暂停施工的指示,承包人应按监理人指示暂停施工。

(4)紧急情况下的暂停施工。

因紧急情况需暂停施工,且监理人未及时下达暂停施工指示的,承包人可先暂停施工,并及时通知监理人。监理人应在接到通知后 24 小时内发出指示,逾期未发出指示,视为同意承包人暂停施工。监理人不同意承包人暂停施工的,应说明理由,承包人对监理人的答复有异议,按照争议解决约定处理。

(5)暂停施工后的复工。

暂停施工后,发包人和承包人应采取有效措施积极消除暂停施工的影响。在工程复工前,监理人会同发包人和承包人确定因暂停施工造成的损失,并确定工程复工条件。当工程具备复工条件时,监理人应经发包人批准后向承包人发出复工通知,承包人应按照复工通知要求复工。

承包人无故拖延和拒绝复工的,承包人承担由此增加的费用和(或)延误的工期;因发包人原因无法按时复工的,按照因发包人原因导致工期延误约定办理。

(6)暂停施工持续 56 天以上。

监理人发出暂停施工指示后 56 天内未向承包人发出复工通知,除该项停工属于承包人原因引起的暂停施工及不可抗力约定的情形外,承包人可向发包人提交书面通知,要求发包人在收到书面通知后 28 天内准许已暂停施工的部分或全部工程继续施工。发包人逾期不予批准的,则承包人可以通知发包人,将工程受影响的部分视为按变更的范围中约定的可取消工作。

暂停施工持续 84 天以上不复工的,且不属于承包人原因引起的暂停施工及不可抗力约定的情形,并影响到整个工程以及合同目的实现的,承包人有权提出价格调整要求,或者解除合同。解除合同的,按照因发包人违约解除合同执行。

(7)暂停施工期间的工程照管。

暂停施工期间,承包人应负责妥善照管工程并提供安全保障,由此增加的费用由责任方承担。

(8)暂停施工的措施。

暂停施工期间,发包人和承包人均应采取必要的措施确保工程质量及安全,防止因暂停施工扩大损失。

9. 提前竣工

(1)发包人要求承包人提前竣工的,发包人应通过监理人向承包人下达提前竣工指示,承包人应向发包人和监理人提交提前竣工建议书,提前竣工建议书应包括实施的方案、缩短的时间、增加的合同价格等内容。发包人接受该提前竣工建议书的,监理人应与发包人和承包人协商采取加快工程进度的措施,并修订施工进度计划,由此增加的费用由发包人承担。承包人认为提前竣工指示无法执行的,应向监理人和发包人提出书面异议,发包人和监理人应在收到异议后7天内予以答复。任何情况下,发包人不得压缩合理工期。

(2)发包人要求承包人提前竣工,或承包人提出提前竣工的建议能够给发包人带来效益的,合同当事人可以在专用合同条款中约定提前竣工的奖励。

(七)材料与设备

1. 发包人供应材料与工程设备

发包人自行供应材料、工程设备的,应在签订合同时在专用合同条款的附件"发包人供应材料设备一览表"中明确材料、工程设备的品种、规格、型号、数量、单价、质量等级和送达地点。

承包人应提前30天通过监理人以书面形式通知发包人供应材料与工程设备进场。承包人按照施工进度计划的修订约定修订施工进度计划时,需同时提交经修订后的发包人供应材料与工程设备的进场计划。

2. 承包人采购材料与工程设备

承包人负责采购材料、工程设备的,应按照设计和有关标准要求采购,并提供产品合格证明及出厂证明,对材料、工程设备质量负责。合同约定由承包人采购的材料、工程设备,发包人不得指定生产厂家或供应商,发包人违反本款约定指定生产厂家或供应商的,承包人有权拒绝,并由发包人承担相应责任。

3. 材料与工程设备的接收与拒收

(1)发包人应按"发包人供应材料设备一览表"约定的内容提供材料和工程设备,并向承包人提供产品合格证明及出厂证明,对其质量负责。发包人应提前24小时以书面形式通知承包人、监理人材料和工程设备到货时间,承包人负责材料和工程设备的清点、检验和接收。

发包人提供的材料和工程设备的规格、数量或质量不符合合同约定的,或因发包人原因导致交货日期延误或交货地点变更等情况的,按照第16.1款〔发包人违约〕约定办理。

(2)承包人采购的材料和工程设备,应保证产品质量合格,承包人应在材料和工程设备到货前24小时通知监理人检验。承包人进行永久设备、材料的制造和生产的,应符合相关质量标准,并向监理人提交材料的样本以及有关资料,并应在使用该材料或工程设备之前获得监理人同意。

承包人采购的材料和工程设备不符合设计或有关标准要求时,承包人应在监理人要求的合理期限内将不符合设计或有关标准要求的材料、工程设备运出施工现场,并重新采购符合要求的材料、工程设备,由此增加的费用和(或)延误的工期,由承包人承担。

4. 材料与工程设备的保管与使用

(1)发包人供应材料与工程设备的保管与使用。

发包人供应的材料和工程设备,承包人清点后由承包人妥善保管,保管费用由发包人承担,但已标价工程量清单或预算书已经列支或专用合同条款另有约定除外。因承包人原因发生丢失毁损的,由承包人负责赔偿;监理人未通知承包人清点的,承包人不负责材料和工程设备的保管,由此导致丢失毁损的由发包人负责。

发包人供应的材料和工程设备使用前,由承包人负责检验,检验费用由发包人承担,不合格的不得使用。

(2)承包人采购材料与工程设备的保管与使用。

承包人采购的材料和工程设备由承包人妥善保管,保管费用由承包人承担。法律规定材料和工程设备使用前必须进行检验或试验的,承包人应按监理人的要求进行检验或试验,检验或试验费用由承包人承担,不合格的不得使用。

发包人或监理人发现承包人使用不符合设计或有关标准要求的材料和工程设备时,有权要求承包人进行修复、拆除或重新采购,由此增加的费用和(或)延误的工期,由承包人承担。

5.禁止使用不合格的材料和工程设备

(1)监理人有权拒绝承包人提供的不合格材料或工程设备,并要求承包人立即进行更换。监理人应在更换后再次进行检查和检验,由此增加的费用和(或)延误的工期由承包人承担。

(2)监理人发现承包人使用了不合格的材料和工程设备,承包人应按照监理人的指示立即改正,并禁止在工程中继续使用不合格的材料和工程设备。

(3)发包人提供的材料或工程设备不符合合同要求的,承包人有权拒绝,并可要求发包人更换,由此增加的费用和(或)延误的工期由发包人承担,并支付承包人合理的利润。

6.样品

(1)样品的报送与封存。

需要承包人报送样品的材料或工程设备,样品的种类、名称、规格、数量等要求均应在专用合同条款中约定。样品的报送程序如下:

①承包人应在计划采购前28天向监理人报送样品。承包人报送的样品均应来自供应材料的实际生产地,且提供的样品的规格、数量足以表明材料或工程设备的质量、型号、颜色、表面处理、质地、误差和其他要求的特征。

②承包人每次报送样品时应随附申报单,申报单应载明报送样品的相关数据和资料,并标明每件样品对应的图纸号,预留监理人批复意见栏。监理人应在收到承包人报送的样品后7天内向承包人回复经发包人签认的样品审批意见。

③经发包人和监理人审批确认的样品应按约定的方法封样,封存的样品作为检验工程相关部分的标准之一。承包人在施工过程中不得使用与样品不符的材料或工程设备。

④发包人和监理人对样品的审批确认仅为确认相关材料或工程设备的特征或用途,不得被理解为对合同的修改或改变,也并不减轻或免除承包人任何的责任和义务。如果封存的样品修改或改变了合同约定,合同当事人应当以书面协议予以确认。

(2)样品的保管。

经批准的样品应由监理人负责封存于现场,承包人应在现场为保存样品提供适当和固定的场所并保持适当和良好的存储环境条件。

7.材料与工程设备的替代

(1)出现下列情况需要使用替代材料和工程设备的,承包人应按照约定的程序执行:

①基准日期后生效的法律规定禁止使用的;

②发包人要求使用替代品的;

③因其他原因必须使用替代品的。

(2)承包人应在使用替代材料和工程设备28天前书面通知监理人,并附下列文件:

①被替代的材料和工程设备的名称、数量、规格、型号、品牌、性能、价格及其他相关资料;

②替代品的名称、数量、规格、型号、品牌、性能、价格及其他相关资料;

③替代品与被替代产品之间的差异以及使用替代品可能对工程产生的影响;

④替代品与被替代产品的价格差异;

⑤使用替代品的理由和原因说明;

⑥监理人要求的其他义件。

监理人应在收到通知后14天内向承包人发出经发包人签认的书面指示;监理人逾期发出书面指示的,视为发包人和监理人同意使用替代品。

(3)发包人认可使用替代材料和工程设备的,替代材料和工程设备的价格,按照已标价工程量清单或预算书相同项目的价格认定;无相同项目的,参考相似项目价格认定;既无相同项目也无相似项目的,按照合理的成本与利润构成的原则,由合同当事人按照商定或确定的价格。

8.施工设备和临时设施

(1)承包人提供的施工设备和临时设施。

承包人应按合同进度计划的要求,及时配置施工设备和修建临时设施。进入施工场地的承包人设备需经监理人核查后才能投入使用。承包人更换合同约定的承包人设备的,应报监理人批准。

除专用合同条款另有约定外,承包人应自行承担修建临时设施的费用,需要临时占地的,应由发包人办理申请手续并承担相应费用。

(2)发包人提供的施工设备和临时设施。

发包人提供的施工设备或临时设施在专用合同条款中约定。

(3)要求承包人增加或更换施工设备。

承包人使用的施工设备不能满足合同进度计划和(或)质量要求时,监理人有权要求承包人增加或更换施工设备,承包人应及时增加或更换,由此增加的费用和(或)延误的工期由承包人承担。

9.材料与设备专用要求

承包人运入施工现场的材料、工程设备、施工设备以及在施工场地建设的临时设施,包括备品备件、安装工具与资料,必须专用于工程。未经发包人批准,承包人不得运出施工现场或挪作他用;经发包人批准,承包人可以根据施工进度计划撤走闲置的施工设备和其他物品。

(八)试验与检验

1.试验设备与试验人员

(1)承包人根据合同约定或监理人指示进行的现场材料试验,应由承包人提供试验场所、试验人员、试验设备以及其他必要的试验条件。监理人在必要时可以使用承包人提供的试验场所、试验设备以及其他试验条件,进行以工程质量检查为目的的材料复核试验,承包人应予以协助。

(2)承包人应按专用合同条款的约定提供试验设备、取样装置、试验场所和试验条件,并向监理人提交相应进场计划表。

承包人配置的试验设备要符合相应试验规程的要求并经过具有资质的检测单位检测,且在正式使用该试验设备前,需要经过监理人与承包人共同校定。

(3)承包人应向监理人提交试验人员的名单及其岗位、资格等证明资料,试验人员必须能够熟练进行相应的检测试验,承包人对试验人员的试验程序和试验结果的正确性负责。

2.取样

试验属于自检性质的,承包人可以单独取样。试验属于监理人抽检性质的,可由监理人取样,也可由承包人的试验人员在监理人的监督下取样。

3.材料、工程设备和工程的试验和检验

(1)承包人应按合同约定进行材料、工程设备和工程的试验和检验,并为监理人对上述材料、工程设备和工程的质量检查提供必要的试验资料和原始记录。按合同约定应由监理人与承包人共同进行试验和检验的,由承包人负责提供必要的试验资料和原始记录。

(2)试验属于自检性质的,承包人可以单独进行试验。试验属于监理人抽检性质的,监理人可以单独进行试验,也可由承包人与监理人共同进行。承包人对由监理人单独进行的试验结果有异议的,可以申请重新共同进行试验。约定共同进行试验的,监理人未按照约定参加试验的,承包人可自行试验,并将试验结果报送监理人,监理人应承认该试验结果。

(3)监理人对承包人的试验和检验结果有异议的,或为查清承包人试验和检验成果的可靠性要求承包人重新试验和检验的,可由监理人与承包人共同进行。重新试验和检验的结果证明该项材料、工程设备或工程的质量不符合合同要求的,由此增加的费用和(或)延误的工期由承包人承担;重新试验和检验结果证明该项材料、工程设备和工程符合合同要求的,由此增加的费用和(或)延误的工期由发包人承担。

4.现场工艺试验

承包人应按合同约定或监理人指示进行现场工艺试验。对大型的现场工艺试验,监理人认为必要时,承包人应根据监理人提出的工艺试验要求,编制工艺试验措施计划,报送监理人审查。

(九)价格调整

1.市场价格波动引起的调整

除专用合同条款另有约定外,市场价格波动超过合同当事人约定的范围,合同价格应当调整。合同当事人可以在专用合同条款中约定选择以下一种方式对合同价格进行调整:

第1种方式:采用价格指数进行价格调整。

(1)价格调整公式。

因人工、材料和设备等价格波动影响合同价格时,根据专用合同条款中约定的数据,按以下公式计算差额并调整合同价格。

$$\Delta P = P_0 \left[A + \left(B_1 \times \frac{F_{t1}}{F_{01}} + B_2 \times \frac{F_{t2}}{F_{02}} + B_3 \times \frac{F_{t3}}{F_{03}} + \Lambda + B_n \times \frac{F_{tn}}{F_{0n}} \right) - 1 \right]$$

式中: ΔP——需调整的价格差额;

P_0——约定的付款证书中承包人应得到的已完成工程量的金额。此项金额应不包括价格调整、不计质量保证金的扣留和支付、预付款的支付和扣回。约定的变更及其他金额已按现行价格计价的,也不计在内;

A——定值权重(即不调部分的权重);

B_1,B_2,B_3,…,B_n——各可调因子的变值权重(即可调部分的权重),为各可调因子在签约合同价中所占的比例;

F_{t1},F_{t2},F_{t3},…,F_{tn}——各可调因子的现行价格指数,指约定的付款证书相关周期最后一天的前42天的各可调因子的价格指数;

F_{01},F_{02},F_{03},…,F_{0n}——各可调因子的基本价格指数,指基准日期的各可调因子的价格指数。

以上价格调整公式中的各可调因子、定值和变值权重,以及基本价格指数及其来源在投标函附录价格指数和权重表中约定,非招标订立的合同,由合同当事人在专用合同条款中约定。价格指数应首先采用工程造价管理机构发布的价格指数,无前述价格指数时,可采用工程造价管理机构发布的价格代替。

(2)暂时确定调整差额。

在计算调整差额时无现行价格指数的,合同当事人同意暂用前次价格指数计算。实际价格指数有调整的,合同当事人进行相应调整。

(3)权重的调整。

因变更导致合同约定的权重不合理时,按照商定或确定执行。

(4)因承包人原因工期延误后的价格调整。

因承包人原因未按期竣工的,对合同约定的竣工日期后继续施工的工程,在使用价格调整公式时,应采用计划竣工日期与实际竣工日期的两个价格指数中较低的一个作为现行价格指数。

第2种方式:采用造价信息进行价格调整。

合同履行期间,因人工、材料、工程设备和机械台班价格波动影响合同价格时,人工、机械使用费按照国家或省、自治区、直辖市建设行政管理部门、行业建设管理部门或其授权的工程造价管理机构发布的人工、机械使用费系数进行调整;需要进行价格调整的材料,其单价和采购数量应由发包人审批,发包人确认需调整的材料单价及数量,作为调整合同价格的依据。

(1)人工单价发生变化且符合省级或行业建设主管部门发布的人工费调整规定,合同当事人应按省级或行业建设主管部门或其授权的工程造价管理机构发布的人工费等文件调整合同价格,但承包人对人工费或人工单价的报价高于发布价格的除外。

(2)材料、工程设备价格变化的价款调整按照发包人提供的基准价格,按以下风险范围规定执行。

①承包人在已标价工程量清单或预算书中载明材料单价低于基准价格的:除专用合同

条款另有约定外,合同履行期间材料单价涨幅以基准价格为基础超过 5%时,或材料单价跌幅以在已标价工程量清单或预算书中载明材料单价为基础超过 5%时,其超过部分据实调整。

②承包人在已标价工程量清单或预算书中载明材料单价高于基准价格的:除专用合同条款另有约定外,合同履行期间材料单价跌幅以基准价格为基础超过 5%时,材料单价涨幅以在已标价工程量清单或预算书中载明材料单价为基础超过 5%时,其超过部分据实调整。

③承包人在已标价工程量清单或预算书中载明材料单价等于基准价格的:除专用合同条款另有约定外,合同履行期间材料单价涨跌幅以基准价格为基础超过 ±5%时,其超过部分据实调整。

④承包人应在采购材料前将采购数量和新的材料单价报发包人核对,发包人确认用于工程时,发包人应确认采购材料的数量和单价。发包人在收到承包人报送的确认资料后 5天内不予答复的视为认可,作为调整合同价格的依据。未经发包人事先核对,承包人自行采购材料的,发包人有权不予调整合同价格。发包人同意的,可以调整合同价格。

前述基准价格是指由发包人在招标文件或专用合同条款中给定的材料、工程设备的价格,该价格原则上应当按照省级或行业建设主管部门或其授权的工程造价管理机构发布的信息价编制。

(3)施工机械台班单价或施工机械使用费发生变化超过省级或行业建设主管部门或其授权的工程造价管理机构规定的范围时,按规定调整合同价格。

第 3 种方式:专用合同条款约定的其他方式。

2. 法律变化引起的调整

基准日期后,法律变化导致承包人在合同履行过程中所需要的费用发生除市场价格波动引起的调整约定以外的增加费用时,由发包人承担由此增加的费用;减少时,应从合同价格中予以扣减。基准日期后,因法律变化造成工期延误时,工期应予以顺延。

因法律变化引起的合同价格和工期调整,合同当事人无法达成一致的,由总监理工程师按商定或确定的约定处理。

因承包人原因造成工期延误,在工期延误期间出现法律变化的,由此增加的费用和(或)延误的工期由承包人承担。

(十)合同价格、计量与支付

1. 合同价格形式

发包人和承包人应在合同协议书中选择下列一种合同价格形式。

(1)单价合同。

单价合同是指合同当事人约定以工程量清单及其综合单价进行合同价格计算、调整和确认的建设工程施工合同,在约定的范围内合同单价不作调整。合同当事人应在专用合同条款中约定综合单价包含的风险范围和风险费用的计算方法,并约定风险范围以外的合同价格的调整方法,其中因市场价格波动引起的调整按市场价格波动引起的调整的约定执行。

(2)总价合同。

总价合同是指合同当事人约定以施工图、已标价工程量清单或预算书及有关条件进行合同价格计算、调整和确认的建设工程施工合同,在约定的范围内合同总价不作调整。合同当事人应在专用合同条款中约定总价包含的风险范围和风险费用的计算方法,并约定风险范围以外的合同价格的调整方法,其中因市场价格波动引起的调整按市场价格波动引起的调整的约定、因法律变化引起的调整按法律变化引起的调整的约定执行。

(3)其他价格形式。

合同当事人可在专用合同条款中约定其他合同价格形式。

2. 预付款

(1)预付款的支付。

预付款的支付按照专用合同条款约定执行,但至迟应在开工通知载明的开工日期 7 天前支付。预付款应当用于材料、工程设备、施工设备的采购及修建临时工程、组织施工队伍进场等。

除专用合同条款另有约定外,预付款在进度付款中同比例扣回。在颁发工程接收证书前,提前解除合同的,尚未扣完的预付款应与合同价款一并结算。

发包人逾期支付预付款超过 7 天的,承包人有权向发包人发出要求预付的催告通知,发包人收到通知后 7 天内仍未支付的,承包人有权暂停施工,并按发包人违约的情形执行。

(2)预付款担保。

发包人要求承包人提供预付款担保的,承包人应在发包人支付预付款 7 天前提供预付款担保,专用合同条款另有约定除外。预付款担保可采用银行保函、担保公司担保等形式,具体由合同当事人在专用合同条款中约定。在预付款完全扣回之前,承包人应保证预付款担保持续有效。

发包人在工程款中逐期扣回预付款后,预付款担保额度应相应减少,但剩余的预付款担保金额不得低于未被扣回的预付款金额。

3. 计量

(1)计量原则。

工程量计量按照合同约定的工程量计算规则、图纸及变更指示等进行计量。工程量计算规则应以相关的国家标准、行业标准等为依据,由合同当事人在专用合同条款中约定。

(2)计量周期。

除专用合同条款另有约定外,工程量的计量按月进行。

(3)单价合同的计量。

除专用合同条款另有约定外,单价合同的计量按照本项约定执行:

①承包人应于每月 25 日向监理人报送上月 20 日至当月 19 日已完成的工程量报告,并附具进度付款申请单、已完成工程量报表和有关资料。

②监理人应在收到承包人提交的工程量报告后 7 天内完成对承包人提交的工程量报表的审核并报送发包人,以确定当月实际完成的工程量。监理人对工程量有异议的,有权要求承包人进行共同复核或抽样复测。承包人应协助监理人进行复核或抽样复测,并按监理人要求提供补充计量资料。承包人未按监理人要求参加复核或抽样复测的,监理人复核或修正的工程量视为承包人实际完成的工程量。

③监理人未在收到承包人提交的工程量报表后的 7 天内完成审核的,承包人报送的工

程量报告中的工程量视为承包人实际完成的工程量,据此计算工程价款。

（4）总价合同的计量。

除专用合同条款另有约定外,按月计量支付的总价合同,按照本项约定执行:

①承包人应于每月 25 日向监理人报送上月 20 日至当月 19 日已完成的工程量报告,并附具进度付款申请单、已完成工程量报表和有关资料。

②监理人应在收到承包人提交的工程量报告后 7 天内完成对承包人提交的工程量报表的审核并报送发包人,以确定当月实际完成的工程量。监理人对工程量有异议的,有权要求承包人进行共同复核或抽样复测。承包人应协助监理人进行复核或抽样复测并按监理人要求提供补充计量资料。承包人未按监理人要求参加复核或抽样复测的,监理人审核或修正的工程量视为承包人实际完成的工程量。

③监理人未在收到承包人提交的工程量报表后的 7 天内完成复核的,承包人提交的工程量报告中的工程量视为承包人实际完成的工程量。

（5）总价合同采用支付分解表计量支付的,可以按照总价合同的计量的约定进行计量,但合同价款按照支付分解表进行支付。

（6）其他价格形式合同的计量。

合同当事人可在专用合同条款中约定其他价格形式合同的计量方式和程序。

4. 工程进度款支付

（1）付款周期。

除专用合同条款另有约定外,付款周期应按照计量周期的约定与计量周期保持一致。

（2）进度付款申请单的编制。

除专用合同条款另有约定外,进度付款申请单应包括下列内容:

①截至本次付款周期已完成工作对应的金额;

②根据变更应增加和扣减的变更金额;

③根据预付款的约定应支付的预付款和扣减的返还预付款;

④根据质量保证金的约定应扣减的质量保证金;

⑤根据索赔应增加和扣减的索赔金额;

⑥对已签发的进度款支付证书中出现错误的修正,应在本次进度付款中支付或扣除的金额;

⑦根据合同约定应增加和扣减的其他金额。

（3）进度付款申请单的提交。

①单价合同进度付款申请单的提交。

单价合同的进度付款申请单,按照单价合同约定的计量时间按月向监理人提交,并附上已完成工程量报表和有关资料。单价合同中的总价项目按月进行支付分解,并汇总列入当期进度付款申请单。

②总价合同进度付款申请单的提交。

总价合同按月计量支付的,承包人按照总价合同的计量约定的时间按月向监理人提交进度付款申请单,并附上已完成工程量报表和有关资料。

总价合同按支付分解表支付的,承包人应按照支付分解表及进度付款申请单的编制的约定向监理人提交进度付款申请单。

③其他价格形式合同的进度付款申请单的提交。

合同当事人可在专用合同条款中约定其他价格形式合同的进度付款申请单的编制和提交程序。

(4)进度款审核和支付。

①除专用合同条款另有约定外,监理人应在收到承包人进度付款申请单以及相关资料后7天内完成审查并报送发包人,发包人应在收到后7天内完成审批并签发进度款支付证书。发包人逾期未完成审批且未提出异议的,视为已签发进度款支付证书。

发包人和监理人对承包人的进度付款申请单有异议的,有权要求承包人修正和提供补充资料,承包人应提交修正后的进度付款申请单。监理人应在收到承包人修正后的进度付款申请单及相关资料后7天内完成审查并报送发包人,发包人应在收到监理人报送的进度付款申请单及相关资料后7天内,向承包人签发无异议部分的临时进度款支付证书。存在争议的部分,按照争议解决的约定处理。

②除专用合同条款另有约定外,发包人应在进度款支付证书或临时进度款支付证书签发后14天内完成支付,发包人逾期支付进度款的,应按照中国人民银行发布的同期同类贷款基准利率支付违约金。

③发包人签发进度款支付证书或临时进度款支付证书,不表明发包人已同意、批准或接受了承包人完成的相应部分的工作。

(5)进度付款的修正。

在对已签发的进度款支付证书进行阶段汇总和复核中发现错误、遗漏或重复的,发包人和承包人均有权提出修正申请。经发包人和承包人同意的修正,应在下期进度付款中支付或扣除。

(6)支付分解表。

①支付分解表的编制要求。

a.支付分解表中所列的每期付款金额,应为进度付款申请单编制的估算金额;

b.实际进度与施工进度计划不一致的,合同当事人可按照商定或确定的约定修改支付分解表;

c.不采用支付分解表的,承包人应向发包人和监理人提交按季度编制的支付估算分解表,用于支付参考。

②总价合同支付分解表的编制与审批。

a.除专用合同条款另有约定外,承包人应根据施工进度计划约定的施工进度计划、签约合同价和工程量等因素对总价合同按月进行分解,编制支付分解表。承包人应当在收到监理人和发包人批准的施工进度计划后7天内,将支付分解表及编制支付分解表的支持性资料报送监理人。

b.监理人应在收到支付分解表后7天内完成审核并报送发包人。发包人应在收到经监理人审核的支付分解表后7天内完成审批,经发包人批准的支付分解表为有约束力的支付分解表。

c.发包人逾期未完成支付分解表审批的,也未及时要求承包人进行修正和提供补充资料的,则承包人提交的支付分解表视为已经获得发包人批准。

③单价合同的总价项目支付分解表的编制与审批。

除专用合同条款另有约定外,单价合同的总价项目,由承包人根据施工进度计划和总价项目的总价构成、费用性质、计划发生时间和相应工程量等因素按月进行分解,形成支付分解表,其编制与审批参照总价合同支付分解表的编制与审批执行。

5. 支付账户

发包人应将合同价款支付至合同协议书中约定的承包人账户。

(十一)验收和工程试车

1. 分部分项工程验收

(1)分部分项工程质量应符合国家有关工程施工验收规范、标准及合同约定,承包人应按照施工组织设计的要求完成分部分项工程施工。

(2)除专用合同条款另有约定外,分部分项工程经承包人自检合格并具备验收条件的,承包人应提前48小时通知监理人进行验收。监理人不能按时进行验收的,应在验收前24小时向承包人提交书面延期要求,但延期不能超过48小时。监理人未按时进行验收,也未提出延期要求的,承包人有权自行验收,监理人应认可验收结果。分部分项工程未经验收的,不得进入下一道工序施工。

分部分项工程的验收资料应当作为竣工资料的组成部分。

2. 竣工验收

(1)竣工验收条件。

工程具备以下条件的,承包人可以申请竣工验收:

①除发包人同意的甩项工作和缺陷修补工作外,合同范围内的全部工程以及有关工作,包括合同要求的试验、试运行以及检验均已完成,并符合合同要求;

②已按合同约定编制了甩项工作和缺陷修补工作清单以及相应的施工计划;

③已按合同约定的内容和份数备齐竣工资料。

(2)竣工验收程序。

除专用合同条款另有约定外,承包人申请竣工验收的,应当按照以下程序进行:

①承包人向监理人报送竣工验收申请报告,监理人应在收到竣工验收申请报告后14天内完成审查并报送发包人。监理人审查后认为尚不具备验收条件的,应通知承包人在竣工验收前承包人还需完成的工作内容,承包人应在完成监理人通知的全部工作内容后,再次提交竣工验收申请报告。

②监理人审查后认为已具备竣工验收条件的,应将竣工验收申请报告提交发包人,发包人应在收到经监理人审核的竣工验收申请报告后28天内审批完毕并组织监理人、承包人、设计人等相关单位完成竣工验收。

③竣工验收合格的,发包人应在验收合格后14天内向承包人签发工程接收证书。发包人无正当理由逾期不颁发工程接收证书的,自验收合格后第15天起视为已颁发工程接收证书。

④竣工验收不合格的,监理人应按照验收意见发出指示,要求承包人对不合格工程返

工、修复或采取其他补救措施,由此增加的费用和(或)延误的工期由承包人承担。承包人在完成不合格工程的返工、修复或采取其他补救措施后,应重新提交竣工验收申请报告,并按本项约定的程序重新进行验收。

⑤工程未经验收或验收不合格,发包人擅自使用的,应在转移占有工程后 7 天内向承包人颁发工程接收证书;发包人无正当理由逾期不颁发工程接收证书的,自转移占有后第 15 天起视为已颁发工程接收证书。

除专用合同条款另有约定外,发包人不按照本项约定组织竣工验收、颁发工程接收证书的,每逾期一天,应以签约合同价为基数,按照中国人民银行发布的同期同类贷款基准利率支付违约金。

(3)竣工日期。

工程经竣工验收合格的,以承包人提交竣工验收申请报告之日为实际竣工日期,并在工程接收证书中载明;因发包人原因,未在监理人收到承包人提交的竣工验收申请报告 42 天内完成竣工验收,或完成竣工验收不予签发工程接收证书的,以提交竣工验收申请报告的日期为实际竣工日期;工程未经竣工验收,发包人擅自使用的,以转移占有工程之日为实际竣工日期。

(4)拒绝接收全部或部分工程。

对于竣工验收不合格的工程,承包人完成整改后,应当重新进行竣工验收,经重新组织验收仍不合格的且无法采取措施补救的,则发包人可以拒绝接收不合格工程,因不合格工程导致其他工程不能正常使用的,承包人应采取措施确保相关工程的正常使用,由此增加的费用和(或)延误的工期由承包人承担。

(5)移交、接收全部与部分工程。

除专用合同条款另有约定外,合同当事人应当在颁发工程接收证书后 7 天内完成工程的移交。

发包人无正当理由不接收工程的,发包人自应当接收工程之日起,承担工程照管、成品保护、保管等与工程有关的各项费用,合同当事人可以在专用合同条款中另行约定发包人逾期接收工程的违约责任。

承包人无正当理由不移交工程的,承包人应承担工程照管、成品保护、保管等与工程有关的各项费用,合同当事人可以在专用合同条款中另行约定承包人无正当理由不移交工程的违约责任。

3. 工程试车

(1)试车程序。

工程需要试车的,除专用合同条款另有约定外,试车内容应与承包人承包范围相一致,试车费用由承包人承担。工程试车应按如下程序进行:

①具备单机无负荷试车条件,承包人组织试车,并在试车前 48 小时书面通知监理人,通知中应载明试车内容、时间、地点。承包人准备试车记录,发包人根据承包人要求为试车提供必要条件。试车合格的,监理人在试车记录上签字。监理人在试车合格后不在试车记录上签字,自试车结束满 24 小时后视为监理人已经认可试车记录,承包人可继续施工或办理

竣工验收手续。

监理人不能按时参加试车,应在试车前 24 小时以书面形式向承包人提出延期要求,但延期不能超过 48 小时,由此导致工期延误的,工期应予以顺延。监理人未能在前述期限内提出延期要求,又不参加试车的,视为认可试车记录。

②具备无负荷联动试车条件,发包人组织试车,并在试车前 48 小时以书面形式通知承包人。通知中应载明试车内容、时间、地点和对承包人的要求,承包人按要求做好准备工作。试车合格,合同当事人在试车记录上签字。承包人无正当理由不参加试车的,视为认可试车记录。

(2)试车中的责任。

因设计原因导致试车达不到验收要求,发包人应要求设计人修改设计,承包人按修改后的设计重新安装。发包人承担修改设计、拆除及重新安装的全部费用,工期相应顺延。因承包人原因导致试车达不到验收要求,承包人按监理人要求重新安装和试车,并承担重新安装和试车的费用,工期不予顺延。

因工程设备制造原因导致试车达不到验收要求的,由采购该工程设备的合同当事人负责重新购置或修理,承包人负责拆除和重新安装,由此增加的修理、重新购置、拆除及重新安装的费用及延误的工期由采购该工程设备的合同当事人承担。

(3)投料试车。

如需进行投料试车的,发包人应在工程竣工验收后组织投料试车。发包人要求在工程竣工验收前进行或需要承包人配合时,应征得承包人同意,并在专用合同条款中约定有关事项。

投料试车合格的,费用由发包人承担;因承包人原因造成投料试车不合格的,承包人应按照发包人要求进行整改,由此产生的整改费用由承包人承担;非因承包人原因导致投料试车不合格的,如发包人要求承包人进行整改的,由此产生的费用由发包人承担。

4. 提前交付单位工程的验收

(1)发包人需要在工程竣工前使用单位工程的,或承包人提出提前交付已经竣工的单位工程且经发包人同意的,可进行单位工程验收,验收的程序按照竣工验收的约定进行。

验收合格后,由监理人向承包人出具经发包人签认的单位工程接收证书。已签发单位工程接收证书的单位工程由发包人负责照管。单位工程的验收成果和结论作为整体工程竣工验收申请报告的附件。

(2)发包人要求在工程竣工前交付单位工程,由此导致承包人费用增加和(或)工期延误的,由发包人承担由此增加的费用和(或)延误的工期,并支付承包人合理的利润。

5. 施工期运行

(1)施工期运行是指合同工程尚未全部竣工,其中某项或某几项单位工程或工程设备安装已竣工,根据专用合同条款约定,需要投入施工期运行的,经发包人按提前交付单位工程的验收的约定验收合格,证明能确保安全后,才能在施工期投入运行。

(2)在施工期运行中发现工程或工程设备损坏或存在缺陷的,由承包人按缺陷责任期的约定进行修复。

6. 竣工退场

(1)竣工退场。

颁发工程接收证书后,承包人应按以下要求对施工现场进行清理:

①施工现场内残留的垃圾已全部清除出场;

②临时工程已拆除,场地已进行清理、平整或复原;

③按合同约定应撤离的人员、承包人施工设备和剩余的材料,包括废弃的施工设备和材料,已按计划撤离施工现场;

④施工现场周边及其附近道路、河道的施工堆积物,已全部清理;

⑤施工现场其他场地清理工作已全部完成。

施工现场的竣工退场费用由承包人承担。承包人应在专用合同条款约定的期限内完成竣工退场,逾期未完成的,发包人有权出售或另行处理承包人遗留的物品,由此支出的费用由承包人承担,发包人出售承包人遗留物品所得款项在扣除必要费用后应返还承包人。

(2)地表还原。

承包人应按发包人要求恢复临时占地及清理场地,承包人未按发包人的要求恢复临时占地,或者场地清理未达到合同约定要求的,发包人有权委托其他人恢复或清理,所发生的费用由承包人承担。

(十二)竣工结算

1. 竣工结算申请

除专用合同条款另有约定外,承包人应在工程竣工验收合格后 28 天内向发包人和监理人提交竣工结算申请单,并提交完整的结算资料,有关竣工结算申请单的资料清单和份数等要求由合同当事人在专用合同条款中约定。

除专用合同条款另有约定外,竣工结算申请单应包括以下内容:

(1)竣工结算合同价格;

(2)发包人已支付承包人的款项;

(3)应扣留的质量保证金;

(4)发包人应支付承包人的合同价款。

2. 竣工结算审核

(1)除专用合同条款另有约定外,监理人应在收到竣工结算申请单后 14 天内完成核查并报送发包人。发包人应在收到监理人提交的经审核的竣工结算申请单后 14 天内完成审批,并由监理人向承包人签发经发包人签认的竣工付款证书。监理人或发包人对竣工结算申请单有异议的,有权要求承包人进行修正和提供补充资料,承包人应提交修正后的竣工结算申请单。

发包人在收到承包人提交竣工结算申请书后 28 天内未完成审批且未提出异议的,视为发包人认可承包人提交的竣工结算申请单,并自发包人收到承包人提交的竣工结算申请单后第 29 天起视为已签发竣工付款证书。

(2)除专用合同条款另有约定外,发包人应在签发竣工付款证书后的 14 天内,完成对承包人的竣工付款。发包人逾期支付的,按照中国人民银行发布的同期同类贷款基准利率支付违约金;逾期支付超过 56 天的,按照中国人民银行发布的同期同类贷款基准利率的两倍支付违约金。

(3)承包人对发包人签认的竣工付款证书有异议的,对于有异议部分应在收到发包人签认的竣工付款证书后 7 天内提出异议,并由合同当事人按照专用合同条款约定的方式和程序进行复核,或按照争议解决约定处理。对于无异议部分,发包人应签发临时竣工付款证书,并按本款要求完成付款。承包人逾期未提出异议的,视为认可发包人的审批结果。

3. 甩项竣工协议

发包人要求甩项竣工的,合同当事人应签订甩项竣工协议。在甩项竣工协议中应明确,合同当事人按照竣工结算申请及竣工结算审核的约定,对已完合格工程进行结算,并支付相应合同价款。

4. 最终结清

(1)最终结清申请单。

①除专用合同条款另有约定外,承包人应在缺陷责任期终止证书颁发后 7 天内,按专用合同条款约定的份数向发包人提交最终结清申请单,并提供相关证明材料。

除专用合同条款另有约定外,最终结清申请单应列明质量保证金、应扣除的质量保证金、缺陷责任期内发生的增减费用。

②发包人对最终结清申请单内容有异议的,有权要求承包人进行修正和提供补充资料,承包人应向发包人提交修正后的最终结清申请单。

(2)最终结清证书和支付。

①除专用合同条款另有约定外,发包人应在收到承包人提交的最终结清申请单后 14 天内完成审批并向承包人颁发最终结清证书。发包人逾期未完成审批,又未提出修改意见的,视为发包人同意承包人提交的最终结清申请单,且自发包人收到承包人提交的最终结清申请单后 15 天起视为已颁发最终结清证书。

②除专用合同条款另有约定外,发包人应在颁发最终结清证书后 7 天内完成支付。发包人逾期支付的,按照中国人民银行发布的同期同类贷款基准利率支付违约金;逾期支付超过 56 天的,按照中国人民银行发布的同期同类贷款基准利率的两倍支付违约金。

③承包人对发包人颁发的最终结清证书有异议的,按照争议解决的约定办理。

(十三)缺陷责任期与保修

1. 工程保修的原则

在工程移交发包人后,因承包人原因产生的质量缺陷,承包人应承担质量缺陷责任和保修义务。缺陷责任期届满,承包人仍应按合同约定的工程各部位保修年限承担保修义务。

2. 缺陷责任期

(1)缺陷责任期自实际竣工日期起计算,合同当事人应在专用合同条款约定缺陷责任期的具体期限,但该期限最长不超过 24 个月。

单位工程先于全部工程进行验收,经验收合格并交付使用的,该单位工程缺陷责任期自单位工程验收合格之日起算。因发包人原因导致工程无法按合同约定期限进行竣工验收的,缺陷责任期自承包人提交竣工验收申请报告之日起开始计算;发包人未经竣工验收擅自使用工程的,缺陷责任期自工程转移占有之日起开始计算。

(2)工程竣工验收合格后,因承包人原因导致的缺陷或损坏致使工程、单位工程或某项主要设备不能按原定目的使用的,则发包人有权要求承包人延长缺陷责任期,并应在原缺陷责任期届满前发出延长通知,但缺陷责任期最长不能超过 24 个月。

(3)任何一项缺陷或损坏修复后,经检查证明其影响了工程或工程设备的使用性能,承包人应重新进行合同约定的试验和试运行,试验和试运行的全部费用应由责任方承担。

(4)除专用合同条款另有约定外,承包人应于缺陷责任期届满后 7 天内向发包人发出缺陷责任期届满通知,发包人应在收到缺陷责任期满通知后 14 天内核实承包人是否履行缺陷修复义务,承包人未能履行缺陷修复义务的,发包人有权扣除相应金额的维修费用。发包人应在收到缺陷责任期届满通知后 14 天内,向承包人颁发缺陷责任期终止证书。

3. 质量保证金

经合同当事人协商一致扣留质量保证金的,应在专用合同条款中予以明确。

(1)承包人提供质量保证金的方式。

承包人提供质量保证金有以下三种方式:

①质量保证金保函;

②相应比例的工程款;

③双方约定的其他方式。

除专用合同条款另有约定外,质量保证金原则上采用上述第①种方式。

(2)质量保证金的扣留。

质量保证金的扣留有以下三种方式:

①在支付工程进度款时逐次扣留,在此情形下,质量保证金的计算基数不包括预付款的支付、扣回以及价格调整的金额;

②工程竣工结算时一次性扣留质量保证金;

③双方约定的其他扣留方式。

除专用合同条款另有约定外,质量保证金的扣留原则上采用上述第①种方式。

发包人累计扣留的质量保证金不得超过结算合同价格的 5%,如承包人在发包人签发竣工付款证书后 28 天内提交质量保证金保函,发包人应同时退还扣留的作为质量保证金的工程价款。

(3)质量保证金的退还。

发包人应按最终结清的约定退还质量保证金。

4. 保修

(1)保修责任。

工程保修期从工程竣工验收合格之日起算,具体分部分项工程的保修期由合同当事人在专用合同条款中约定,但不得低于法定最低保修年限。在工程保修期内,承包人应当根据有关法律规定以及合同约定承担保修责任。

发包人未经竣工验收擅自使用工程的,保修期自转移占有之日起算。

(2)修复费用。

保修期内,修复的费用按照以下约定处理:

①保修期内,因承包人原因造成工程的缺陷、损坏,承包人应负责修复,并承担修复的费用以及因工程的缺陷、损坏造成的人身伤害和财产损失;

②保修期内,因发包人使用不当造成工程的缺陷、损坏,可以委托承包人修复,但发包人应承担修复的费用,并支付承包人合理利润;

③因其他原因造成工程的缺陷、损坏,可以委托承包人修复,发包人应承担修复的费用,并支付承包人合理的利润,因工程的缺陷、损坏造成的人身伤害和财产损失由责任方承担。

(3)修复通知。

在保修期内,发包人在使用过程中,发现已接收的工程存在缺陷或损坏的,应书面通知承包人予以修复,但情况紧急必须立即修复缺陷或损坏的,发包人可以口头通知承包人并在口头通知后 48 小时内书面确认,承包人应在专用合同条款约定的合理期限内到达工程现场并修复缺陷或损坏。

(4)未能修复。

因承包人原因造成工程的缺陷或损坏,承包人拒绝维修或未能在合理期限内修复缺陷或损坏,且经发包人书面催告后仍未修复的,发包人有权自行修复或委托第三方修复,所需费用由承包人承担。但修复范围超出缺陷或损坏范围的,超出范围部分的修复费用由发包人承担。

(5)承包人出入权。

在保修期内,为了修复缺陷或损坏,承包人有权出入工程现场,除情况紧急必须立即修复缺陷或损坏外,承包人应提前 24 小时通知发包人进场修复的时间。承包人进入工程现场前应获得发包人同意,且不应影响发包人正常的生产经营,并应遵守发包人有关保安和保密等规定。

工作任务 4　施工合同的变更管理

一、工程项目变更的概念及原因

1. 工程变更的概念

工程变更指在工程项目实施过程中,按照合同约定的程序对部分或全部工程在材料、工艺、功能、构造、尺寸、技术指标、工程数量及施工方法等方面做出的改变。变更是指承包人根据监理签发设计文件及监理变更指令进行的、在合同工作范围内各种类型的变更,包括合同工作内容的增减、合同工程量的变化、因地质原因引起的设计更改、根据实际情况引起的结构物尺寸、标高的更改、合同外的任何工作等。

2. 工程变更的原因

建设工程合同是工程项目承建方与建设方在工程合同谈判阶段形成的文件,常用的合同形式分为单价承包合同和总价承包合同。合同变更是合同法中所明确的一种法律概念。指"合同成立后,当事人在原合同的基础上对合同的内容进行修改或补充"。引起工程变更的原因很多,有业主、设计、监理及承包人提出的工程变更,也有其他自然条件造成的工程变更。如表 4-2 所示。

表 4-2　工程变更的原因

变更原因	内容
业主的原因	业主为了达到工程投资最低化,同时又符合工程的实际要求。必要的时候委托设计单位对部分工程进行优化变更。如果是业主提出工程变更,监理工程师应与承包人商量看是否合理可行,主要看业主方提出的工程变更内容是否超出合同限定的范围,若属于新增工程,则不能算作工程变更,只能按另签合同处理,除非承包方同意作为变更
设计变更的原因	根据工程的实际情况,设计人员可以从技术上考虑对工程进行必要的变更,当然也可视为业主的要求,也必须通过监理工程师下达工程变更指令。如果承包人提出设计变更从而造成工程变更要求,则此变更设计要求只能是建议性的,具体设计变更应由监理工程师认可,经设计单位进行变更设计后方可成立
监理方的原因	监理工程师可以根据工地现场的工程进展的具体情况,认为确有必要时提出工程变更
承包方的原因	承包方在施工过程中如果发现能变更的工程项目,可以提出变更申请,交监理工程师审查。承包方提出的工程变更,一种情况是工程遇到不能预见的地质条件或地下障碍,如原设计的班多水电站施工供水工程取水泵站的基础为大口井,后在施工的过程中发现流沙地基,故而建议变更为沉井基础,既施工方便,又不影响取水效果;另一种情况是承包人为了节约工程成本或加快工程施工进度,提出变更
其他自然条件的原因	工程水文地质情况往往复杂多变,在施工过程中,由于地下水、地质断层、地下溶洞和地基沉陷等无法预料的不利自然条件,以及现场发现的下水道、公共设施、坑、文物、隧道及废旧建筑物等客观障碍,造成工程项目数量、设计内容或施工方法等发生变化,从而引起工程变更

二、变更的范围和内容

施工合同变更的范围很广,一般在施工合同签订后所有工程范围、进度、工程质量要求、合同条款内容、合同双方责权利关系的变化等都可以被视为施工合同变更。最常见的变更有两种:①涉及合同条款的变更,合同条件和合同协议书所定义的双方责权利关系或一些重大问题的变更,这是狭义的合同变更,以前人们定义合同变更即为这一类;②工程变更,即工程的质量、数量、性质、功能、施工次序和实施方案的变化。

根据新版《建设工程施工合同(示范文本)》中的通用合同条款的规定,除专用合同条款

另有约定外,合同履行过程中发生以下情形的,应按照本条约定进行变更:

(1)增加或减少合同中任何工作,或追加额外的工作;

(2)取消合同中任何工作,但转由他人实施的工作除外;

(3)改变合同中任何工作的质量标准或其他特性;

(4)改变工程的基线、标高、位置和尺寸;

(5)改变工程的时间安排或实施顺序。

三、变更权

发包人和监理人均可以提出变更。变更指示均通过监理人发出,监理人发出变更指示前应征得发包人同意。承包人收到经发包人签认的变更指示后,方可实施变更。未经许可,承包人不得擅自对工程的任何部分进行变更。

涉及设计变更的,应由设计人提供变更后的图纸和说明。如变更超过原设计标准或批准的建设规模时,发包人应及时办理规划、设计变更等审批手续。

四、变更程序及影响

(一)变更程序(见图 4-2)

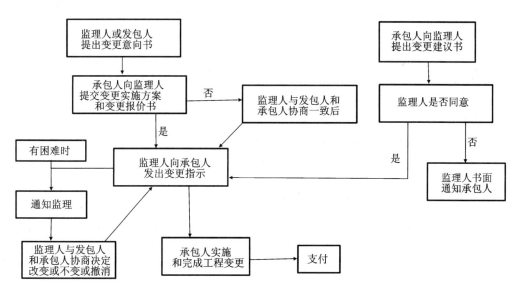

图 4-2　工程变更程序

1. 发包人提出变更

发包人提出变更的,应通过监理人向承包人发出变更指示,变更指示应说明计划变更的工程范围和变更的内容。

2. 监理人提出变更建议

监理人提出变更建议的,需要向发包人以书面形式提出变更计划,说明计划变更工程范围和变更的内容、理由,以及实施该变更对合同价格和工期的影响。发包人同意变更的,由监理人向承包人发出变更指示。发包人不同意变更的,监理人无权擅自发出变更指示。

3. 变更执行

承包人收到监理人下达的变更指示后,认为不能执行,应立即提出不能执行该变更指示的理由。承包人认为可以执行变更的,应当书面说明实施该变更指示对合同价格和工期的影响,且合同当事人应当按照变更估价的约定确定变更估价。

(二)合同变更的影响

合同变更实质上是对合同的修改,是双方新的要约和承诺。这种修改通常不能免除或改变承包人的合同责任,但对合同实施影响很大,造成原"合同状态"的变化,必须对原合同规定的内容作相应的调整。主要表现在如下几方面:

(1)定义工程目标和工程实施情况的各种文件,如设计图纸、成本计划和支付计划、工期计划、施工方案、技术说明和适用的规范等,都应作相应的修改和变更。合同变更最常见和最多的是工程变更。当然相关的其他计划也应作相应调整,如材料采购计划、劳动力安排、机械使用计划等。它不仅引起与承包合同平行的其他合同的变化,而且会引起所属的各个分合同,如供应合同、租赁合同、分包合同的变更。有些重大的变更会打乱整个施工部署。

(2)引起合同双方,承包人的工程小组之间,总承包人和分包商之间合同责任的变化。如工程量增加,则增加了承包人的工程责任,增加了费用开支和延长了工期。

(3)有些工程变更还会引起已完工程的返工,现场工程施工的停滞,施工秩序打乱,已购材料的损失等。

五、变更估价

1. 变更估价原则

除专用合同条款另有约定外,变更估价按照本款约定处理:

(1)已标价工程量清单或预算书有相同项目的,按照相同项目单价认定;

(2)已标价工程量清单或预算书中无相同项目,但有类似项目的,参照类似项目的单价认定;

(3)变更导致实际完成的变更工程量与已标价工程量清单或预算书中列明的该项目工程量的变化幅度超过15%的,或已标价工程量清单或预算书中无相同项目及类似项目单价的,按照合理的成本与利润构成的原则,由合同当事人按照第4.4款〔商定或确定〕确定变更工作的单价。

2. 变更估价程序

承包人应在收到变更指示后14天内,向监理人提交变更估价申请。监理人应在收到承包人提交的变更估价申请后7天内审查完毕并报送发包人,监理人对变更估价申请有异议,通知承包人修改后重新提交。发包人应在承包人提交变更估价申请后14天内审批完毕。发包人逾期未完成审批或未提出异议的,视为认可承包人提交的变更估价申请。

因变更引起的价格调整应计入最近一期的进度款中支付。

六、承包人的合理化建议

承包人提出合理化建议的,应向监理人提交合理化建议说明,说明建议的内容和理由,以及实施该建议对合同价格和工期的影响。

除专用合同条款另有约定外,监理人应在收到承包人提交的合理化建议后 7 天内审查完毕并报送发包人,发现其中存在技术上的缺陷,应通知承包人修改。发包人应在收到监理人报送的合理化建议后 7 天内审批完毕。合理化建议经发包人批准的,监理人应及时发出变更指示,由此引起的合同价格调整按照变更估价的约定执行。发包人不同意变更的,监理人应书面通知承包人。

合理化建议降低了合同价格或者提高了工程经济效益的,发包人可对承包人给予奖励,奖励的方法和金额在专用合同条款中约定。

七、变更引起的工期调整

因变更引起工期变化的,合同当事人均可要求调整合同工期,由合同当事人按照商定或确定的约定并参考工程所在地的工期定额标准确定增减工期天数。

八、暂估价

暂估价专业分包工程、服务、材料和工程设备的明细由合同当事人在专用合同条款中约定。

1. 依法必须招标的暂估价项目

对于依法必须招标的暂估价项目,采取以下第 1 种方式确定。合同当事人也可以在专用合同条款中选择其他招标方式。

第 1 种方式:对于依法必须招标的暂估价项目,由承包人招标,对该暂估价项目的确认和批准按照以下约定执行。

(1)承包人应当根据施工进度计划,在招标工作启动前 14 天将招标方案通过监理人报送发包人审查,发包人应当在收到承包人报送的招标方案后 7 天内批准或提出修改意见;承包人应当按照经过发包人批准的招标方案开展招标工作。

(2)承包人应当根据施工进度计划,提前 14 天将招标文件通过监理人报送发包人审批,发包人应当在收到承包人报送的相关文件后 7 天内完成审批或提出修改意见;发包人有权确定招标控制价并按照法律规定参加评标。

(3)承包人与供应商、分包人在签订暂估价合同前,应当提前 7 天将确定的中标候选供应商或中标候选分包人的资料报送发包人,发包人应在收到资料后 3 天内与承包人共同确定中标人;承包人应当在签订合同后 7 天内,将暂估价合同副本报送发包人留存。

第 2 种方式:对于依法必须招标的暂估价项目,由发包人和承包人共同招标确定暂估价供应商或分包人的,承包人应按照施工进度计划,在招标工作启动前 14 天通知发包人,并提交暂估价招标方案和工作分工。发包人应在收到后 7 天内确认。确定中标人后,由发包人、承包人与中标人共同签订暂估价合同。

2.不属于依法必须招标的暂估价项目

除专用合同条款另有约定外,对于不属于依法必须招标的暂估价项目,采取以下第 1 种方式确定。

第 1 种方式:对于不属于依法必须招标的暂估价项目,按本项约定确认和批准。

(1)承包人应根据施工进度计划,在签订暂估价项目的采购合同、分包合同前 28 天向监理人提出书面申请,监理人应当在收到申请后 3 天内报送发包人,发包人应当在收到申请后 14 天内给予批准或提出修改意见,发包人逾期未予批准或提出修改意见的,视为该书面申请已获得同意。

(2)发包人认为承包人确定的供应商、分包人无法满足工程质量或合同要求的,发包人可以要求承包人重新确定暂估价项目的供应商、分包人。

(3)承包人应当在签订暂估价合同后 7 天内,将暂估价合同副本报送发包人留存。

第 2 种方式:承包人按照第 10.7.1 项[依法必须招标的暂估价项目]约定的第 1 种方式确定暂估价项目。

第 3 种方式:承包人直接实施的暂估价项目。

承包人具备实施暂估价项目的资格和条件的,经发包人和承包人协商一致后,可由承包人自行实施暂估价项目,合同当事人可以在专用合同条款约定具体事项。

3.暂估价合同订立和履行迟延的

因发包人原因导致暂估价合同订立和履行迟延的,由此增加的费用和(或)延误的工期由发包人承担,并支付承包人合理的利润。因承包人原因导致暂估价合同订立和履行迟延的,由此增加的费用和(或)延误的工期由承包人承担。

九、暂列金额

暂列金额应按照发包人的要求使用,发包人的要求应通过监理人发出。合同当事人可以在专用合同条款中协商确定有关事项。

十、计日工

需要采用计日工方式的,经发包人同意后,由监理人通知承包人以计日工计价方式实施相应的工作,其价款按列入已标价工程量清单或预算书中的计日工计价项目及其单价进行计算;已标价工程量清单或预算书中无相应的计日工单价的,按照合理的成本与利润构成的原则,由合同当事人按照第 4.4 款[商定或确定]确定计日工的单价。

采用计日工计价的任何一项工作,承包人应在该项工作实施过程中,每天提交以下报表和有关凭证报送监理人审查:

(1)工作名称、内容和数量;

(2)投入该工作的所有人员的姓名、专业、工种、级别和耗用工时;

（3）投入该工作的材料类别和数量；

（4）投入该工作的施工设备型号、台数和耗用台时；

（5）其他有关资料和凭证。

计日工由承包人汇总后，列入最近一期进度付款申请单，由监理人审查并经发包人批准后列入进度付款。

十一、减少工程合同变更的措施

建设工程实施过程中，合同变更的产生会对工程本身产生一些不利的影响，并且会影响建设方、施工方甚至监理方的利益。因此，作为施工方尽量减少建设工程合同的变更不仅是为建设工程项目顺利实施着想，更是维护自身利益的重要举措之一。为了整个项目的顺利实施及自身利益，减少工程合同变更也是施工方关注的焦点，减少工程合同变更主要可以从以下几个方面入手。

1. 做好工程项目投标前期工作

建设工程项目的前期工作直接涉及建设施工范围和费用，因此施工方在标前会议中要对待建工程的施工现场、施工范围以及供电、供水、对外交通等施工条件进行详尽的调查。在现场考查时，要对有可能引起争议的施工要亲和建设方达成一致的施工意见。比如对地下水位、含水量等的测定除考虑当时的实地情况外，还要考虑到整个施工期可能出现的情况；图纸会审中对于有异议的地方要和设计方、建设方澄清。

2. 签订规范合理的施工合同

施工方与建设方签订施工合同时，应本着客观、公正的原则，充分考虑到施工场地、施工季节对工程的影响。除按图纸确定合同内容外，应补充可能发生变更项目的特别条款。特别条款中对有可能涉及的工程项目有明确的标价。这样一旦发生合同变更，便有章可循，减少或避免一些不必要的问题。

3. 合理组织施工现场

施工方应合理组织项目组成员，建立一套完整的施工程序，加强和建设方、设计方及监理方的沟通，遇到问题时，现场管理人员与参建单位不能达成统一共识，就进行专家咨询，找出具体的可执行方案。为建设项目的顺利实施创造一个良好的施工环境。

4. 承包人工程项目变更管理存在的问题与对策

目前，施工项目经理部普遍存在一种现象，即在项目内部，施工人员只负责工程施工和进度，材料管理人员只负责材料的采购及进场点验工作。这样表面上看来职责清晰，分工明确，但项目的变更管理是靠大家来管理，项目效益是靠大家来创造的。工程部门在施工中，只顾生产，忽视了有的项目变更对项目经济效益的作用，没有及时搜集对己有利的变更依据，导致经营管理部门对变更价格的过低确定，使项目经济蒙受损失。材料管理部门对变更材料（实际市场价格上涨的）的单价没有及时提供给经营管理部门，使该项的变更单价确定的保守甚至偏低，影响了项目的效益。这就要求承包人建立有效的责权利相结合的变更管理模式和体制，对项目管理人员进行经济观念的培养，各部门要密切配合，在做好变更管理工作的同时，争取企业利润最大化。

工作任务5 施工合同的索赔管理

一、施工索赔的概念及特征

(一)施工索赔的概念

索赔具有较为广泛的含义,其一般含义是指对某事、某物权利的一种主张、要求、坚持等。工程索赔通常是指在施工合同履行过程中,合同当事人一方因非己方的原因而遭受损失,按合同约定或法律法规规定应由对方承担责任,从而向对方提出补偿的要求。在工程建设的各个阶段,都有可能发生索赔,但在施工阶段索赔发生较多。

索赔是一种正当的权利要求,它是业主方、监理工程师和承包方之间的一项正常的、大量发生而且普遍存在的合同管理业务,是一种以法律和合同为依据、合情合理的行为。

(二)索赔的特征

从索赔的基本含义,可以看出索赔具有以下基本特征。

(1)索赔是双向的,不仅承包人可以向发包人索赔,发包人同样也可以向承包人索赔。由于实践中发包人向承包人索赔发生的频率相对较低,而且在索赔处理中,发包人始终处于主动和有利地位,对承包人的违约行为,可以直接从应付工程款中扣抵、扣留保留金或通过履约保函向银行索赔来实现自己的索赔要求。因此在工程实践中大量发生的、处理比较困难的是承包人向发包人的索赔,也是工程师进行合同管理的重点内容之一。承包人的索赔范围非常广泛,一般只要因非承包人自身责任造成其工期延长或成本增加,都有可能向发包人提出索赔。有时发包人违反合同,如未及时交付施工图纸、合格施工现场、决策错误等造成工程修改、停工、返工、窝工,未按合同规定支付工程款等,承包人可向发包人提出赔偿要求;也可能由于发包人应承担风险的原因,如恶劣气候条件影响、国家法规修改等造成承包人损失或损害时,也会向发包人提出补偿要求。

(2)只有实际发生了经济损失或权利损害,一方才能向对方索赔。经济损失是指因对方因素造成合同外的额外支出,如人工费、材料费、机械费、管理费等额外开支;权利损害是指虽然没有经济上的损失,但造成了一方权利上的损害,如由于恶劣气候条件对工程进度的不利影响,承包人有权要求工期延长等。因此发生了实际的经济损失或权利损害,应是一方提出索赔的一个基本前提条件。有时上述两者同时存在,如发包人未及时交付合格的施工现场,既造成承包人的经济损失,又侵犯了承包人的工期权利,因此,承包人既要求经济赔偿,又要求工期延长;有时两者则可单独存在,如恶劣气候条件影响、不可抗力事件等,承包人根据合同规定或惯例则只能要求工期延长,不应要求经济补偿。

(3)索赔是一种未经对方确认的单方行为。它与我们通常所说的工程签证不同。在施工过程中签证是承发包双方就额外费用补偿或工期延长等达成一致的书面证明材料和补充协议,它可以直接作为工程款结算或最终增减工程造价的依据,而索赔则是单方面行为,对对方尚未形成约束力,这种索赔要求能否得到最终实现,必须要通过双方确认(如双方协商、谈判、调解或仲裁、诉讼)后才能实现。

二、施工索赔分类

(一)按索赔的合同依据分类

1. 合同中明示的索赔

合同中明示的索赔是指承包人所提出的索赔要求,在该工程项目的合同文件中有文字依据,承包人可以据此提出索赔要求,并取得经济补偿。这些在合同文件中有文字规定的合同条款,称为明示条款。

2. 合同中默示的索赔

合同中默示的索赔,即承包人的该项索赔要求,虽然在工程项目的合同条款中没有专门的文字叙述,但可以根据该合同的某些条款的含义,推论出承包人有索赔权。这种索赔要求,同样有法律效力,有权得到相应的经济补偿。这种有经济补偿含义的条款,在合同管理工作中被称为"默示条款"或称为"隐含条款"。

默示条款是一个广泛的合同概念,它包含合同明示条款中没有写入、但符合双方签订合同时设想的愿望和当时环境条件的一切条款。这些默示条款,或者从明示条款所表述的设想愿望中引申出来,或者从合同双方在法律上的合同关系引申出来,经合同双方协商一致,或被法律和法规所指明,都成为合同文件的有效条款,要求合同双方遵照执行。

(二)按索赔目的分类

1. 工期索赔

由于非承包人责任的原因而导致施工进程延误,要求批准顺延合同工期的索赔,称之为工期索赔。工期索赔形式上是对权利的要求,以避免在原定合同竣工日不能完工时,被发包人追究拖期违约责任。一旦获得批准合同工期顺延后,承包人不仅免除了承担拖期违约赔偿费的严重风险,而且可能因提前完工得到奖励,最终仍反映在经济收益上。

2. 费用索赔

费用索赔的目的是要求经济补偿。当施工的客观条件改变导致承包人增加开支,要求对超出计划成本的附加开支给予补偿,以挽回不应由其承担的经济损失。

(三)按索赔事件的性质分类

1. 工程延误索赔

因发包人未按合同要求提供施工条件,如未及时交付设计图纸、施工现场、道路等,或因发包人指令工程暂停或不可抗力事件等原因造成工期拖延的,承包人对此提出索赔。这是工程中常见的一类索赔。

2. 工程变更索赔

由于发包人或监理人指令增加或减少工程量或增加附加工程、修改设计、变更工程顺序等,造成工期延长和费用增加,承包人对此提出索赔。

3. 合同被迫终止的索赔

由于发包人或承包人违约以及不可抗力事件等原因造成合同非正常终止,无责任的受害方因其蒙受经济损失而向对方提出索赔。

4. 工程加速索赔

由于发包人或监理人指令承包人加快施工速度,缩短工期,引起承包人人、财、物的额外开支而提出的索赔。

5. 意外风险和不可预见因素索赔

在工程实施过程中,因人力不可抗拒的自然灾害、特殊风险以及一个有经验的承包人通常不能合理预见的不利施工条件或外界障碍,如地下水、地质断层、溶洞、地下障碍物等引起的索赔。

6. 其他索赔

如因货币贬值,汇率变化,物价、工资上涨,政策法令变化等原因引起的索赔。

三、索赔的起因

引起工程索赔的原因非常复杂,主要有以下方面。

(1)工程项目的特殊性。

现代工程规模大、技术性强、投资额大、工期长、材料设备价格变化快。工程项目的差异性大、综合性强、风险大,使得工程项目在实施过程中存在许多不确定变化因素,而合同则必须在工程开始前签订,它不可能对工程项目所有的问题都能作出合理的预见和规定,而且发包人在实施过程中还会有许多新的决策,这一切使得合同变更极为频繁,而合同变更必然会导致项目工期和成本的变化。

(2)工程项目内外部环境的复杂性和多变性。

工程项目的技术环境、经济环境、社会环境、法律环境的变化,诸如地质条件变化、材料价格上涨、货币贬值、国家政策、法规的变化等,会在工程实施过程中经常发生,使得工程的计划实施过程与实际情况不一致,这些因素同样会导致工程工期和费用的变化。

(3)参与工程建设主体的多元性。

由于工程参与单位多,一个工程项目往往会有发包人、总包人、监理人、分包人、指定分包人、材料设备供应商等众多参加单位。各方面的技术、经济关系错综复杂,相互联系又相互影响,只要一方失误,不仅会造成自己的损失,而且会影响其他合作者,造成他人损失,从而导致索赔。

(4)工程合同的复杂性及易出错性。

建设工程合同文件多且复杂,经常会出现措词不当、缺陷、图纸错误,以及合同文件前后自相矛盾或者可作不同解释等问题,容易造成合同双方对合同文件理解不一致,从而出现索赔。

以上这些问题会随着工程的逐步开展而不断暴露出来,必然使工程项目受到影响,导致工程项目成本和工期的变化,这就是索赔形成的根源。因此,索赔的发生,不仅是一个索赔意识或合同观念的问题,从本质上讲,索赔也是一种客观存在。

四、施工合同索赔的依据和证据

(一)索赔的依据

索赔的依据主要是法律、法规及工程建设惯例,尤其是双方签订的合同文件。由于不同的项目有不同的合同文本,索赔的依据也就不同,合同当事人的索赔权利也不同。

新版《建设工程施工合同(示范文本)》中,与施工索赔相关的条款内容,较为系统地规定了工程施工合同履行过程中常见的索赔事项。

(二)索赔的证据

索赔证据是当事人用来支持其索赔成立或和索赔有关的证明文件和资料。索赔证据作为索赔文件的组成部分,在很大程度上关系到索赔的成功与否。证据不全、不足或没有证据,索赔是不可能获得成功的。作为索赔证据既要真实、准确、全面、及时,又要具有法律证明效力。索赔所需的证据可从下列资料中收集:

1. 施工日记

承包人应指令有关人员现场记录施工中发生的各种情况,做好施工日记和现场记录。做好施工日记工作有利于及时发现和分析索赔,施工日记也是索赔的重要证明材料。

2. 来往信件

来往信件是索赔证据资料的重要来源,平时应认真保存与监理人等往来的各类信件,并注明收发的时间。

3. 气象资料

天气情况是进度安排和分析施工条件等必须考虑的重要因素。施工合同履行过程中应每天做好天气情况记录,内容包括气温、风力、降雨量、暴雨雪、冰雹等,工程竣工时,形成一份如实、完整、详细的气象资料。

4. 备忘录

(1)对于监理人和业主的口头指令和电话,应随时书面记录,并及时提请签字予以确认。

(2)对索赔事件发生及其持续过程随时做好情况记录。

(3)投标过程的备忘录等。

5. 会议纪要

承包人、业主和监理的会议应做好记录,并就主要议题应形成会议纪要,由参与会议的各方签字确认。

6. 工程照片和工程声像资料

这些资料都是反映工程客观情况的真实写照,也是法律承认的有效证据,应拍摄有关资料并妥善保存。

7. 工程进度计划

承包人编制的经监理人或业主批准同意的所有工程总进度、年进度、季进度、月进度计划都必须妥善保管,任何与延期有关的索赔分析、工程进度计划都是非常重要的证据。

8. 工程成本核算资料

工人劳动计时卡和工资单,设备、材料和零配件采购单,付款数收据,工程开支月报,工程成本分析资料,会计报表,财务报表,货币汇率,物价指数,收付款票据都应分类装订成册,这些都是进行索赔费用计算的基础。

9. 工程图纸

监理人和业主签发的各种图纸,包括设计图、施工图、竣工图及其相应的修改图应注意对照检查和妥善保存,设计变更一类的索赔,原设计图和修改图的差异是索赔最有力证据。

10. 招投标文件

招标文件是承包人报价的依据,是工程成本计算的基础资料,是索赔时进行附加成本计算的依据。投标文件是承包人编标报价的成果资料,对施工所需的设备、材料列出的数量和价格,也是索赔的基本依据。

11. 其他资料

索赔证据还可从工程图纸、工程照片和声像资料、招投标文件等资料中收集。

五、施工合同索赔的程序

(一)施工索赔成立的条件

要取得索赔的成功,必须满足以下的基本条件:

1. 客观性

必须确实存在不符合合同或违反合同的事件,此事件对承包人的工期和(或)成本造成影响,并提供确凿的证据。

2. 合法性

事件非承包人自身原因引起,按照合同条款对方应给予补偿。索赔要求应符合承包合同的规定。

3. 合理性

索赔要求应合情合理,符合实际情况,真实反映由于事件的发生而造成的实际损失,应采用合理的计算方法和计算基础。

(二)施工索赔的程序

施工索赔包括违约索赔和不可抗力等因素引起的索赔,违约处理程序见图 4-3,索赔处理程序见图 4-4。

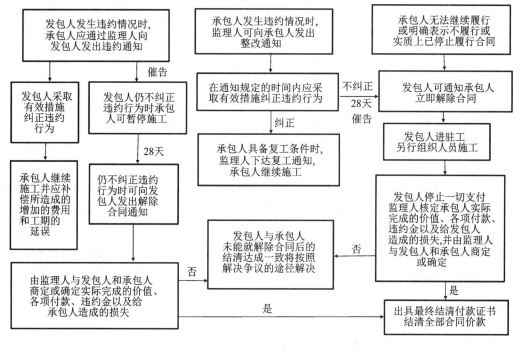

图 4-3 违约处理程序

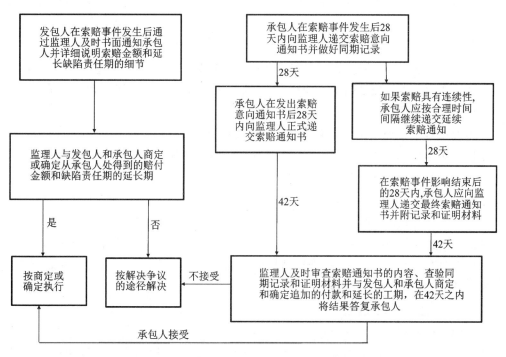

图 4-4 索赔处理程序

1. 承包人提出索赔要求

（1）意向通知。

承包人应在知道或应当知道索赔事件发生后 28 天内,向监理人递交索赔意向通知书,并说明发生索赔事件的事由。承包人未在前述 28 天内发出索赔意向通知书的,丧失要求追加付款和(或)延长工期的权利;索赔事件发生后,承包人有义务做好现场施工的同期记录,监理人有权随时检查和调阅,以判断索赔事件造成的实际损害。

索赔意向书的内容应包括:

①事件发生的时间及其情况的简单描述;

②索赔依据的合同条款及理由;

③提供后续资料的安排,包括及时记录和提供事件的发展动态;

④对工程成本和工期产生不利影响的严重程度。

(2)索赔证据准备。

在工程项目的实施过程中,会产生大量的工程信息和资料,这些信息和资料是开展索赔的重要依据。如果项目资料不完整,索赔就难以顺利进行。因此在施工过程中应始终做好资料积累工作,建立完善的资料记录和科学管理制度,认真地系统地积累和管理合同义件、质量、进度及财务收支等方面的资料。对于可能发生索赔的工程项目,从开始施工时就要有目的地搜集证据资料,系统地拍摄现场,妥善保管开支收据,有意识地为索赔积累必要的证据材料。

(3)编写索赔报告。

索赔报告是承包人要求业主给予费用补偿和延长工期的正式书面文件,应当在索赔事件对工程的影响结束后的合同约定的时间内提交给监理人或业主。编写索赔报告应注意下列事项。

①明确索赔报告的基本要求。

a. 必须说明索赔的合同依据。有关索赔的合同依据主要有两类:一是关于承包人有资格因额外工作而获得追加合同价款的规定;二是有关业主或监理人违反合同给承包人造成额外损失时有权要求补偿的规定。

b. 索赔报告中必须有详细准确的损失金额或时间的计算。

c. 必须证明索赔事件同承包人的额外工作、额外损失或额外支出之间的因果关系。

②索赔报告必须准确。

索赔报告不仅要有理有据,而且要求必须准确。

a. 责任分析清楚、准确。索赔报告中不能有责任含混不清或自我批评的语言,要强调索赔事件的不可预见性,事发后已经采取措施,但无法制止不利影响的情况等。

b. 索赔值的计算依据要正确,计算结果要准确。索赔值的计算应采用文件规定或公认的计算方法,计算结果不能有差错。

c. 索赔报告的用词要恰当。

③索赔报告的形式和内容要求。

索赔报告的内容应简明扼要,条理清楚。一般采用"金字塔形式":按说明信、索赔报告正文、附件的顺序,文字前少后多。

a. 说明信。简要说明索赔事由,索赔金额或工期天数,正文及证明材料的目录。这部分一定要简明扼要,让业主了解索赔概况即可。

b. 索赔报告正文。

标题:应针对索赔事件或索赔的事由,概括出索赔的中心内容。

事件:叙述索赔事件发生的原因和过程,包括索赔事件发生后双方的活动及证明材料。

理由:根据索赔事件,提出索赔的依据。

因果分析:进行索赔事件所造成的成本增加、工期延长的前因后果分析,列出索赔费用项目及索赔总额。

c.计算过程、证明材料及附件。这是索赔的有力证据,一定要和索赔报告中提出的索赔依据、证据、索赔事件的责任、索赔要求等完全一致,不能有丝毫相互矛盾的地方,要避免因计算过程和证明材料方面的失误而导致索赔失败。

④准备好与索赔有关的各种细节性资料,以备谈判中作进一步说明。

(4)递交索赔报告。

承包人应在发出索赔意向通知书后 28 天内,向监理人和发包人正式递交索赔报告。索赔报告应详细说明索赔理由以及要求追加的付款金额和(或)延长的工期,并附必要的记录和证明材料;索赔事件具有持续影响的,承包人应按合理时间间隔继续递交延续索赔通知,说明持续影响的实际情况和记录,列出累计的追加付款金额和(或)工期延长天数;在索赔事件影响结束后的 28 天内,承包人应向监理人递交最终索赔报告,说明最终要求索赔的追加付款金额和延长的工期,并附必要的记录和证明材料。

承包人发出索赔意向通知后,可以在监理人指示的其他合理时间内再报送正式索赔报告,也就是说,监理人在索赔事件发生后有权不马上处理该项索赔。如果事件发生时,现场施工非常紧张,监理人不希望立即处理索赔而分散各方抓施工管理的精力,可通知承包人将索赔的处理留待施工不太紧张时再去解决。但承包人的索赔意向通知必须在事件发生后的 28 天内提出,包括因对变更估价双方不能取得一致意见,而先按监理人单方面决定的单价或价格执行时,承包人提出的保留索赔权利的意向通知。如果承包人未能按时间规定提出索赔意向和索赔报告,则他就失去了就该项事件请求补偿的索赔权力。此时他所受到损害的补偿,将不超过监理人认为应主动给予的补偿额。

2.监理人审核索赔报告

(1)监理人审核承包人的索赔申请。

接到承包人的索赔意向通知后,监理人应建立自己的索赔档案,密切关注事件的影响,检查承包人的同期记录时,随时就记录内容提出不同意见或希望应予以增加的记录项目。

在收到承包人提交的索赔报告后,应及时审批索赔报告的内容、查验承包人的记录和证明材料。首先在不确认责任归属的情况下,客观分析事件发生的原因,重温合同的有关条款,研究承包人的索赔证据,并检查他的同期记录;其次通过对事件的分析,监理人再依据合同条款划清责任界限,必要时监理人可要求承包人提交全部原始记录副本。尤其是对承包人与发包人或监理人都负有一定责任的事件影响,更应划出各方应该承担合同责任的比例。最后再审查承包人提出的索赔补偿要求,剔除其中的不合理部分,拟定自己计算的合理索赔款额和工期顺延天数。

(2)判定索赔成立的原则。

监理人判定承包人索赔成立的条件为:

①与合同相对照,事件已造成了承包人施工成本的额外支出,或总工期延误;

②造成费用增加或工期延误的原因,按合同约定不属于承包人应承担的责任,包括行为

责任或风险责任;

③承包人按合同规定的程序提交了索赔意向通知和索赔报告。

上述三个条件没有先后主次之分,应当同时具备。只有监理人认定索赔成立后,才处理应给予承包人的补偿额。

(3)对索赔报告的审查。

①事态调查。通过对合同实施的跟踪、分析了解事件经过、前因后果,掌握事件详细情况。

②损害事件原因分析。即分析索赔事件是由何种原因引起,责任应由谁来承担。在实际工作中,损害事件的责任有时是多方面原因造成,故必须进行责任分解,划分责任范围。按责任大小,承担损失。

③分析索赔理由。主要依据合同文件判明索赔事件是否属于未履行合同规定义务或未正确履行合同义务导致,是否在合同规定的赔偿范围之内。只有符合合同规定的索赔要求才有合法性、才能成立。例如,某合同规定,在工程总价5%范围内的工程变更属于承包人承担的风险。则发包人指令增加工程量在这个范围内,承包人不能提出索赔。

④实际损失分析。即分析索赔事件的影响,主要表现为工期的延长和费用的增加。如果索赔事件不造成损失,则无索赔可言。损失调查的重点是分析、对比实际和计划的施工进度,工程成本和费用方面的资料,在此基础核算索赔值。

⑤证据资料分析。主要分析证据资料的有效性、合理性、正确性,这也是索赔要求有效的前提条件。如果在索赔报告中提不出证明其索赔理由、索赔事件的影响、索赔值的计算等方面的详细资料,索赔要求是不能成立的。如果监理人认为承包人提出的证据不能足以说明其要求的合理性时,可以要求承包人进一步提交索赔的证据资料。

3. 确定合理的补偿额

(1)监理人与承包人协商补偿。

监理人核查后初步确定应予以补偿的额度往往与承包人的索赔报告中要求的额度不一致,甚至差额较大。主要原因大多为对承担事件损害责任的界限划分不一致,索赔证据不充分,索赔计算的依据和方法分歧较大等,因此双方应就索赔的处理进行协商。对于持续影响时间超过28天以上的工期延误事件,当工期索赔条件成立时,对承包人每隔28天报送的阶段索赔临时报告审查后,每次均应作出批准临时延长工期的决定,并于事件影响结束后28天内承包人提出最终的索赔报告后,批准顺延工期总天数。应当注意的是,最终批准的总顺延天数,不应少于以前各阶段已同意顺延天数之和。规定承包人在事件影响期间必须每隔28天提出一次阶段索赔报告,可以使监理人能及时根据同期记录批准该阶段应予顺延工期的天数,避免事件影响时间太长而不能准确确定索赔值。

(2)监理人索赔处理决定。

在经过认真分析研究,与承包人、发包人广泛讨论后,监理人应该向发包人和承包人提出自己的"索赔处理决定"。监理人收到承包人送交的索赔报告和有关资料后,于28天内给予答复或要求承包人进一步补充索赔理由和证据。《建设工程施工合同示范文本》规定,监理人应在收到上述索赔报告或有关索赔的进一步证明材料后的28天内,将经发包人批准的索赔处理结果答复承包人,如果监理人未在上述期限内作出答复,则视为认可承包人的索赔要求。监理人在"工程延期审批表"和"费用索赔审批表"中应该简明地叙述索赔事项、理由和建议给予补偿的金额及延长的工期,论述承包人索赔的合理方面及不合理方面。通过协商达不成共识时,承包人仅有权得到所提供证据满足监理人认为索赔成立那部分的付款和工期顺延。不论是监理人与承包人协商达到一致,还是监理人单方面作出的处理决定,批准给予补偿的款额和顺延工期的天数如果在授权范围之内,监理人则可将此结果通知承包人,并抄送发包人。补偿款将计入下月支付工程进度款的支付证书内,顺延的工期加到原合同工期中去。如果批准的额度超过监理人权限,则应报请发包人批准。通常,监理人的处理决定不是终局性的,对发包人和承包人都不具有强制性的约束力。承包人对监理人的决定不满意,可以按合同中的争议条款提交约定的仲裁机构仲裁或诉讼。

4. 发包人审查索赔处理

当监理人确定的索赔额超过其权限范围时,必须报请发包人批准。发包人首先根据事件发生的原因、责任范围、合同条款审核承包人的索赔申请和监理人的处理报告,再依据工程建设的目的、投资控制、竣工投产日期要求以及针对承包人在施工中的缺陷或违反合同规定等的有关情况,决定是否同意监理人的处理意见。例如,承包人某项索赔理由成立,监理人根据相应条款规定,既同意给予一定的费用补偿,也批准顺延相应的工期。但发包人权衡了施工的实际情况和外部条件的要求后,可能不同意顺延工期,而宁可给承包人增加费用补偿额,要求他采取赶工措施,按期或提前完工。这样的决定只有发包人才有权作出。索赔报告经发包人同意后,监理人即可签发有关证书。

5. 承包人是否接受最终索赔处理

承包人接受索赔处理结果的,索赔款项在当期进度款中进行支付,索赔事件的处理即告结束。如果承包人不同意,就会导致合同争议。可就其有争议的问题进一步提交监理人解决直至仲裁。

(三)发包人的索赔

1. 发包人索赔的程序

根据合同约定,发包人认为有权得到赔付金额和(或)延长缺陷责任期的,监理人应向承包人发出通知并附有详细的证明。

发包人应在知道或应当知道索赔事件发生后 28 天内通过监理人向承包人提出索赔意向通知书,发包人未在前述 28 天内发出索赔意向通知书的,丧失要求赔付金额和(或)延长缺陷责任期的权利。发包人应在发出索赔意向通知书后 28 天内,通过监理人向承包人正式递交索赔报告。

2. 对发包人索赔的处理

(1)承包人收到发包人提交的索赔报告后,应及时审查索赔报告的内容、查验发包人证明材料。

(2)承包人应在收到索赔报告或有关索赔的进一步证明材料后 28 天内,将索赔处理结果答复发包人。如果承包人未在上述期限内作出答复的,则视为对发包人索赔要求的认可。

(3)承包人接受索赔处理结果的,发包人可从应支付给承包人的合同价款中扣除赔付的金额或延长缺陷责任期;发包人不接受索赔处理结果的,按照争议解决的约定处理。

(四)提出索赔的期限

(1)承包人按照竣工结算审核的约定接收竣工付款证书后,应被视为已无权再提出在工程接收证书颁发前所发生的任何索赔。

(2)承包人按照最终结清的约定提交的最终结清申请单中,只限于提出工程接收证书颁发后发生的索赔。提出索赔的期限自接受最终结清证书时终止。

六、工程施工索赔的计算

索赔的计算包括工期索赔和费用索赔的计算两个方面。

(一)工期索赔

1. 工期索赔成立的条件

工期索赔成立的条件如下:

(1)发生了非承包人自身的原因的索赔事件;

(2)索赔事件造成了总工期的延误;

(3)承包人按有关索赔程序提出索赔要求。

2. 工期索赔计算

工期索赔的计算主要有网络图分析和比例计算法两种。

(1)网络分析法。

网络分析法是利用进度计划的网络图,分析其关键线路。如果延误的工作为关键工作,则延误的时间为索赔的工期;如果延误的工作为非关键工作,当该工作因延误超过时差限制而成为关键时,可以索赔延误时间与时差的差值;若该工作延误后仍为非关键工作,则不存在工期索赔问题。计算公式如下。

①由于非承包人自身的原因的事件造成关键线路上的工序暂停施工。

工期索赔天数＝关键线路上的工序暂停施工的日历天数

②由于非承包人自身的原因的事件造成非关键线路上的工序暂停施工。

工期索赔天数＝工序暂停施工的日历天数－该工序的总时差天数

注意:当差值为零或负数时,工期不能索赔。

可以看出,网络分析要求承包人切实使用网络技术进行进度控制,才能依据网络计划提出工期索赔。按照网络分析得出的工期索赔值是科学合理的,容易得到认可。

(2)比例计算法。

比例计算法计算公式如下。

①对于已知部分工程的延期的时间:

工期索赔值＝该受干扰部分工期拖延时间×(受干扰部分工程的合同价/原合同总价)

②对于已知额外增加工程量的价格:

工期索赔值＝原合同总价×(额外增加的工程量的价格/原合同价)

比例计算法简单方便,但有时不符合实际情况,比例计算法不适用于变更施工顺序、加速施工、删减工程量等事件的索赔。

(二)费用索赔

1. 总费用法和修正的总费用法

总费用法又称总成本法,就是计算出该项工程的总费用,再从这个已实际开支的总费用中减去投标报价时的成本费用,即为要求补偿的索赔费用额。

总费用法并不十分科学,但仍被经常采用,原因是对于某些索赔事件,难以精确地确定它们的导致的各项费用增加额。

一般认为在具备以下条件时采用总费用法是合理的:

(1)已开支的实际总费用经过审核,认为是比较合理的;

(2)承包人的原始报价是比较合理的;

(3)费用的增加是由于对方原因造成的,其中没有承包人管理不善的责任;

(4)由于该项索赔事件的性质以及现场记录的不足,难以采用更精确的计算方法。

修正总费用法是指对难于用实际总费用进行审核的,可以考虑是否能计算出与索赔事件有关的单项工程的实际总费用和该单项工程的投标报价。若可行,可按其单项工程的实际费用与报价的差值来计算其索赔的金额。

2. 分项法

分项法是将索赔的损失的费用分项进行计算,其内容如下:

(1)人工费索赔。

人工费索赔包括额外雇佣劳务人员、加班工作、工资上涨、人员闲置和劳动生产率降低的费用。

对于额外雇佣劳务人员和加班工作,用投标时的人工单价乘以工时数即可,对于人员闲置费用,一般折算为人工单价的 0.75,工资上涨是指由于工程变更,使承包人的大量人力资源的使用从前期推到后期,而后期工资水平上调,因此应得到相应的补偿。有时监理人指令进行计日工,则人工费按计日工表中的人工单价计算。

对于劳动生产率降低导致的人工费索赔,一般可用如下方法计算。

①实际成本和预算成本比较法。这种方法是对受干扰影响工作的实际成本与合同中的预算成本进行比较,索赔其差额。这种方法需要有正确合理的估价体系和详细的施工记录。如某工程的现场混凝土模板制作,原计划 2000 m²,估计人工工时为 20000 工日,直接人工成本 32000 美元。因业主未及时提供现场施工的场地占有权,使承包人被迫在雨季进行该项工作,实际人工工时 24000 工日,人工成本为 38400 美元,使承包人造成生产率降低的损失为 6400 美元。这种索赔,只要预算成本和实际成本计算合理,成本的增加确属业主的原因,其索赔成功的把握是很大的。

②正常施工期与受影响期比较法。这种方法是在承包人的正常施工受到干扰,生产率下降,通过比较正常条件下的生产率和干扰状态下的生产率,得出生产率降低值,以此为基础进行索赔。

如某工程吊装浇筑混凝土,前 5 天工作正常,第 6 天起业主架设临时电线,共有 6 天时间使吊车不能在正常角度下工作,导致吊运混凝土的方量减少。承包人有未受干扰时正常施工记录和受干扰时施工记录,如表 4-3 和表 4-4 所示。

表 4-3 未受干扰时正常施工记录 (m³/h)

时间(天)	1	2	3	4	5	平均值
平均劳动生产率	7	6	6.5	8	6	6.7

表 4-4 受干扰时施工记录

时间(天)	1	2	3	4	5	6	平均值
平均劳动生产率(m³/h)	5	5	4	4.5	6	4	4.75

通过以上记录施工比较,劳动生产率降低值为:

$$(6.7-4.75)\text{m}^3/\text{h}=1.95 \text{ m}^3/\text{h}$$

索赔费用的计算公式为:

索赔费用=计划台班×(劳动生产率降低值/预期劳动生产率)×台班单价

(2)材料费索赔。

材料费索赔包括材料消耗量增加和材料单位成本增加两方面。追加额外工作,变更工程性质,改变施工方法等,都可能造成材料用量的增加或使用不同的材料,材料单位成本增加的原因包括材料价格上涨,手续费增加,运输费用(运距加长,二次倒运等),仓储保管费增加等等。

材料费索赔需要提供准确的数据和充分的证据。

(3)施工机械费索赔。

机械费索赔包括增加台班数量、机械闲置或工作效率降低、台班费率上涨等费用。台班费率按照有关定额和标准手册取值。对于工作效率降低,应参考劳动生产率降低的人工索赔的计算方法。台班量的计算数据来自机械使用记录。对于租赁的机械,取费标准按租赁合同计算。

对于机械闲置费,有两种计算方法。一是按公布的行业标准租赁费率进行折减计算,二是按定额标准的计算方法,一般建议将其中的不变费用和可变费用分别扣除一定的百分比进行计算。

对于监理人指令进行计日工作的,按计日工作表中的费率计算。

(4)现场管理费索赔计算。

管理费包括现场管理费(工地管理费),包括工地的如临时设施费、通讯费、办公费、现场管理人员和服务人员的工资等。

现场管理费索赔计算的方法一般如下。

现场管理费索赔值=索赔的直接成本费用×现场管理费率

现场管理费率的确定选用下面的方法:

①合同百分比法。即管理费比率在合同中规定。

②行业平均水平法。即采用公开认可的行业标准费率。

③原始估价法。即采用投标报价时确定的费率。

④历史数据法,即采用以往相似工程的管理费率。

(5)总部管理费索赔计算。

总部管理费是承包人的上级部门提取的管理费,如公司总部办公楼折旧,总部职员工资、交通差旅费,通讯、广告费等。总部管理费与现场管理费相比,数额较为固定,一般仅在工程延期和工程范围变更时才允许索赔总部管理费。

七、索赔案例

【案例一】

背景资料如下。

某施工单位(承包人)与某建设单位(发包人)签订了某项工业建筑的地基处理与基础工程施工合同。由于工程量无法准确确定,根据施工合同专用条款的规定,按施工图预算方式计价,承包人必须严格按照施工图及施工合同规定的内容及技术要求施工。承包人的分项工程首先向监理人申请质量认证,取得质量认证后,向造价工程师提出计量申请和支付工程款。

工程开工前,承包人提交了施工组织设计并得到批准。

问题如下。

1.在工程施工过程中,当进行到施工图所规定的处理范围边缘时,承包人在取得在场的监理工程师认可的情况下,为了使夯击质量得到保证,将夯击范围适当扩大。施工完成后,承包人将扩大范围内的施工工程量向造价工程师提出计量付款的要求,但遭到拒绝。试问造价工程师拒绝承包人的要求合理否?为什么?

2.在工程施工过程中,承包人根据监理工程师指示就部分工程进行了变更施工。试问工程变更部分合同价款应根据什么原则确定?

3.在开挖土方过程中,有两项重大事件使工期发生较大的拖延:一是土方开挖时遇到了一些工程地质勘探没有探明的孤石,排除孤石拖延了一定的时间;二是施工过程中遇到数天季节性大雨后又转为特大暴雨引起山洪暴发,造成现场临时道路、管网和施工用房等设施以及已施工的部分基础被冲坏,施工设备损坏,运进现场的部分材料被冲走,承包人数名施工人员受伤,雨后承包人用了很多工时清理现场和恢复施工条件。为此承包人按照索赔程序提出了延长工期和费用补偿要求。试问造价工程师应如何审理?

【参考答案】

1.造价工程师的拒绝合理。其原因如下。

该部分的工程量超出了施工图的要求,一般地讲,也就超出了工程合同约定的工程范围。对该部分的工程量监理工程师可以认为是承包人的保证施工质量的技术措施,一般在业主没有批准追加相应费用的情况下,技术措施费用应由承包人自己承担。

2.工程变更价款的确定原则:

(1)合同中已有适用于变更工程的价格,按合同已有的价格计算、变更合同价款;

(2)合同中只有类似于变更工程的价格,可以参照类似价格变更合同价款;

(3)合同中没有适用或类似于变更工程的价格,由承包人提出适当的变更价格,工程师批准执行,这一批准的变更价格,应与承包人达成一致,否则按合同争议的处理方法解决。

3.造价工程师应对两项索赔事件作出处理如下。

对处理孤石引起的索赔,这是预先无法估计的地质条件变化,属于发包人应承担的风险,应给予承包人工期顺延和费用补偿。

对于天气条件变化引起的索赔应分两种情况处理。

(1)对于前期的季节性大雨这是一个有经验的承包人预先能够合理估计的因素,应在合同工期内考虑,由此造成的时间和费用损失不能给予补偿。

(2)对于后期特大暴雨引起的山洪暴发不能视为一个有经验的承包人预先能够合理估计的因素,应按不可抗力处理由此引起的索赔问题。被冲坏的现场临时道路、管网和施工用房等设施以及已施工的部分基础,被冲走的部分材料,清理现场和恢复施工条件等经济损失应由发包人承担;损坏的施工设备,受伤的施工人员以及由此造成的人员窝工和设备闲置等经济损失应由承包人承担;工期顺延。

【案例二】

背景材料:

某饭店装修改造工程项目的建设单位与某一施工单位按照《建设工程施工合同(示范文本)》签订了装修施工合同。合同价款为 2600 万元,合同工期为 200 天。在合同中,建设单位与施工单位约定,每提前或推后工期一天,按合同价的万分之二进行奖励或扣罚。该工程施工进行到 100 天时,经材料复试发现,甲方所供应的木地板质量不合格,造成乙方停工待料 19 天,此后在工程施工进行到 150 天时,由于甲方临时变更首层大堂工程设计又造成部分工程停工 16 天。工程最终工期为 220 天。

问题:

1.施工单位在第一次停工后 10 天,向建设单位提出了索赔要求,索赔停工损失人工费和机械闲置费等共 6.8 万元;第二次停工后 15 天施工单位向建设单位提出停工损失索赔 7 万元。在两次索赔中,施工单位均提交了有关文件作为证据,情况属实。此项索赔是否成立?

2.在工程竣工结算时,施工单位提出工期索赔 35 天。同时,施工单位认为工期实际提前了 15 天,要求建设单位奖励 7.8 万元。建设单位认为,施工单位当时未要求工期索赔,仅进行停工损失索赔,说明施工单位已默认停工不会引起工期延长。因此,实际工期延长 20 天,应扣罚施工单位 10.4 万元。此项索赔是否成立?

【参考答案】

1.此项索赔成立。因为施工单位提出索赔的理由正当,并提供了当时的证据,情况属实。同时,施工单位提出索赔的时限未超过索赔合同规定的 28 天时限。

2.此项索赔不成立。因为施工单位提出工期索赔时间已超过合同约定的时间,而建设单位罚款理由充分,符合合同规定;罚款金额计算符合合同规定。故应从工程结算中扣减工程应付款 10.4 万元。

【案例三】

背景资料:

某厂(发包人)与某建筑公司(承包人)订立了某工程项目施工合同,同时与某降水公司订立了工程降水合同。承发包双方合同规定:采用单价合同,每一分项工程的实际工程量增加(或减少)超过招标文件中工程量的 10% 时调整单价;工作 B、E、G 作业使用的主导施工机械一台(承包人自备),台班费为 400 元/台班,其中台班折旧费为 240 元/台班。施工网络计划如图 4-5 所示(单位:天)。

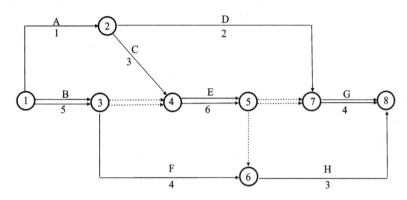

图 4-5 施工网络计划图

甲乙双方合同约定 8 月 15 日开工。工程施工中发生如下事件:

1. 降水方案错误,致使工作 D 推迟 2 天,承包人人员配合用工 5 个工日,窝工 6 个工日;

2. 8 月 21 日至 8 月 22 日,因供电中断停工 2 天,造成人员窝工 16 个工日;

3. 因设计变更,工作 E 工程量由招标文件中的 300m³ 增至 350m³,超过了 10%;合同中该工作的全费用单价为 110 元/m³,经协商调整后全费用单价为 100 元/m³;

4. 为保证施工质量,承包人在施工中将工作 B 原设计尺寸扩大,增加工程量 15m³,该工作全费用单价为 128 元/m³;

5. 在工作 D、E 均完成后,发包人指令增加一项临时工作 K,经核准,完成该工作需要 1 天时间,机械 1 台班,人工 10 个工日。

问题:

1. 上述哪些事件承包人可以提出索赔要求?哪些事件不能提出索赔要求?说明其原因。

2. 每项事件工期索赔各是多少?总工期索赔多少天?

3. 工作 E 结算价应为多少?

4. 假设人工工日单价为 50 元/工日,合同规定窝工人工费补偿标准为 25 元/工日,因增加用工所需管理费为增加人工费的 20%,工作 K 的综合取费为人工费的 80%。试计算除事件 3 外合理的费用索赔总额。

【参考答案】

1. 解答如下。

事件 1:可提出索赔要求,因为降水工程由发包人另行发包,是发包人的责任。

事件 2:可提出索赔要求,因为因停水、停电造成的人员窝工是发包人的责任。

事件 3:可提出索赔要求,因为设计变更是发包人的责任。

事件 4:不应提出索赔要求,因为保证施工质量的技术措施费应由承包人承担。

事件 5:可提出索赔要求,因为发包人指令增加工作,是发包人的责任。

2.解答如下。

事件1:工作D总时差为8天,推迟2天,尚有总时差6天,不影响工期,因此可索赔工期0天。

事件2:8月21日至8月22日停工,工期延长,可索赔工期:2天。

事件3:因工作E为关键工作,可索赔工期:$(350-300)m^3/(300m^3/6\text{天})=1$天。

事件4:因E、G均为关键工作,在该两项工作之间增加工作K,则工作K也为关键工作,索赔工期:1天。

总计索赔工期:0天+2天+1天+1天=4天。

3.解答如下。

按原单价结算的工程量:$300m^3\times(1+10\%)=330m^3$。

按新单价结算的工程量:$350m^3-330m^3=20m^3$。

总结算价$=330m^3\times110$元$/m^3+20m^3\times100$元$/m^3=38300$元。

4.解答如下。

事件1:人工费:6工日×25元/工日+5工日×50元/工日×(1+20%)=450元。

事件2:人工费:16工日×25元/工日=400元。

机械费:2台班×240元/台班=480元。

事件5:人工费:10工日×50元/工日×(1+80%)=900元。

机械费:1台班×400元/台班=400元。

合计费用索赔总额为:450元+400元+480元+900元+400元=2630元。

【案例四】

背景材料:

某综合楼工程项目合同价为1750万元,该工程签订的合同为可调值合同。合同报价日期为2020年3月,合同工期为12个月,每季度结算1次。工程开工日期为2020年4月1日。施工单位2020年第4季度完成产值是710万元。工程人工费、材料费构成比例以及相关造价指数如表4-5所示。

表4-5 人工费、材料费构成比例以及相关造价指数表

项目		人工费	材料费						不可调值费用
			钢材	水泥	集料	砖	砂	木材	
比例(%)		28	18	13	7	9	4	6	15
造价指数	2020年第1季度	100	100.8	102.0	93.6	100.2	95.4	93.4	
	2020年第4季度	116.8	100.6	110.5	95.6	98.9	93.7	95.5	

在施工过程中,发生如下事件。

事件1:2020年4月,在基础开挖过程中,发现与给定地质资料不符合的软弱下卧层,造成施工费用增加10万元,相应工序持续时间增加了10天。

事件2:2020年5月施工单位为了保证施工质量,扩大基础地面,开挖量增加导致费用增加3.0万元,相应工序持续时间增加了2天。

事件3:2020年7月,在主体砌筑工程中,因施工图设计有误,实际工程量增加导致费用增加了3.8万元,相应工序持续时间增加了2天。

事件 4:2020 年 8 月,进入雨期施工,恰逢 20 年一遇的大雨,造成停工损失 2.5 万元,工期增加了 4 天。

以上事件中,除事件 4 以外,其余事件均未发生在关键线路上,并对总工期无影响。针对上述事件,施工单位提出如下索赔要求:

1.增加合同工期 13 天;

2.增加费用 11.8 万元。

问题如下。

1.施工单位对施工过程中发生的以上事件可否索赔?为什么?

2.计算 2020 年第 4 季度的工程结算款额。

3.如果在工程保修期间发生了由施工单位原因引起的屋顶漏水问题,业主在多次催促施工单位修理而施工单位一再拖延的情况下,另请其他施工单位修理,所发生的修理费用该如何处理?

【解题要点分析】

本案例主要涉及索赔事件的处理、工程造价指数的应用、保修费用的承担等知识点,解题时注意以下几点:

1.分清事件责任的前提,注意不同事件形成因素对应不同的索赔处理方法;

2.对承包人超出设计图纸(含设计变更)范围和因承包人原因造成的工程量,发包人不予计量;

3.对于异常恶劣的气候条件等不可抗力事件,只有发生在关键线路上的延误才能进行工期索赔,但不能进行费用索赔;

4.利用调值公式进行计算时要注意试题中对有效数字的要求;

5.在保修期间内,施工单位应对其引起的质量问题负责。

【参考答案】

1.解答如下。

事件 1:费用索赔成立,工期不予延长。

理由:业主提供的地质资料与实际情况不符合是承包人不可预见的,属于业主应该承担的责任,业主应给予费用补偿;但是,由于该事件未发生在关键线路上,且对总工期无影响,故不予工期补偿。

事件 2:费用索赔不成立,工期不予延长。

理由:该事件属于承包人采取的质量保证措施,属于承包人应承担的责任。

事件 3:费用索赔成立,工期不予延长。

理由:施工图设计有误,属于业主应承担的责任,业主应给予费用补偿;但是,由于该事件未发生在关键线路上,且对总工期无影响,故不予工期补偿。

事件 4:费用索赔不成立,工期应予以延长。

理由:异常恶劣的气候条件属于双方共同承担的风险,承包人不能得到费用补偿;但是,由于该事件发生在关键线路上,对总工期有影响,故应给予工期延长。

2.解答如下。

2020 年第 4 季度的工程结算款额为:

$$P = 710 \times (0.15 + 0.28 \times 116.8/100.0 + 0.18 \times 100.6/100.8 + 0.13$$
$$\times 110.5/102.0 + 0.07 \times 95.6/93.6 + 0.09 \times 98.9/100.2$$
$$+ 0.04 \times 93.7/95.4 + 0.06 \times 95.5/93.4)$$
$$= 710 \times 1.0585$$
$$= 751.74(万元)$$

3. 所发生的维修费用应从乙方保修金(或质量保证金)中扣除。

工作任务6　争议的解决

一、施工合同常见的争议

合同争议也称合同纠纷,是指合同当事人对合同规定的权利和义务产生了不同的理解。建设工程施工合同的特殊性在于其复杂性和综合性,不仅涉及原材料的采购、工程进度的快慢、工程质量的好坏,还包括工程竣工后的验收、维修等。以上特点决定了在履行合同的过程中不可避免地出现各种各样的纠纷,主要表现在以下几个方面。

1. 工程进度款支付、竣工结算及审价争议

建设工程施工合同作为承包人来讲,最终目的是在保证工程合格的前提下获得工程款,建设工程施工合同中一般也会对工程款的支付做出约定。但是在实际操作中,大量的发包人在资金尚未落实的情况下就开始工程的建设,致使发包人千方百计要求承包人垫资施工、不支付预付款、尽量拖延支付进度款、拖延工程结算及工程审价进程,致使承包人的权益得不到保障,最终引起争议。

2. 工期延误争议

一项工程的工期延误,往往是由于错综复杂的原因造成的。在许多合同条件中都约定了竣工逾期违约金。由于导致工期延误的原因可能是多方面的,要分清各方的责任十分困难。我们经常可以看到,发包人要求承包人承担工程竣工逾期的违约责任,而承包人则提出因诸多因发包人方的原因及不可抗力等因素导致的工期延误,并要求发包人承担由此产生的停工、窝工费用。

3. 安全损害赔偿争议

《中华人民共和国建筑法》第39条规定:"施工现场对毗邻的建筑物、构筑物和特殊作业环境可能造成损害的,建筑施工企业应当采取安全防护措施。"安全损害赔偿争议包括相邻关系纠纷引发的损害赔偿、设备安全、施工人员安全、施工导致第三人安全、工程本身发生安全事故等方面的争议。其中,建筑工程相邻关系纠纷发生的频率越来越高,其牵涉的主体和财产价值也越来越多,已成为城市居民十分关心的问题。

4. 合同终止及终止争议

终止合同造成的争议有:

(1)承包人因合同终止损失严重而得不到足够的补偿,发包人对承包人提出的补偿费用

有异议;

(2)承包人因设计错误或发包人拖欠工程款而提出终止合同;

(3)发包人不承认承包人提出的终止合同的理由,也不同意承包人的责难及其补偿要求等。

除非不可抗力外,任何终止合同的争议往往是难以调和的矛盾造成的。终止合同一般都会给某一方或者双方造成严重的损失。如何合理处置终止合同后双方的权利和义务,往往是这类争议的焦点。

5. 工程质量及保修争议

质量方面的争议包括工程中所用材料、设备不符合合同约定的标准,不能生产出合同规定的合格产品,产量不能达到规定的产量要求,或者施工和安装有严重缺陷等。这类质量争议在施工过程中主要表现为:监理人或发包人要求拆除和移走不合格材料,或者返工重做,或者修理后予以降价处置。对于设备质量问题,则常见于在调试和性能试验后,发包人不同意验收移交,要求更换设备或部件,甚至退货并赔偿经济损失。而承包人则认为缺陷是可以改正的,或者已改正;对生产设备质量则认为是性能测试方法错误,或者制造产品的原料不合格或者是操作方面的问题等,质量争议往往变成为责任问题争议。

此外,质量保修期的缺陷修复问题往往是发包人和承包人争议的焦点,特别是发包人要求承包人修复工程缺陷而承包人拖延修复,或发包人未经通知承包人就自行委托第三方对工程缺陷进行修复。在此情况下,发包人要在预留的保修金中扣除相应的修复费用,承包人则主张产生缺陷的原因不在承包人,或发包人未履行通知义务且其修复费用未经其确认而不予同意。

二、合同争议解决方法

《建设工程施工合同(示范文本)》规定解决合同争议的方式有:和解、调解、争议评审、仲裁或诉讼。

(一)和解

和解是指纠纷发生后,当事人本着自愿、互谅、协商一致的原则解决问题的一种方式。纠纷产生后,当事人应当首先考虑通过和解的方式解决纠纷。事实上,在建设工程合同履行过程中,绝大多数的纠纷都是由于缺乏沟通引起的,只要双方加强沟通,消除误解,增加信任,纠纷也就迎刃而解了。通过和解的方式解决纠纷可以使当事人在良好的氛围中通过谈判的方式重新审视双方的合作方式和权利义务,以便于在及时解决问题的同时,增进互信,有利于合同的履行和双方的进一步合作。

合同当事人可以就争议自行和解,自行和解达成协议的经双方签字并盖章后作为合同补充文件,双方均应遵照执行。

(二)调解

调解是指在履行合同的过程中,双方当事人对合同权利义务产生纠纷,通过非国家司法机关的社会团体的主持,促使双方在相互妥协的基础上达成谅解,从而解决纠纷的一种机制。建设工程合同中,双方当事人对某些事情的认识由于各自经济利益的考虑往往产生较大分歧,不能达成共识。在这种情况下,中介机构的介入,能够综合考虑双方的利弊得失,找到双方利益的平衡点,从而使纠纷得以解决。

调解是一种比较温和的解决问题的途径,有利于消除双方因争议形成的对立情绪,使合同当事人获得双赢的良好局面。

合同当事人可以就争议请求建设行政主管部门、行业协会或其他第三方进行调解,调解达成协议的,经双方签字并盖章后作为合同补充文件,双方均应遵照执行。

(三)争议评审

1. 任命争议评审小组

双方当事人可以将与合同有关的任何争议提请争议评审小组决定,双方可选择一名或三名争议评审员组建争议评审小组。争议评审员的报酬由发包人和承包人各承担一半,但专用合同条款中另有约定的除外。

选择一名争议评审员的,由双方当事人应当自工程开工之日起28天内共同确定争议评审员。选择三名争议评审员组建争议评审小组的,双方当事人应当自工程开工之日起28天内或者争议发生后一方当事人收到对方发出的要求评审解决争议的通知之日起14日内各自选定一名争议评审员。第三名争议评审员由上述两名争议评审员向当事人提名,由当事人共同确定,第三名成员为争议评审小组的首席成员。

争议评审小组成员需具有合同管理和工程实践经验,争议评审小组成员可以从有关行业协会或其他机构建立的专家库中选任,也可以由发包人和承包人指定。除专用合同条款另有约定外,争议评审小组成员应在本合同签订后28天内选定。

2. 争议评审小组的决定

经发包人和承包人同意,双方可在任何时候共同向争议评审小组提交争议评审申请报告,列明需要争议评审小组作出决定的事项,并附相关资料。争议评审小组应自收到争议评审申请报告后28天内作出书面决定,并说明理由。

争议评审的程序如下。

(1)首先由申请人向争议评审组提交一份详细的评审申请报告,并附必要的文件、图纸和证明材料,申请人还应将上述报告的副本同时提交给被申请人和监理人。

(2)被申请人在收到申请人评审申请报告副本后的28天内,向争议评审组提交一份答辩报告,并附证明材料。被申请人应将答辩报告的副本同时提交给申请人和监理人。

(3)除专用合同条款另有约定外,争议评审组在收到合同双方报告后的14天内,邀请双方代表和有关人员举行调查会,向双方调查争议细节;必要时争议评审组可要求双方进一步提供补充材料。

(4)除专用合同条款另有约定外,在调查会结束后的14天内,争议评审组应在不受任何干扰的情况下进行独立、公正的评审,作出书面评审意见,并说明理由。在争议评审期间,争议双方暂按总监理工程师的确定执行。

(5)发包人和承包人接受评审意见的,由监理人根据评审意见拟定执行协议,经争议双方签字后作为合同的补充文件,并遵照执行。

3.争议评审小组的决定的效力

双方当事人在收到争议评审小组作出的书面决定后 28 天内均未提出异议的,视为双方均已同意该决定,该决定对双方具有合同约束力。如一方在收到争议评审小组作出的书面决定后 28 天内提出异议或不执行争议评审小组决定的,双方均可选择其他争议解决方式。

4. 争议评审程序的终止

出现以下情况的,争议评审程序终止:

(1)双方未按照合同约定选定争议评审员的;

(2)未按照争议评审员或争议评审小组要求提交争议解决资料;

(3)未按照合同约定向争议评审员或争议评审小组提交争议评审申请报告。

合同当事人在专用合同条款中约定采取争议评审方式解决争议以及评审规则,并按下列约定执行。

(1)争议评审小组的确定。

合同当事人可以共同选择一名或三名争议评审员,组成争议评审小组。除专用合同条款另有约定外,合同当事人应当自合同签订后 28 天内,或者争议发生后 14 天内,选定争议评审员。

选择一名争议评审员的,由合同当事人共同确定;选择三名争议评审员的,各自选定一名,第三名成员为首席争议评审员,由合同当事人共同确定或由合同当事人委托已选定的争议评审员共同确定,或由专用合同条款约定的评审机构指定第三名首席争议评审员。

除专用合同条款另有约定外,评审员报酬由发包人和承包人各承担一半。

(2)争议评审小组的决定。

合同当事人可在任何时间将与合同有关的任何争议共同提请争议评审小组进行评审。争议评审小组应秉持客观、公正原则,充分听取合同当事人的意见,依据相关法律、规范、标准、案例经验及商业惯例等,自收到争议评审申请报告后 14 天内作出书面决定,并说明理由。合同当事人可以在专用合同条款中对本项事项另行约定。

(3)争议评审小组决定的效力。

争议评审小组作出的书面决定经合同当事人签字确认后,对双方具有约束力,双方应遵照执行。

任何一方当事人不接受争议评审小组决定或不履行争议评审小组决定的,双方可选择采用其他争议解决方式。

(四)仲裁

仲裁是指合同双方当事人按合同专用条款的约定,自愿将发生争议的事项提交仲裁委员会进行仲裁,并依据仲裁裁决履行义务的一种争端解决机制。在建筑工程合同中,如果通过仲裁的方式解决争议,首先必须有仲裁协议,在经过仲裁之后,当事人如果不履行,仲裁委员会没有强制执行的权利,当事人应当请求人民法院予以强制执行。仲裁采用一裁终局,当事人如果对仲裁裁决不服,可以请求人民法院予以撤销。

1.仲裁的原则

(1)自愿原则。

解决合同争议是否选择仲裁方式以及选择仲裁机构本身并无强制力。当事人采用仲裁方式解决纠纷,应当贯彻双方自愿原则,达成仲裁协议。如有一方不同意进行仲裁的,仲裁机构即无权受理合同纠纷。

(2)公平合理原则。

仲裁的公平合理,是仲裁制度的生命力所在。这一原则要求仲裁机构要充分搜集证据,听取纠纷双方的意见。仲裁应当根据事实,并应符合法律规定。

(3)仲裁依法独立进行原则。

仲裁机构是独立的组织,相互间也无隶属关系。仲裁依法独立进行,不受行政机关、社会团体和个人的干涉。

(4)一裁终局原则。

由于仲裁是当事人基于对仲裁机构的信任作出的选择,因此其裁决是立即生效的。裁决作出后,当事人就同一纠纷再申请仲裁或者向人民法院起诉的,仲裁委员会或者人民法院不予受理。

2.仲裁委员会

仲裁委员会可以在直辖市和省、自治区人民政府所在地的市设立,也可以根据需要在其他设区的市设立,不按行政区划层层设立。

仲裁委员会由主任1人、副主任2至4人和委员7至11人组成。仲裁委员会应当从公道正派的人员中聘任仲裁员。仲裁委员会独立于行政机关,与行政机关没有隶属关系。仲裁委员会之间也没有隶属关系。

3.仲裁协议

(1)仲裁协议的内容。

仲裁协议是纠纷当事人愿意将纠纷提交仲裁机构仲裁的协议。它应包括以下内容:

①请求仲裁的意思表示;

②仲裁事项;

③选定的仲裁委员会。

在以上3项内容中,选定的仲裁委员会具有特别重要的意义。因为仲裁没有法定管辖,如果当事人不约定明确的仲裁委员会,仲裁将无法操作,仲裁协议将是无效的。至于请求仲裁的意思表示和仲裁事项则可以通过默示的方式来体现。可以认为在合同中选定仲裁委员会就是希望通过仲裁解决争议,同时,合同范围内的争议就是仲裁事项。

(2)仲裁协议的作用。

仲裁协议的作用如下。

①合同当事人均受仲裁协议的约束;

②是仲裁机构对纠纷进行仲裁的先决条件;

③排除了法院对纠纷的管辖权;

④仲裁机构应按仲裁协议进行仲裁。

4.仲裁庭的组成

仲裁庭的组成有两种方式:

(1)当事人约定由3名仲裁员组成仲裁庭。

当事人如果约定由 3 名仲裁员组成仲裁庭,应当各自选定或者各自委托仲裁委员会主任指定 1 名仲裁员,第 3 名仲裁员由当事人共同选定或者共同委托仲裁委员会主任指定。第 3 名仲裁员是首席仲裁员。

(2)当事人约定由 1 名仲裁员组成仲裁庭。

仲裁庭也可以由 1 名仲裁员组成。当事人如果约定由 1 名仲裁员组成仲裁庭的,应当由当事人共同选定或者共同委托仲裁委员会主任指定仲裁员。

5.开庭和裁决

(1)开庭。

仲裁应当开庭进行。当事人协议不开庭的,仲裁庭可以根据仲裁申请书、答辩书以及其他材料作出裁决,仲裁不公开进行。当事人协议公开的,可以公开进行,但涉及国家秘密的除外。

申请人经书面通知,无正当理由不到庭或者未经仲裁庭许可中途退庭的,可以视为撤回仲裁申请。被申请人经书面通知,无正当理由不到庭或者未经仲裁庭许可中途退庭的,可以缺席裁决。

(2)证据。

当事人应当对自己的主张提供证据。仲裁庭对专门性问题认为需要鉴定的,可以交由当事人约定的鉴定机构鉴定,也可以由仲裁庭指定的鉴定机构鉴定。根据当事人的请求或者仲裁庭的要求,鉴定机构应当派鉴定人参加开庭。当事人经仲裁庭许可,可以向鉴定人提问。

建设工程合同纠纷往往涉及工程质量、工程造价等专门性的问题,一般需要进行鉴定。

(3)辩论。

当事人在仲裁过程中有权进行辩论。辩论终结时,首席仲裁员或者独任仲裁员应当征询当事人的最后意见。

(4)裁决。

裁决应当按照多数仲裁员的意见作出,少数仲裁员的不同意见可以记入笔录。仲裁庭不能形成多数意见时,裁决应当按照首席仲裁员的意见作出。

仲裁庭仲裁纠纷时,其中一部分事实已经清楚,可以就该部分先行裁决。对裁决书中的文字、计算错误或者仲裁庭已经裁决但在裁决书中遗漏的事项,仲裁庭应当补正;当事人自收到裁决书之日起 30 日内,可以请求仲裁补正。

裁决书自作出之日起发生法律效力。

6.申请撤销裁决

当事人提出证据证明裁决有下列情形之一的,可以向仲裁委员会所在地的中级人民法院申请撤销裁决:

(1)没有仲裁协议的;

(2)裁决的事项不属于仲裁协议的范围或者仲裁委员会无权仲裁的;

(3)仲裁庭的组成或者仲裁的程序违反法定程序的;

(4)裁决所根据的证据是伪造的;

(5)对方当事人隐瞒了足以影响公正裁决的证据的;

(6)仲裁员在仲裁该案时有索贿受贿,徇私舞弊,枉法裁决行为的。

人民法院经组成合议庭审查核实裁决有前款规定情形之一的,应当裁定撤销。当事人申请撤销裁决的,应当自收到裁决书之日起 6 个月内提出。人民法院应当在受理撤销裁决申请之日起 2 个月内作出撤销裁决或者驳回申请的裁定。

人民法院受理撤销裁决的申请后,认为可以由仲裁庭重新仲裁的,通知仲裁庭在一定期限内重新仲裁,并裁定终止撤销程序。仲裁庭拒绝重新仲裁的,人民法院应当裁定恢复撤销程序。

7. 执行

仲裁裁决的执行。仲裁委员会的裁决作出后,当事人应当履行。由于仲裁委员会本身并无强制执行的权力,因此,当一方当事人不履行仲裁裁决时,另一方当事人可以依照《民事诉讼法》的有关规定向人民法院申请执行。接受申请的人民法院应当执行。

(五)诉讼

诉讼,是指合同当事人依法请求人民法院行使审判权,审理双方之间发生的合同争议,作出有国家强制保证实现其合法权益、从而解决纠纷的审判活动。合同双方当事人如果未约定仲裁协议,则只能以诉讼作为解决争议的最终方式。

如果当事人没有在合同中约定通过仲裁解决争议,则只能通过诉讼作为解决争议的最终方式。人民法院审理民事案件,依照法律规定实行合议、回避、公开审判和两审终审制度。

1. 建设工程合同纠纷的管辖

建设工程合同纠纷的管辖,既涉及级别管辖,也涉及地域管辖。

(1)级别管辖。

级别管辖是指不同级别人民法院受理第一审建设工程合同纠纷的权限分工。一般情况下基层人民法院管辖第一审民事案件。中级人民法院管辖以下案件:重大涉外案件、在本辖区有重大影响的案件、最高人民法院确定由中级人民法院管辖的案件。在建设工程合同纠纷中,判断是否在本辖区有重大影响的依据主要是合同争议的标的额。由于建设工程合同纠纷争议的标的额往往较大,因此往往由中级人民法院受理一审诉讼,有时甚至由高级人民法院受理一审诉讼。

(2)地域管辖。

地域管辖是指同级人民法院在受理第一审建设工程合同纠纷的权限分工。对于一般的合同争议,由被告住所地或合同履行地人民法院管辖。《民事诉讼法》也允许合同当事人在书面协议中选择被告住所地、合同履行地、合同签订地、原告住所地、标的物所在地人民法院管辖。对于建设工程合同的纠纷一般都适用不动产所在地的专属管辖,由工程所在地人民法院管辖。

2. 诉讼中的证据

证据有下列几种:①书证;②物证;③视听资料;④证人证言;⑤当事人的陈述;⑥鉴定结论;⑦勘验笔录。

当事人对自己提出的主张,有责任提供证据。当事人及其诉讼代理人因客观原因不能自行收集的证据,或者人民法院认为审理案件需要的证据,人民法院应当调查收集。人民法院应当按照法定程序,全面地、客观地审查核实证据。

证据应当在法庭上出示,并由当事人互相质证。对涉及国家秘密、商业秘密和个人隐私的证据应当保密,需要在法庭出示的,不得在公开开庭时出示。经过法定程序公证证明的法律行为、法律事实和文书,人民法院应当作为认定事实的根据。但有相反证据足以推翻公证证明的除外。书证应当提交原件。物证应当提交原物。提交原件或者原物确有困难的,可以提交复制品、照片、副本、节录本。提交外文书证,必须附有中文译本。

人民法院对视听资料,应当辨别真伪,并结合本案的其他证据,审查确定能否作为认定事实的根据。

人民法院对专门性问题认为需要鉴定的,应当交由法定鉴定部门鉴定;没有法定鉴定部门的,由人民法院指定的鉴定部门鉴定。鉴定部门及其指定的鉴定人有权了解进行鉴定所需要的案件材料,必要时可以询问当事人、证人。鉴定部门和鉴定人应当提出书面鉴定结论,在鉴定书上签名或者盖章。与仲裁中的情况相似,建设工程合同纠纷往往涉及工程质量、工程造价等专门性的问题,在诉讼中一般也需要进行鉴定。

工作任务 7　案 例 分 析

案例 1　劳务分包工程中的索赔

一、案例简介

2018 年 12 月 8 日,某建筑公司与天景公司签订一份《合同书》,双方约定:天景公司委托该建筑公司承建天景花岗岩厂,承建范围为主厂房、办公楼、宿舍、别墅、传达室、循环水池、水塔、图纸的土建,不包括高压配电的水电及附属工程;承包方式为包工、包料、包质量、包工期;工程造价暂定为 156952.32 元。双方还约定:如天景公司不能按期支付工程款,造成工期延误及增加工程成本等应由天景公司负责;天景公司拖欠工程款,按银行贷款利率计息;保修期为 1 年。双方尚就工程施工准备和管理、材料供应、工程质量验收依据和隐蔽工程验收方法等有关事宜在合同中作了具体约定。签约后,该建筑公司依约进场施工。同年 10 月 19 日验收合格交付使用。建筑公司与天景公司通过核对往来款确认,天景公司尚欠该建筑公司工程款 156952.32 元。2019 年 6 月 10 日,该建筑公司向天景公司发出催款书。建筑公司在该催款书中称天景公司欠其施工工程款 156952.32 元,要求天景公司于 6 月 30 日前付还,并要求偿付利息。同年 6 月 12 日,天景公司签收该催款书并盖章。后因大景公司仍未还款,引起诉讼。

从中引出一些法律问题,诸如:何为工程建筑上的劳务分包行为? 且在此拖欠工程款的工程索赔中应注意哪些问题呢?

二、案例评析

所谓工程劳务分包,根据《房屋建筑和市政基础设施工程施工分包管理办法》第四条的规定:本办法所称施工分包,是指建筑业企业将其所承包的房屋建筑和市政基础设施工程中的专业工程或者劳务作业发包给其他建筑业企业完成的活动。

索赔工作是工程承包合同管理工作中的一项重要内容,索赔是否成功也是衡量工程合同管理成功与否的重要因素。对于国际工程承包施工管理来说,索赔是维护施工合同双方合法利益的一项根本性管理措施。在工程索赔中应注意以下几个方面。

(1)索赔证据的取得。要取得索赔证据,应对施工现场进行全面了解并搜集相关的资料。索赔资料搜集工作的重点在施工现场发生的各种异常情况记录上,这是索赔的有力证据。一是要做好承包人所指定的各种日报表;二是异常工作情况记录要求做到时间准确无误,受影响的工作情况清楚明了。对每次发生的事件,均写出备忘录交给承包人现场工长签字。

(2)索赔资料的整理。对搜集到的有关资料进行分析整理。在承包人向我方提出索赔时,我方要通过搜集到的有关资料,找出索赔事件发生的具体原因,对其进行分析和驳斥,将承包人的索赔减到最低程度。我方也可根据事件发生的具体情况,向承包人进行反索赔。

(3)索赔文件的编写。索赔文件的编写一般是按照索赔事件的发生、发展、处理及事件的最后解决过程进行编写的。在索赔文件编写时应注意:①在论述索赔事件过程中造成损失时要明确指出文件所附证据、资料的名称及编号;②在引用索赔事件中发生的各种事实条件时,要尽量做到详细、准确地把所有证据和盘托出,使对方对事件有详细了解;③在论述索赔理由时,引用合同有关条款要做到准确并具有说服力,最好是原文引用,所引用的合同文本都应与索赔事件相对应。

案例 2　转包工程中拖欠的工资款由谁支付

一、案例简介

施工单位拿到工程后,又将工程转包给私人包工头,结果造成了拖欠工人工资,施工单位对私人包工头拖欠的工人工资是否要承担法律责任呢?日前,江苏省海安县人民法院审结的一起建设工程合同工程款纠纷案件对此作出了肯定的回答。

2018年3月18日,被告建筑公司与某房地产开发公司签订工程承包协议一份,约定:房产公司将其所开发的某新村的一幢工程发包给建筑公司承建。同年5月10日,建筑公司又与挂靠在公司名下从事建筑业的徐某协商,约定:建筑公司将其所承包的上述工程转包给徐某组织人员施工,工程的一切债权债务均由徐某负责等。同年10月,徐某又将上述工程的瓦工施工工程分包给原告顾某组织人员施工。2019年3月,顾某完成了施工任务。2020年3月25日,徐某与顾某结账,应支付顾某人工工资6460.05元。此后,顾某多次向徐某追要欠款未果,引起诉讼。

二、法院判决

海安县法院经审理后认为,建筑公司与房产公司订立的建筑工程施工合同符合法律的有关规定,应当认定合法有效。建筑公司将其承接的工程转包给徐某施工,该转包行为违反了法律规定,是无效的。徐某在施工期间又将瓦工工程分包给顾某,也违反了法律规定,鉴于徐某与顾某就完成的工程量已经进行了结算,其应当承担给付欠款的责任。建筑公司与徐某之间形成的挂靠关系,违反了法律的禁止性规定,其应当对徐某履行无效合同产生的法律后果承担连带责任。法院遂依照《中华人民共和国民法通则》以及《中华人民共和国建筑法》的有关规定,判决被告徐某向原告顾某给付工程款 6460.05 元,被告建筑公司承担连带责任。

三、案件评析

本案是一起因建设工程转包后又分包而引起的拖欠民工工资诉讼。因此,确定本案工资支付主体的关键就是要审查转包和分包行为的合法性。本案中,建筑公司将其承包的工程转包给徐某显然违反了《中华人民共和国建筑法》《中华人民共和国民法典 合同编》及《建设工程质量管理条例》中关于违法转包的规定,虽然双方之间约定了工程的一切债务均由徐某自行承担,但该约定只在其双方之间发生法律效力,而不能对抗善意的第三人,建筑公司仍然要对其转包工程的违法行为承担给付欠款的法律责任。

转包和违法分包引起的拖欠民工工资问题已经引起了国家建设行政主管部门的高度重视,2004 年 4 月 1 日起施行的《房屋建筑和市政基础设施工程施工分包管理办法》第十条第一款规定:"分包工程发包人和分包工程承包人应当依法签订分包合同,并按照合同履行约定的义务。分包合同必须明确约定支付工程款和劳务工资的时间、结算方式以及保证按期支付的相应措施,确保工程款和劳务工资的支付"。因此,我们广大施工企业在施工承包、发包过程中一定要注意合法的分包与转包,以免违反法律的强制性规定,并造成权益损失。

案例 3 某综合楼工程施工合同纠纷

一、工程基本情况

该工程原告为发包方,被告为承包人。2018 年 12 月原告为建设某综合楼工程,邀请包括被告在内的数家施工单位参与投标。在投标期限内,被告递交了投标书。随后,为了项目报建、报监用途,双方签订了一份施工合同(以下简称"备案合同")并开始施工。同时被告以承诺书的形式说明"备案合同仅限于被告报建、报监的正常施工之用,不作为任何意义上的他用,具体实施仍按正式合同执行"。2019 年 4 月合同办理了备案手续。

2019 年 6 月双方根据中标结果和招标文件、投标文件的内容又签订一份施工合同(以下简称"中标合同")。2020 年 6 月工程通过竣工验收。2020 年 9 月被告以原告拖欠工程款为由向仲裁委员会提起仲裁,依据是"备案合同"中的仲裁条款。原告随即依据"中标合同"诉至法院请求被告承担违约责任。后双方分别向仲裁委员会和法院提出管辖权异议申请。法院一审裁定认定本案法院无管辖权。原告提起上诉,二审法院终审裁定撤销了一审裁定,确认本案由法院管辖。

二、案例评述

建筑施工企业常常面临阴阳合同问题,一份是按示范文本签订并送建设行政主管部门备案,俗称"阳合同";另一份根据实际履行情况签订的"阴合同"。阳合同往往是迎合法律、法规、规章的要求,只用于报备之用;阴合同往往是在甲方要求之下降低工程款价款、改变计价方式、降低质量标准或要求施工企业垫资等等。双方如无争议,在实践中也常以实际履行的阴合同结算了之;一旦发生争议,各方就搬出对自己有利的合同。比如以上案例,涉及管辖权争议，就是依据不同的合同进行请求。

　　阴阳合同，究竟该适用哪个合同呢？最高法院关于审理建设施工合同适用法律的意见第二十一条规定："当事人就同一建设工程另行订立的建设工程施工合同与经过备案的中标合同实质性内容不一致的，应当以备案的中标合同作为结算工程价款的根据。"该条款对招投标工程提出了阴阳合同的解决方案，即以阳合同为结算工程价款的依据。笔者认为，该条款应从严理解：一是适用招投标项目；二是招投标必须是有效的；三是必须是实质性内容不一致；四是阳合同仅是结算的依据。上文案例中原被告双方在开标之前就对招投标实质性内容进行了谈判，并签订了施工合同，显然是招标人与投标人之间的串标行为，是违反招投标法之禁止规定，中标应为无效。由此，中标无效，所签的合同不管是中标之前的合同，还是中标之后所签的合同，均为无效合同；所以一审法院援用司法解释第二十一条规定进行裁判是不正确的，二审采纳合同无效这一认定，确认出法院管辖。

　　正确理解司法解释第二十一条，还应理解何为合同的实质性内容。依据《中华人民共和国民法典　合同编》，合同的标的数量、质量、价款及报酬、履行期限、履行地点和方式、违约责任和解决争议方法等的变更，是对合同的实质性变更，具体到建筑施工合同中，实质性内容应指工程标的、质量、工期、价款等。以上实质性内容如有约定不一致，就应以备案的中标合同作为结算工程价款的根据。

复习思考题

　　1.施工合同的概念是什么？

　　2.试述施工合同文件的组成及解释顺序。

　　3.简述总价合同、单价合同、成本加酬金合同的特点及适用范围。

　　4.试述合同谈判的主要内容。

　　5.合同谈判的规则与策略有哪些？

　　6.简述工程变更的原因和变更程序。

　　7.如何理解索赔的概念？产生索赔的原因有哪些？索赔成立的条件是什么？

　　8.施工索赔程序有哪些步骤？索赔报告的主要内容是什么？

　　9.合同争议的解决方式有哪些？

教学情境 5　建设工程监理合同

能力目标:能初步运用法律、法规,规范监理合同的签订和履行。

知识目标:监理合同的概念、特征;监理合同示范文本;监理合同的解释顺序;监理合同的履行。

工作任务 1　建设工程监理合同的概述

一、监理合同的概念和特征

建设工程监理合同简称监理合同,是指委托人与监理人就委托的工程项目管理内容签订的明确双方权利、义务的协议。

监理合同是委托合同的一种,除具有委托合同的共同特点外,还具有以下特点:

(1)监理合同的当事人双方应当是具有民事权力能力和民事行为能力、取得法人资格的企事业单位、其他社会组织,个人在法律允许的范围内也可以成为合同当事人。

委托人必须是具有国家批准的建设项目,落实投资计划的企事业单位、其他社会组织及个人,作为受托人必须是依法成立具有法人资格的监理企业,并且所承担的工程监理业务应与企业资质等级和业务范围相符合。

(2)监理合同委托的工作内容必须符合工程项目建设程序,遵守有关法律、行政法规。监理合同是以对建设工程项目实施控制和管理为主要内容,因此监理合同必须符合建设工程项目的程序,符合国家和建设行政主管部门颁发的有关建设工程的法律、行政法规、部门规章和各种标准、规范要求。

(3)委托监理合同的标的是服务。建设工程实施阶段所签订的其他合同,如勘察设计合同、施工承包合同、物资采购合同、加工承揽合同的标的物是产生新的物质成果或信息成果,而监理合同的标的是服务,即监理工程师凭据自己的知识、经验、技能受业主委托为其所签订其他合同的履行实施监督和管理。

二、《建设工程监理合同(示范文本)》

《建设工程监理合同(示范文本)》(GF-2012-0202)由协议书、通用条件、专用条件、附录A、附录 B 共五部分内容组成。

(一)工程建设监理合同

"合同"是一个总的协议,是纲领性的法律文件。其中明确了当事人双方确定的委托监理工程的概况(工程名称、地点、工程规模、总投资);委托人向监理人支付报酬的期限和方式;合同签订、生效、完成时间;双方愿意履行约定的各项义务的表示。"合同"是一份标准的格式文件,经当事人双方在有限的空格内填写具体规定的内容并签字盖章后,即发生法律效力。

对委托人和监理人有约束力的合同,除双方签署的"合同"协议外,还包括以下文件:

(1)监理委托函或中标函;

(2)建设工程委托监理合同标准条件;

(3)建设工程委托监理合同专用条件;

(4)在实施过程中双方共同签署的补充与修正文件。

(二)建设工程监理合同通用条件

建设工程委托监理合同通用条件,其内容涵盖了合同中所用词语定义与解释,签约双方的义务、违约责任,合同生效、变更、暂停、解除与终止,监理酬金及支付,争议的解决,以及其他一些情况。它是委托监理合同的通用文件,适用于各类建设工程项目监理。各个委托人、监理人都应遵守。

(三)建设工程监理合同的专用条件

由于通用条件适用于各种行业和专业项目的建设工程监理,因此其中的某些条款规定得比较笼统,需要在签订具体工程项目监理合同时,结合地域特点、专业特点和委托监理项目的工程特点,对标准条件中的某些条款进行补充、修正。

所谓"补充"是指通用条件中的条款明确规定,在该条款确定的原则下,专用条件的条款中进一步明确具体内容,使两个条件中相同序号的条款共同组成一条内容完备的条款。如通用条件中规定"建设工程委托监理合同适用的法律是国家法律、行政法规,以及专用条件中议定的部门规章或工程所在地的地方法规、地方章程。"就具体工程监理项目来说,就要求在专用条件的相同序号条款内写入履行本合同必须遵循的部门规章和地方法规的名称,作为双方都必须遵守的条件。

所谓"修改"是指通用条件中规定的程序方面的内容,如果双方认为不合适,可以协议修改。如通用条件中规定"委托人对监理人提交的支付申请书有异议时,应当在收到监理人提交的支付申请书后 7 天内,以书面形式向监理人发出异议通知。"如果委托人认为这个时间太短,在与监理人协商达成一致意见后,可在专用条件的相同序号条款内另行写明具体的延长时间。

(四)附录 A——相关服务的范围和内容

"相关服务"是指监理人受委托人的委托 ,按照本合同约定,在勘察、设计、保修等阶段提供的服务活动。相关服务依据在专用条件中约定,同时监理人应按专用条件约定的种类、时间和份数向委托人提交监理与相关服务的报告。

(五)附录 B——委托人派遣的人员和提供的房屋、资料、设备

委托人应按照附录 B 约定,无偿向监理人提供工程有关的资料,为监理人完成监理与相关服务提供必要的条件,按约定派遣相应的人员,提供房屋、设备,供监理人使用。除专用条件另有约定外,委托人提供的房屋、设备属于委托人的财产,监理人应妥善使用和保管,在本合同终止时将这些房屋、设备的清单提交委托人,并按专用条件约定的时间和方式移交。

三、监理合同的解释顺序

组成本合同的下列文件彼此应能相互解释、互为说明。除专用条件另有约定外,本合同文件的解释顺序如下:
(1)协议书;
(2)中标通知书(适用于招标工程)或委托书(适用于非招标工程);
(3)专用条件及附录 A、附录 B;
(4)通用条件;
(5)投标文件(适用于招标工程)或监理与相关服务建议书(适用于非招标工程)。
双方签订的补充协议与其他文件发生矛盾或歧义时,属于同一类内容的文件,应以最新签署的为准。

工作任务 2　监理合同的履行

一、监理人应完成的监理工作

虽然监理合同的专用条款内注明了委托监理工作的范围和内容,但从工作性质而言属于正常监理工作。作为监理人必须履行的合同义务,除了正常监理工作之外,还应包括附加监理工作和额外监理工作。

1.附加监理工作

"附加工作"是指本合同约定的正常工作以外监理人的工作。可能包括:由于委托人、第三方原因,使监理工作受到阻碍或延误,以致增加了工作量或延续时间;增加监理工作的范围和内容;合同履行过程中发生不可抗力,承包人的施工被迫中断,监理工程师应完成的确认灾害发生前承包人已完成工程的合格和不合格部分、指示承包人采取应急措施等,以及灾害消失后恢复施工前必要的监理准备工作。

由于附加工作是委托正常工作之外要求监理人必须履行的义务,因此委托人在其完成工作后应另行支付附加监理工作酬金,酬金的计算办法应在专用条款内予以约定。

2.相关服务

"相关服务"是指监理人受委托人的委托 ,按照本合同约定,在勘察、设计、保修等阶段

提供的服务活动。

二、合同的有效期

尽管双方签订《建设工程监理合同》中注明"本合同自×年×月×日开始实施,至×年×月×日完成",但此期限仅指完成正常监理工作预定的时间,并不就一定是监理合同的有效期。监理合同的有效期即监理人的责任期,不是用约定的日历天数为准,而是以监理人是否完成了附加和额外工作的义务来判定。

通用条款规定,监理合同的有效期为双方签订合同后,从工程准备工作开始,到监理人向委托人办理完竣工验收或工程移交手续,承包人和委托人已签订工程保修责任书,监理人收到监理报酬尾款,监理合同才终止。

如果保修期间仍需监理人执行相应的监理工作,双方应在专用条款中另行约定。

三、双方的义务

(一)委托人义务

1. 告知

委托人应在委托人与承包人签订的合同中明确监理人、总监理工程师和授予项目监理机构的权限。如有变更,应及时通知承包人。

2. 提供资料

委托人应按照《建设工程监理合同(示范文本)》附录 B 约定,无偿向监理人提供工程有关的资料。在本合同履行过程中,委托人应及时向监理人提供最新的与工程有关的资料。

3. 提供工作条件

委托人应为监理人完成监理与相关服务提供必要的条件。

(1)委托人应按照《建设工程监理合同(示范文本)》附录 B 约定,派遣相应的人员,提供房屋、设备,供监理人无偿使用。

(2)委托人应负责协调工程建设中所有外部关系,为监理人履行本合同提供必要的外部条件。

4. 委托人代表

委托人应授权一名熟悉工程情况的代表,负责与监理人联系。委托人应在双方签订本合同后 7 天内,将委托人代表的姓名和职责书面告知监理人。当委托人更换委托人代表时,应提前 7 天通知监理人。

5. 委托人意见或要求

在本合同约定的监理与相关服务工作范围内,委托人对承包人的任何意见或要求应通知监理人,由监理人向承包人发出相应指令。

6. 答复

委托人应在专用条件约定的时间内,对监理人以书面形式提交并要求作出决定的事宜,给予书面答复。逾期未答复的,视为委托人认可。

7. 支付

委托人应按本合同约定,向监理人支付酬金。

(二)监理人义务

1. 监理的范围和工作内容

(1)监理范围在专用条件中约定。

(2)除专用条件另有约定外,监理工作内容包括:

①收到工程设计文件后编制监理规划,并在第一次工地会议 7 天前报委托人。根据有关规定和监理工作需要,编制监理实施细则;

②熟悉工程设计文件,并参加由委托人主持的图纸会审和设计交底会议;

③参加由委托人主持的第一次工地会议,主持监理例会并根据工程需要主持或参加专题会议;

④审查施工承包人提交的施工组织设计,重点审查其中的质量安全技术措施、专项施工方案与工程建设强制性标准的符合性;

⑤检查施工承包人工程质量、安全生产管理制度及组织机构和人员资格;

⑥检查施工承包人专职安全生产管理人员的配备情况;

⑦审查施工承包人提交的施工进度计划,核查承包人对施工进度计划的调整;

⑧检查施工承包人的试验室;

⑨审核施工分包人资质条件;

⑩查验施工承包人的施工测量放线成果;

⑪审查工程开工条件,对条件具备的签发开工令;

⑫审查施工承包人报送的工程材料、构配件、设备质量证明文件的有效性和符合性,并按规定对用于工程的材料采取平行检验或见证取样方式进行抽检;

⑬审核施工承包人提交的工程款支付申请,签发或出具工程款支付证书,并报委托人审核、批准;

⑭在巡视、旁站和检验过程中,发现工程质量、施工安全存在事故隐患的,要求施工承包人整改并报委托人;

⑮经委托人同意,签发工程暂停令和复工令;

⑯审查施工承包人提交的采用新材料、新工艺、新技术、新设备的论证材料及相关验收标准;

⑰验收隐蔽工程、分部分项工程;

⑱审查施工承包人提交的工程变更申请,协调处理施工进度调整、费用索赔、合同争议等事项;

⑲审查施工承包人提交的竣工验收申请,编写工程质量评估报告;

⑳参加工程竣工验收,签署竣工验收意见;

㉑审查施工承包人提交的竣工结算申请并报委托人;

㉒编制、整理工程监理归档文件并报委托人。

(3)相关服务的范围和内容在附录 A 中约定。

2. 监理与相关服务依据

(1)监理依据包括：

①适用的法律、行政法规及部门规章；

②与工程有关的标准；

③工程设计及有关文件；

④本合同及委托人与第三方签订的与实施工程有关的其他合同。

双方根据工程的行业和地域特点,在专用条件中具体约定监理依据。

(2)相关服务依据在专用条件中约定。

3. 项目监理机构和人员

(1)监理人应组建满足工作需要的项目监理机构,配备必要的检测设备。项目监理机构的主要人员应具有相应的资格条件。

(2)本合同履行过程中,总监理工程师及重要岗位监理人员应保持相对稳定,以保证监理工作正常进行。

(3)监理人可根据工程进展和工作需要调整项目监理机构人员。监理人更换总监理工程师时,应提前 7 天向委托人书面报告,经委托人同意后方可更换;监理人更换项目监理机构其他监理人员,应以相当资格与能力的人员替换,并通知委托人。

(4)监理人应及时更换有下列情形之一的监理人员：

①严重过失行为的；

②有违法行为不能履行职责的；

③涉嫌犯罪的；

④不能胜任岗位职责的；

⑤严重违反职业道德的；

⑥专用条件约定的其他情形。

(5)委托人可要求监理人更换不能胜任本职工作的项目监理机构人员。

4. 履行职责

监理人应遵循职业道德准则和行为规范,严格按照法律法规、工程建设有关标准及本合同履行职责。

(1)在监理与相关服务范围内,委托人和承包人提出的意见和要求,监理人应及时提出处置意见。当委托人与承包人之间发生合同争议时,监理人应协助委托人、承包人协商解决。

(2)当委托人与承包人之间的合同争议提交仲裁机构仲裁或人民法院审理时,监理人应提供必要的证明资料。

(3)监理人应在专用条件约定的授权范围内,处理委托人与承包人所签订合同的变更事宜。如果变更超过授权范围,应以书面形式报委托人批准。

在紧急情况下,为了保护财产和人身安全,监理人所发出的指令未能事先报委托人批准时,应在发出指令后的 24 小时内以书面形式报委托人。

(4)除专用条件另有约定外,监理人发现承包人的人员不能胜任本职工作的,有权要求承包人予以调换。

5.提交报告

监理人应按专用条件约定的种类、时间和份数向委托人提交监理与相关服务的报告。

6.文件资料

在本合同履行期内,监理人应在现场保留工作所用的图纸、报告及记录监理工作的相关文件。工程竣工后,应当按照档案管理规定将监理有关文件归档。

7.使用委托人的财产

监理人无偿使用《建设工程监理合同(示范文本)》附录 B 中由委托人派遣的人员和提供的房屋、资料、设备。除专用条件另有约定外,委托人提供的房屋、设备属于委托人的财产,监理人应妥善使用和保管,在本合同终止时将这些房屋、设备的清单提交委托人,并按专用条件约定的时间和方式移交。

四、违约责任

合同履行过程中,由于当事人一方的过错,造成合同不能履行或者不能完全履行,由有过错的一方承担违约责任;如属双方的过错,根据实际情况,由双方分别承担各自的违约责任。为保证监理合同规定的各项权利义务的顺利实现,在《建设工程监理合同(示范文本)》中,制定了约束双方行为的条款。

(一)监理人的违约责任

监理人未履行本合同义务的,应承担相应的责任。

(1)因监理人违反本合同约定给委托人造成损失的,监理人应当赔偿委托人损失。监理人承担部分赔偿责任的,其承担赔偿金额由双方协商确定。监理人赔偿金额按下列方法确定:

赔偿金＝直接经济损失×正常工作酬金÷工程概算投资额(或建筑安装工程费)

(2)监理人向委托人的索赔不成立时,监理人应赔偿委托人由此发生的费用。

(二)委托人的违约责任

委托人未履行本合同义务的,应承担相应的责任。

(1)委托人违反本合同约定造成监理人损失的,委托人应予以赔偿。

(2)委托人向监理人的索赔不成立时,应赔偿监理人由此引起的费用。

(3)委托人未能按期支付酬金超过 28 天,应按专用条件约定支付逾期付款利息。

(三)除外责任

因非监理人的原因,且监理人无过错,发生工程质量事故、安全事故、工期延误等造成的损失,监理人不承担赔偿责任。

因不可抗力导致本合同全部或部分不能履行时,双方各自承担其因此而造成的损失、损害。

五、监理合同的酬金

(一)正常监理工作的酬金

正常监理工作的酬金的构成,是监理单位在工程项目监理中所需的全部成本。具体应包括:直接成本、间接成本,再加上合理的利润和税金。

1. 工程监理费的构成

由监理直接成本、监理间接成本、税金和利润四部分构成。

(1)直接成本。

①监理人员和监理辅助人员的工资、奖金、津贴、补助、附加工资等。

②用于监理工作的常规检测工器具、计算机等办公设备的购置费和其他仪器、机械的租赁费。

③用于监理人员和辅助人员的其他专项开支,包括办公费、通信费、差旅费、书报费、文印费、会议费、医疗费、劳保费、保险费、休假探亲费等。

④其他费用。

(2)间接成本。

间接成本是指全部业务经营开支及非工程监理的特定开支,具体内容包括如下。

①管理人员、行政人员以及后勤人员的工资、奖金、补助和津贴。

②经营性业务开支,包括为承揽监理业务而发生的广告费、宣传费、有关合同的公证费等。

③办公费,包括办公用品、报刊、会议、文印、上下班交通费等。

④公用设施使用费,包括办公使用的水、电、气、环卫、保安费用。

⑤业务培训费、图书、资料购置费。

⑥附加费,包括劳动统筹、福利基金、工会经费、人身保险、住房公积金、特殊补助等。

⑦其他费用。

(3)税金。

按照国家规定,工程监理企业应交纳的各种税金,如营业税、所得税、印花税等。

(4)利润。

工程监理企业的监理活动收入扣除直接成本、间接成本和各种税金之后的余额。

(二)附加监理工作酬金

(1)除不可抗力外,因非监理人原因导致本合同期限延长时,附加工作酬金按下列方法确定:

$$附加工作酬金 = \frac{本合同期限延长时间(天) \times 正常工作酬金}{协议书约定的监理与相关服务期限(天)}$$

(2)除不可抗力外,其善后工作以及恢复服务的准备工作应为附加工作,附加工作酬金按下列方法确定:

$$附加工作酬金=\frac{善后工作及恢复服务的准备工作时间(天)\times 正常工作酬金}{协议书约定的监理与相关服务期限(天)}$$

(三)正常工作酬金增加额

$$正常工作酬金增加额=\frac{工程投资额或建筑安装工程费增加额\times 正常工作酬金}{工程概算投资额(或建筑安装工程费)}$$

(四)奖励

合理化建议的奖励金额按下列方法确定为:

$$奖励金额=工程投资节省额\times 奖励金额的比率$$

(五)支付

1.支付货币

除专用条件另有约定外,酬金均以人民币支付。涉及外币支付的,所采用的货币种类、比例和汇率在专用条件中约定。

2.支付申请

监理人应在本合同约定的每次应付款时间的 7 天前,向委托人提交支付申请书。支付申请书应当说明当期应付款总额,并列出当期应支付的款项及其金额。

3.支付酬金

支付的酬金包括正常工作酬金、附加工作酬金、合理化建议奖励金额及费用。

4.有争议部分的付款

委托人对监理人提交的支付申请书有异议时,应当在收到监理人提交的支付申请书后 7 天内,以书面形式向监理人发出异议通知。无异议部分的款项应按期支付,有异议部分的款项双方应协商解决,或经调解人进行调解,或仲裁、诉讼。

六、协调双方关系条款

监理合同中对合同履行期间甲乙双方的有关联系、工作程序都作了严格周密的规定,便于双方协调有序地履行合同。主要内容如下。

(一)合同的生效、变更、暂停与解除、终止

1.生效

除法律另有规定或者专用条件另有约定外,委托人和监理人的法定代表人或其授权代理人在协议书上签字并盖单位章后本合同生效。

2.变更

(1)任何一方提出变更请求时,双方经协商一致后可进行变更。

(2)除不可抗力外,因非监理人原因导致监理人履行合同期限延长、内容增加时,监理人应当将此情况与可能产生的影响及时通知委托人。增加的监理工作时间、工作内容应视为

附加工作。

(3)合同生效后,如果实际情况发生变化使得监理人不能完成全部或部分工作时,监理人应立即通知委托人。除不可抗力外,其善后工作以及恢复服务的准备工作应为附加工作。监理人用于恢复服务的准备时间不应超过28天。

(4)合同签订后,遇有与工程相关的法律法规、标准颁布或修订的,双方应遵照执行。由此引起监理与相关服务的范围、时间、酬金变化的,双方应通过协商进行相应调整。

(5)因非监理人原因造成工程概算投资额或建筑安装工程费增加时,正常工作酬金应作相应调整。

(6)因工程规模、监理范围的变化导致监理人的正常工作量减少时,正常工作酬金应作相应调整,按减少工作量的比例从协议书约定的正常工作酬金中扣减相同比例的酬金。

3. 暂停与解除

除双方协商一致可以解除本合同外,当一方无正当理由未履行本合同约定的义务时,另一方可以根据本合同约定暂停履行本合同直至解除本合同。

(1)在本合同有效期内,由于双方无法预见和控制的原因导致本合同全部或部分无法继续履行或继续履行已无意义,经双方协商一致,可以解除本合同或监理人的部分义务。在解除之前,监理人应作出合理安排,使开支减至最小。

因解除本合同或解除监理人的部分义务导致监理人遭受的损失,除依法可以免除责任的情况外,应由委托人予以补偿,补偿金额由双方协商确定。

解除本合同的协议必须采取书面形式,协议未达成之前,本合同仍然有效。

(2)在本合同有效期内,因非监理人的原因导致工程施工全部或部分暂停,委托人可通知监理人要求暂停全部或部分工作。监理人应立即安排停止工作,并将开支减至最小。除不可抗力外,由此导致监理人遭受的损失应由委托人予以补偿。

暂停部分监理与相关服务时间超过182天,监理人可发出解除本合同约定的该部分义务的通知;暂停全部工作时间超过182天,监理人可发出解除本合同的通知,本合同自通知到达委托人时解除。委托人应将监理与相关服务的酬金支付至本合同解除日,且应承担约定的责任。

(3)当监理人无正当理由未履行本合同约定的义务时,委托人应通知监理人限期改正。若委托人在监理人接到通知后的7天内未收到监理人书面形式的合理解释,则可在7天内发出解除本合同的通知,自通知到达监理人时本合同解除。委托人应将监理与相关服务的酬金支付至限期改正通知到达监理人之日,但监理人应承担约定的责任。

(4)监理人在专用条件中约定的支付之日起28天后仍未收到委托人按本合同约定应付的款项,可向委托人发出催付通知。委托人接到通知14天后仍未支付或未提出监理人可以接受的延期支付安排,监理人可向委托人发出暂停工作的通知并可自行暂停全部或部分工作。暂停工作后14天内监理人仍未获得委托人应付酬金或委托人的合理答复,监理人可向委托人发出解除本合同的通知,自通知到达委托人时本合同解除。委托人应承担约定的责任。

(5)因不可抗力致使本合同部分或全部不能履行时,一方应立即通知另一方,可暂停或解除本合同。

(6)本合同解除后,本合同约定的有关结算、清理、争议解决方式的条件仍然有效。

4. 终止

以下条件全部满足时,本合同即告终止:

(1)监理人完成本合同约定的全部工作;

(2)委托人与监理人结清并支付全部酬金。

(二)争议的解决

1. 协商

双方应本着诚信原则协商解决彼此间的争议。

2. 调解

如果双方不能在 14 天内或双方商定的其他时间内解决本合同争议,可以将其提交给专用条件约定的或事后达成协议的调解人进行调解。

3. 仲裁或诉讼

双方均有权不经调解直接向专用条件约定的仲裁机构申请仲裁或向有管辖权的人民法院提起诉讼。

七、其他

1. 外出考察费用

经委托人同意,监理人员外出考察发生的费用由委托人审核后支付。

2. 检测费用

委托人要求监理人进行的材料和设备检测所发生的费用,由委托人支付,支付时间在专用条件中约定。

3. 咨询费用

经委托人同意,根据工程需要由监理人组织的相关咨询论证会以及聘请相关专家等发生的费用由委托人支付,支付时间在专用条件中约定。

4. 奖励

监理人在服务过程中提出的合理化建议,使委托人获得经济效益的,双方在专用条件中约定奖励金额的确定方法。奖励金额在合理化建议被采纳后,与最近一期的正常工作酬金同期支付。

5. 守法诚信

监理人及其工作人员不得从与实施工程有关的第三方处获得任何经济利益。

6. 保密

双方不得泄露对方申明的保密资料,亦不得泄露与实施工程有关的第三方所提供的保密资料,保密事项在专用条件中约定。

7. 通知

本合同涉及的通知均应当采用书面形式,并在送达对方时生效,收件人应书面签收。

8.著作权

监理人对其编制的文件拥有著作权。

监理人可单独或与他人联合出版有关监理与相关服务的资料。除专用条件另有约定外,如果监理人在本合同履行期间及本合同终止后两年内出版涉及本工程的有关监理与相关服务的资料,应当征得委托人的同意。

工作任务3 案例分析

案例 工程变更管理

一、案例简介

某综合小区在施工阶段,业主委托一家监理单位进行施工阶段的监理,在施工过程中出现了以下情况,请逐一回答。

事件1:在管道施工过程中遇到障碍物,承包单位向监理方提出对设计更改的要求,专业监理工程师审查后,同意变更,并提交设计单位编制设计变更文件,设计单位完成设计变更文件后交监理方审核,由专业监理工程师签发工程变更单。

事件2:设计变更发生后,工程造价减少2万元,工期延长3天,承包单位认为是自己合理化建议导致工程造价减少,且各方已同意变更,因此承包单位要求顺延工期3天,并获得2万元的收益。监理工程师是否同意?为什么?

事件3:根据承包合同的约定,由监理单位确认资格的桩基工程分包公司进场施工,在工程开始前桩基公司向监理单位提交桩基施工方案,报监理方审核,总监理工程师组织专业监理工程师审核后予以批准。

事件4:在地基基础分部工程完工后,由专业监理工程师组织施工、设计单位进行验收,并填写验收记录。

二、问题

1.事件1中设计变更程序哪里不妥?为什么?

2.事件2中监理工程师是否同意?为什么?

3.事件3中施工方案审核程序是否正确?如果不正确,指出不正确之处,为什么?请按步骤给出该施工方案的审核程序。

4.事件4中桩基公司作为分包方是否参加验收?

三、参考答案

1.答:

(1)专业监理工程师审查同意变更不妥,应改为总监理工程师组织专业监理工程师审查后,同意变更。

(2)监理方提交设计单位编制设计变更文件不妥,应改为建设单位审查同意并提交设计单位。

(3)设计单位完成设计变更文件后交监理方审核,不妥,应该为交建设单位签认,由总监理工程师签发工程变更单。

2.答:

(1)工期顺延 3 天同意,因为设计变更的发生非承包人责任造成,且各方已同意。

(2)不同意 2 万元全由承包方获益,按合同示范文本规定,应由监理方协调,发承包双方另行约定分享。

3.答:

(1)该施工方案的审核程序不正确。

(2)不正确之处为:①桩基公司向监理单位提交施工方案不正确;②监理单位接受桩基公司的施工方案审核要求不正确。

理由:桩基公司为分包单位。

(3)该施工方案正确的审核程序为:①开工前桩基公司将施工方案报总承包单位;②总承包公司按规定审核后,填写"施工方案报审表"交监理单位审核;③总监理工程师组织专业监理工程师审查承包单位报送的施工方案及"报审表"提出审查意见;④总监理工程师审核、签认后报建设单位。

4.答:桩基公司作为分包单位应该参加地基基础分部的验收。

复习思考题

1.监理合同示范文本的标准条件与专用条件有何关系?

2.监理合同当事人双方都有哪些义务?

3.监理合同要求监理人必须完成的工作包括哪几类?

4.监理人执行监理业务过程中,发生哪些情况不应由其承担责任?

参 考 文 献

[1] 全国二级建造师执业资格考试用书编写委员会. 建设工程施工管理[M]. 北京:中国建筑工业出版社,2012.

[2] 中国建设监理协会. 建设工程合同管理[M]. 北京:知识产权出版社,2020.

[3] 黄震. 合同员[M]. 武汉:华中科技大学出版社,2008.

[4] 朱永祥,陈茂明. 工程招投标与合同管理[M]. 武汉:武汉理工大学出版社,2008.

[5] 全国建筑企业项目经理培训教材编写委员会. 工程招投标与合同管理[M]. 北京:中国建筑工业出版社,2000.

[6] 王俊安. 工程招投标与合同管理[M]. 北京:中国建筑工业出版社,2003.

[7] 何佰洲. 建筑装饰装修工程招投标与合同管理[M]. 北京:中国建筑工业出版社,2005.

[8] 李洪军,源军. 工程项目招投标与合同管理[M]. 北京:北京大学出版社,2009.

[9] 《房屋建筑和市政工程标准施工招标文件》编制组. 中华人民共和国房屋建筑和市政工程标准施工招标文件[M]. 北京:中国建筑工业出版社,2010.

[10] 中国土木工程学会建筑市场与招标投标研究分会. 房屋建筑和市政基础设施工程施工招标评标办法编制指南及示范文本[M]. 北京:中国国际广播出版社,2006.

[11] 《中华人民共和国2007年版标准施工招标文件使用指南》编写组. 中华人民共和国2007年版标准施工招标文件使用指南[M]. 北京:中国计划出版社,2007.

[12] 《房屋建筑和市政工程标准施工招标资格预审文件》编制组. 中华人民共和国房屋建筑和市政工程标准施工招标资格预审文件[M]. 北京:中国建筑工业出版社,2010.

[13] 中华人民共和国住房和城乡建设部. 建设工程工程量清单计价规范 GB 50500—2013[M]. 北京:中国计划出版社,2013.